虚 拟 现 实 技 术 专 业 新 形 态 教 材

虚拟现实游戏开发

（Unreal Engine）

李华旸 主编

清华大学出版社

北京

内 容 简 介

本书一共 13 章，主要介绍了使用虚幻引擎和 C++ 开发游戏的一些基本功能，与其他主要介绍蓝图的图书不同，本书侧重代码开发。本书内容主要包括创建项目、UE 蓝图、UE 类及 UE 智能指针、C++容器和 C++ 智能指针、UE 脚本基础、Gameplay 框架、图形用户界面基础、天空盒、摇杆、光影、地形系统、寻路技术、网络基础等，最后是一个完整的游戏示例，供读者实践学习。

本书适合作为高等院校、高等职业院校虚拟现实、软件工程、游戏开发等专业的教材，也可作为游戏开发、虚拟现实的爱好者和从业者的自学用书。

图书在版编目（CIP）数据

虚拟现实游戏开发：Unreal Engine / 李华旸主编 . — 北京：清华大学出版社，2023.3 (2024.8重印)
虚拟现实技术专业新形态教材
ISBN 978-7-302-62641-1

Ⅰ.①虚… Ⅱ.①李… Ⅲ.①游戏程序 – 程序设计 – 教材 Ⅳ.① TP317.6

中国国家版本馆 CIP 数据核字 (2023) 第 019967 号

责任编辑：郭丽娜
封面设计：常雪影
责任校对：刘　静
责任印制：杨　艳

出版发行：清华大学出版社
　　　网　　址：https://www.tup.com.cn，https://www.wqxuetang.com
　　　地　　址：北京清华大学学研大厦 A 座　　　邮　编：100084
　　　社 总 机：010-83470000　　　　　　　　邮　购：010-62786544
　　　投稿与读者服务：010-62776969，c-service@tup.tsinghua.edu.cn
　　　质量反馈：010-62772015，zhiliang@tup.tsinghua.edu.cn
　　　课件下载：https://www.tup.com.cn，010-83470410

印 装 者：北京嘉实印刷有限公司
经　　销：全国新华书店
开　　本：185mm×260mm　　　印　张：20.5　　　字　数：492 千字
版　　次：2023 年 4 月第 1 版　　　　　　　印　次：2024 年 8 月第 2 次印刷
定　　价：96.00 元

产品编号：096359-01

丛书编委会

顾　　问：周明全

主　　任：胡小强

副 主 任：程明智　汪翠芳　石　卉　罗国亮

委　　员：（按姓氏笔画排列）

　　　　　吕　焜　刘小娟　杜　萌　李华旸　吴聆捷

　　　　　何　玲　宋　彬　张　伟　张芬芬　张泊平

　　　　　范丽亚　季红芳　晏　茗　徐宇玲　唐权华

　　　　　唐军广　黄晓生　黄颖翠　程金霞

近年来信息技术快速发展，云计算、物联网、3D 打印、大数据、虚拟现实、人工智能、区块链、5G 通信、元宇宙等新技术层出不穷。国务院副总理刘鹤在南昌出席 2019 年"世界虚拟现实产业大会"时指出"当前，以数字技术和生命科学为代表的新一轮科技革命和产业变革日新月异，VR 是其中最为活跃的前沿领域之一，呈现出技术发展协同性强、产品应用范围广、产业发展潜力大的鲜明特点。"新的信息技术正处于快速发展时期，虽然总体表现还不够成熟，但同时也提供了很多可能性。最近的数字孪生、元宇宙也是这样，总能给我们惊喜，并提供新的发展机遇。

在日新月异的产业发展中，虚拟现实是较为活跃的新技术产业之一。其一，虚拟现实产品应用范围广泛，在科学研究、文化教育以及日常生活中都有很好的应用，有广阔的发展前景；其二，虚拟现实的产业链较长，涉及的行业广泛，可以带动国民经济的许多领域协作开发，驱动多个行业的发展；其三，虚拟现实开发技术复杂，涉及"声光电磁波、数理化机（械）生（命）"多学科，需要多学科共同努力、相互支持，形成综合成果。所以，虚拟现实人才培养就成为有难度、有高度，既迫在眉睫，又错综复杂的任务。

虚拟现实一词诞生已近 50 年，在其发展过程中，技术的日积月累，尤其是近年在多模态交互、三维呈现等关键技术的突破，推动了 2016 年"虚拟现实元年"的到来，使虚拟现实被人们所认识，行业发展呈现出前所未有的新气象。在行业的井喷式发展后，新技术跟不上，人才队伍欠缺，使虚拟现实又漠然回落。

产业要发展，技术是关键。虚拟现实的发展高潮，是建立在多年的研究基础上和技术成果的长期积累上的，是厚积薄发而致。虚拟现实的人才培养是行业兴旺发达的关键。行业发展离不开技术革新，技术革新来自人才，人才需要培养，人才的水平决定了技术的水平，技术的水平决定了产业的高度。未来虚拟现实发展取决于今天我们人才的培养。只有我们培养出千千万万深耕理论、掌握技术、擅长设计、拥有情怀的虚拟现实人才，我们领跑世界虚拟现实产业的中国梦才可能变为现实！

产业要发展，人才是基础。我们必须协调各方力量，尽快组织建设虚拟现实的专业人才培养体系。今天我们对专业人才培养的认识高度决定了我国未来虚拟现实产业的发展高度，对虚拟现实新技术的人才培养支持的力度也将决定未来我国虚拟现实产业在该领域的影响力。要打造中国的虚拟现实产业，必须要有研究开发虚拟现实技术的关键人才和关键企业。这样的人才要基础好、技术全面，可独当一面，且有全局眼光。目前我国迫切需要建立虚拟现实人才培养的专业体系。这个体系需要有科学的学科布局、完整的知识构成、成熟的研究方法和有效的实验手段，还要符合国家教育方针，在德、智、体、美、劳方面实现完整的培养目标。在这个人才培养体系里，教材建设是基石，专业教材建设尤为重要。虚拟现实的专业教材，是理论与实际相结合的，需要学校和企业联合建设；是科学和艺术融汇的，需要多学科协同合作。

本系列教材以信息技术新工科产学研联盟 2021 年发布的《虚拟现实技术专业建设方案（建议稿）》为基础，围绕高校开设的"虚拟现实技术专业"的人才培养方案和专业设置进行展开，内容覆盖专业基础课、专业核心课及部分专业方向课的知识点和技能点，支撑了虚拟现实专业完整的知识体系，为专业建设服务。本系列教材的编写方式与实际教学相结合，项目式、案例式各具特色，配套丰富的图片、动画、视频、多媒体教学课件、源代码等数字化资源，方式多样，图文并茂。其中的案例大部分由企业工程师与高校教师联合设计，体现了职业性和专业性并重。本系列教材依托于信息技术新工科产学研联盟虚拟现实教育工作委员会诸多专家，由全国多所普通高等教育本科院校和职业高等院校的教育工作者、虚拟现实知名企业的工程师联合编写，感谢同行们的辛勤努力！

虚拟现实技术是一项快速发展、不断迭代的新技术。基于虚拟现实技术，可能还会有更多新技术问世和新行业形成。教材的编写不可能一蹴而就，还需要编者在研发中不断改进，在教学中持续完善。如果我们想要虚拟现实更精彩，就要注重虚拟现实人才培养，这样技术突破才有可能。我们要不忘初心，砥砺前行。初心，就是志存高远，持之以恒，需要我们积跬步，行千里。所以，我们意欲在明天的虚拟现实领域领风骚，必须做好今天的虚拟现实人才培养。

周明全

2022 年 5 月

前　言

党的二十大指出"推动战略性新兴产业融合集群发展，构建新一代信息技术、人工智能、生物技术、新能源、新材料、高端装备、绿色环保等一批新的增长引擎"。虚拟现实是新一代信息技术的重要前沿方向，是数字经济的重大前瞻领域。虚幻引擎作为虚拟现实重要的开发技术，在虚拟现实产业发展中起着举足轻重的作用。

虚幻引擎（Unreal Engine，UE）是由 Epic Game 公司开发的一款开源、商业收费、学习免费的游戏引擎。虚幻引擎功能强大、上手简单、易用性高，尤其侧重于数据生成和程序编写。虚幻引擎还为程序员提供了一个具有先进功能、可扩展性的应用程序框架，用于建立、测试和发布各种类型的游戏。

基于蓝图模式，设计师只需要程序员很少量的协助，就能够在完全可视化环境中尽可能多地开发游戏的数据资源，实际操作非常便利。这方面的书籍已经出版了很多，本书主要是从程序员角度进行编写。

本书面向计算机、虚拟现实（Virtual Reality，VR）技术等学科，主要介绍代码编程模式，着重 C++ 编程开发。本书的第 1~4 章，主要介绍虚幻引擎入门和虚幻引擎的 C++ 开发；第 5~13 章，主要介绍虚幻引擎中常用功能。其中，第 1~4 章会带领读者逐步上手虚幻引擎，通过各种小案例，让读者能够做出简单可运行的项目；在 C++ 开发介绍部分包含 C++ 基础和 C++ 进阶，即使是 C++ 基础不好的读者也能很容易了解 UE C++。在第 5~13 章中，编者挑选了游戏制作中常用到的功能进行介绍，如图形用户界面、天空盒、笔刷、雾效、音频和光影效果等。读者有了这些基础，结合手柄组件，就可以进行 VR 方面的程序设计和游戏开发。最后，本书讲解了一个完整的 VR 游戏案例，以便读者学以致用。

此外，本书主基于 UE 5.0 进行讲解，为了避免出现教学过程中由于版本不一致导致的错误，读者使用 UE 时最好能采用与教材相同版本。本书旨在带领读者学习并使用虚幻引擎，建议读者在学习过程中多加练习，跟随书中操作使用虚幻引擎，希望读者在学习完本书之后能够较为熟练地使用虚幻引擎开发项目，能够开启自己的游戏开发之旅，实现自己进入虚拟现实产业之理想。

本书在编写过程中得到了厦门雅基的王哲、苏琳，厦门触控未来的林钇地、白耀辉、汪翠芳以及清华大学出版社编辑的大力支持和帮助。学生张钱成、徐凯、唐巧兴等参与了本书第 2 章、第 3 章、第 7 章以及部分案例的编写，特此感谢。

由于编者时间有限，书中不足之处在所难免，欢迎广大读者批评、指正，并提出宝贵的建议，在此一并表示感谢。

工程文件

编者
2023 年 1 月

目 录

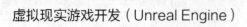

虚拟现实游戏开发（Unreal Engine）

第 1 章

Unreal Engine 基础

学习目标

- Unreal Engine 5 环境搭建及安装。
- Unreal Engine 5 编辑器基本使用。

1.1 环境搭建

了解 Epic Games 公司开发的虚幻游戏引擎是学习虚幻游戏开发技术必不可少的内容。它是一个面向 PC、Xbox 360、iOS 和 PlayStation 3 等多平台的完整开发框架，提供了大量核心技术、内容创建工具以及基础内容。本书基于此游戏引擎进行教学，接下来将对此引擎进行简单介绍。

1. 硬件和软件规格

安装虚幻引擎推荐的软硬件如表 1.1 所示。

表 1.1　安装 UE 推荐软硬件

类　型	规　格
硬件	（1）操作系统：Windows 10 64 位及以上 （2）处理器：Intel 四核处理器或 AMD （3）显卡：DirectX 11 或 12 兼容显卡
软件	（1）Visual Studio 版本：Visual Studio 2022 （2）iTunes 版本：iTunes 11 及以上

2. Epic Games 的安装步骤

第 1 步　下载和安装 Epic Games 启动程序。进入虚幻引擎官方网站，单击右上角的下载按钮（见图 1.1），下载并安装 Epic Games 启动程序（Epic Games Launcher）。

图 1.1　下载按钮

第 2 步　Epic Games 启动程序安装完成后，系统将提示使用 Epic Games 账号登录。如果有账号，登录启动程序并继续完成下一部分；反之，单击"注册"（Sign Up）按钮创建一个账号，如图 1.2 所示。

图 1.2　登录注册页面

第 3 步　登录 Epic Games 启动程序。

3. 虚幻引擎的安装

（1）单击 Epic Game 启动程序中的 Unreal Engine 选项卡，然后单击"安装引擎"（Install Engine）按钮，如图 1.3 所示。

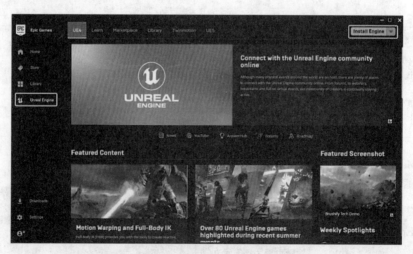

图 1.3　UE 安装开始界面

如果需要更改安装路径，单击"浏览"（Browse）按钮就可实现，如图 1.4 所示。

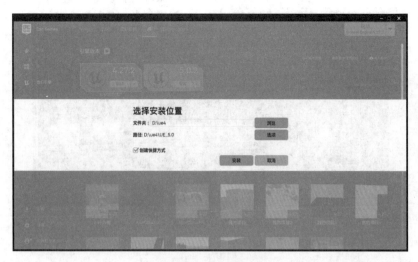

图 1.4　更改安装路径

（2）指定好安装路径后，单击"安装"按钮，如图 1.4 所示。

单击"选项"（Options）按钮，选择要安装的引擎组件。这里可以选择组件，如初学者内容、引擎源代码、输入调试用符号等，如图 1.5 所示。

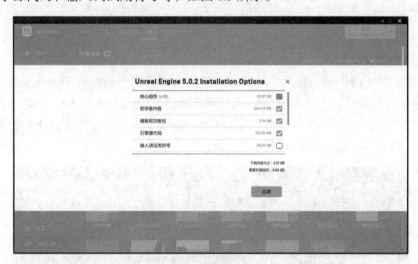

图 1.5　编辑组件

选择所需要的引擎组件之后，单击"应用"（Apply）按钮，回到图 1.4 所示的安装界面。

（3）单击"安装"（Install）按钮，然后等待安装完成，如图 1.6 所示。根据系统配置和互联网连接速度的不同，UE 的下载和安装过程可能需要 10~40 分钟，某些情况下可能耗时更长。

4. 启动 UE

在安装完成后，单击"启动"（Launch）按钮打开 UE。本书选择的引擎版本为 Unreal Engine 5.0.2（本书后续简称 UE）。

至此 UE 安装完成，接下来可以开始使用了。

图 1.6　安装 UE

注："引擎版本"中的"+"按钮可添加不同版本的 UE。

1.2　项 目 创 建

1. 创建新项目

当启动 UE 后，系统会自动显示虚幻项目浏览器。

1）选择类别和模板

在新项目类别（New Project Categories）下，选择最适合所在行业的开发类别，图 1.7 中选择了游戏（Games）。也可以选择影视与现场活动（Film，Television，and Live Events），建筑（AEC，Architecture，Engineering，and Construction），汽车、产品设计和制造（APM，Automotive，Product Design，and Manufacturing）。

图 1.7　虚幻项目浏览器

2）项目模板

可以按需选择如图 1.8 所示的游戏模板。

图 1.8　项目模板选择

对于其他行业，如影视与现场活动，汽车、产品设计和制造，以及建筑可分别使用如图 1.9~ 图 1.11 所示的模板。

图 1.9　影视与现场活动

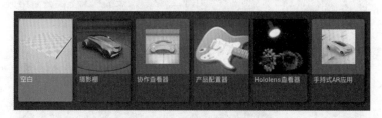

图 1.10　汽车、产品设计和制造

图 1.11　建筑

3）对项目进行设置

（1）在右侧的"项目默认设置"一栏（见图 1.12）中，系统列出了目标平台、质量预设、初学者内容包等项的默认设置。

（2）单击图 1.12 中的第一栏,可选择"蓝图"或 C++，若要在虚幻引擎编辑器中构建项目，选择"蓝图"，并利用蓝图可视化脚本系统创建交互和行为；若要在 Visual Studio 中用 C++ 编程来构建项目，请选择 C++。

图 1.12　项目设置页面

（3）图 1.12 中，若有自己的资源，则可以不勾选"初学者内容包"；若要使用一些基础资源，则保留这一默认设置。

（4）图 1.12 中的"光线追踪"被禁用,若需用实时光线追踪查看项目，勾选"光线追踪"（Raytracing）；否则，保留原有设置。

（5）选择要存储项目的位置，并为项目命名。单击图 1.13 中"创建"（Create）按钮完成创建。

图 1.13　创建项目

2. 项目实例——Hello World

下面通过一个实例来体验一下关卡的创建和基础脚本的编写。

第 1 步　创建游戏类型项目，选择空白模板，选择 C++，不包含初学者内容包，并命名为 TestProject，如图 1.14 所示。

Hello World
实战演练

图 1.14　创建项目

第 2 步　在新项目中添加 C++ 脚本。在 C++ 类文件夹中右击空白处，新建 C++ 类，如图 1.15 所示。

图 1.15　创建 C++ 脚本

第 3 步　选择父类为 Actor 类，命名为 MyActor，如图 1.16 和图 1.17 所示。

图 1.16　添加 Actor 类

图 1.17　命名 Actor 类

第 4 步　打开 MyActor 类，在 Beginplay 函数中添加一条打印函数，并编译该文件。

```
void AMyActor::BeginPlay()
{
      Super::BeginPlay();
      GEngine->AddOnScreenDebugMessage(-1,1.f,FColor::Green, TEXT("Hello
World!"));
}
```

小 提 示

　　AMyActor 是推荐的前缀，继承自 Actor 的类都会被 UHT（Unreal Head Tool）要求以 A 开头，继承自 UObject 的类都会被要求以 U 开头是一样的。

　　第 5 步　将 MyActor 类拖入关卡中，并单击"保存"，将该关卡保存在内容文件夹下，如图 1.18 和图 1.19 所示。

图 1.18　将 My Actor 类添加进关卡

图 1.19　保存关卡

　　第 6 步　运行该关卡，可在屏幕视口左上角看到打印"Hello World！"，如图 1.20 所示。

图 1.20　运行效果

3. 打开现有项目

启动 UE 后，会看到虚幻项目浏览器如图 1.21 所示。

它相当于一个启动界面，允许创建项目、打开现有项目，或打开示例内容。如需打开现有项目，需在最近的项目（Recent Projects）中选择项目。假如 Recent Projects 未显示所需项目，单击更多（More）可以显示所有可用项目。

图 1.21　启动页面

如果想跳过虚幻项目浏览器，直接打开项目，可以单击图 1.21 中的 More 按钮，展开最近的项目，然后勾选图 1.22 中的"总是在启动时加载最后一次打开的项目"（Always load last project on startup）。这样 UE 启动时就会打开最后一次处理过的项目。

图 1.22　启动设置

1.3　编辑器基础

1. 偏好设置

编辑器偏好设置（Editor Preferences）窗口用于修改与控件、视口、源码控制、自动保存等相关的编辑器行为的设置，如图 1.23 所示。单击 Edit（编辑）菜单下的 Editor Preferences 命令，即可打开 Editor Preferences 窗口（见图 1.24）。

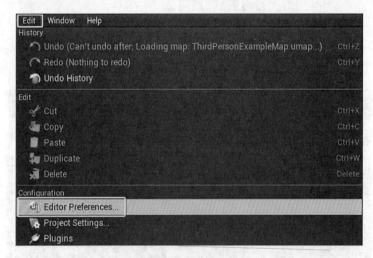

图 1.23　打开编辑器偏好设置

图 1.24　编辑器偏好设置界面

2. 类查看器

用户可以使用如图 1.25 所示的类查看器（Class Viewer）来查看编辑器的类的层级结构。通过依次单击 Window（窗口）→ Developer Tools（开发者工具）→ Class Viewer（类查看器）命令打开类管理器。借助该工具，可以创建蓝图并打开蓝图进行修改。还可以打开关联的 C++ 头文件，或选择某个类然后新建 C++ 类。

3. 取色器

取色器（Color Picker）可以轻松地在虚幻引擎编辑器中调整某个颜色属性的颜色值，如图1.26所示。可以用RGBA（红色、绿色、蓝色、透明）、HSV（色相、饱和度、值）和十六进制颜色码（ARGB）来取色。也可以单击色环中的任意位置，或采集鼠标指针所在位置的颜色（屏幕任何位置都可以）来取色。

图1.25　类查看器

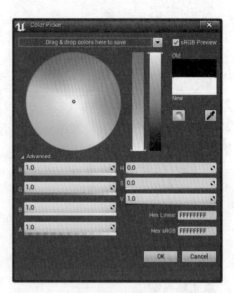

图1.26　取色器

4. 快捷键绑定编辑器

键盘快捷键是一种按键组合。在键盘上同时按下快捷键后，就会执行特定命令或操作。可以为UE中的主视口和各类工具定义常用快捷键。可以在虚幻引擎编辑器中自定义快捷键，将特定按键或按键组合与特定命令绑定，满足工作流和个人偏好需求，如图1.27所示。

可以在如图1.27所示的Editor Preferences窗口中设置自定义键盘快捷键。要修改键盘快捷键，单击Edit菜单中的Editor Preferences选项卡，然后单击Keyboard Shortcuts（键盘快捷键）选项卡。

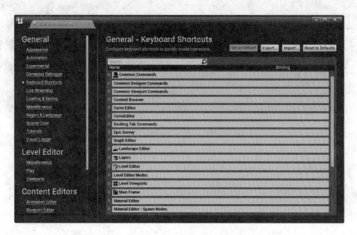

图1.27　键盘快捷键设置

1.4　工具和编辑器

1. 关卡编辑器

关卡编辑器是构建 Gameplay 关卡的主要编辑器。可以使用关卡编辑器添加不同类型的 Actor 和几何体、蓝图可视化脚本、Niagara 视觉效果等，以定义运行空间。在默认情况下，当创建或打开项目时，UE 会打开关卡编辑器。

2. 静态网格体编辑器

可以使用静态网格体编辑器预览模型外观、碰撞体和 UV 贴图，还可以设置和操作静态网格体的属性。在静态网格体编辑器中，也可以针对静态网格体资源设置 LOD（Levels of Detail，多细节层次），或细节级别设置，以便根据游戏运行方式和地点控制静态网格体资源出现的简洁程度或详细程度。

3. 材质编辑器

材质编辑器是创建和编辑材质的地方，材质用于控制静态网格体的视觉效果。例如，可以创建污垢材质，并将其应用到关卡中的各个地板上，从而创建看似有污垢覆盖的表面。

4. 蓝图编辑器

蓝图编辑器（见图 1.28）是使用和修改蓝图的地方。这些特殊资源用来创建 Gameplay 元素（如控制 Actor 或对事件编写脚本），修改材质或执行其他 UE 功能。

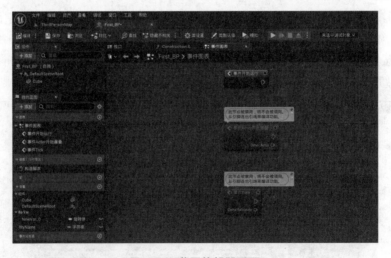

图 1.28　蓝图编辑器界面

5. 物理资源编辑器

物理资源编辑器用来创建物理资源，以配合骨骼网格体使用。在实践中，可以使用此方法实现变形和碰撞等物理特性。可以从零开始，构建完整的布偶设置，或使用自动化工具来创建一套基本物理形体和物理约束。

6. 行为树编辑器

行为树编辑器是通过一种可视化的基于节点脚本系统（类似于蓝图），为关卡中的Actor编写人工智能（Artificial Intelligence，AI）脚本的地方，可以为敌人、非游戏角色（Non-Player Character，NPC）载具等创建任意数量的不同行为。

7. Niagara 编辑器

Niagara 编辑器主要用于创建特效。它由模块化的粒子特效系统组成，每个系统又由许多单独的粒子发射器组成。可以将发射器保存在内容浏览器中，以备后用，作为今后其他项目的发射器的基础。

8. UMG 界面编辑器

虚幻示意图形（Unreal Motion Graphics, UMG）的 UI 编辑器是一款可视化的 UI 创作工具，可用来创建 UI 元素，如游戏头显设备（Head Up Display, HUD）、菜单或其他界面相关的图形。

9. 字体编辑器

字体编辑器（Font Editor）用来添加、组织和预览字体资源，也可以定义字体参数，如字体资源布局和提示策略（字体提示是一种数学方法，可确保文本在任意尺寸的显示屏中都可读）。

10. Sequencer 编辑器

利用 Sequencer 编辑器（见图 1.29）可通过专用多轨迹编辑器创建游戏过场动画。通过创建关卡序列（Level Sequences）和添加轨迹（Tracks），可以定义各个轨迹的组成，从而确定场景的内容。轨迹可以包含动画（Animation，用于将角色动画化）、变形（Transformation，在场景中移动各个东西）和音频（Audio，用于包括音乐或音效）等。

11. Persona 编辑器

Persona 编辑器是 UE 中的动画编辑器，可用于编辑骨骼资源、骨骼网格体、动画蓝图，以及其他各种动画资源。

图 1.29 Sequencer 编辑器

12. Sound Cue 编辑器

Sound Cue 编辑器用于定义和编辑 UE 中的音频播放行为。在此编辑器中，可以组合多个声音资源后混音，从而生成单混音输出，另存为一个 Sound Cue。

13. Paper2D 精灵编辑器

使用 Paper2D 精灵编辑器设置和编辑个体 Paper2D 精灵。从本质上讲，这是一种在 UE 中绘制 2D 图像的快捷方法。

14. Paper2D 图像序列编辑器

可以使用 Paper2D 图像序列编辑器创建名为"图像序列视图"的 2D 动画。通过在 Paper2D 图像序列编辑器中指定一系列 Sprite 和特定关键帧（这些关键帧将被快速浏览），可以创建动画。考虑图像序列视图的最好方法类似于物理图像序列视图。各个 Sprite 提供帧的输出，类似于插画的手绘传统动画流程。

15. 内容浏览器

内容浏览器（Content Browser，如图 1.30 所示）是虚幻引擎编辑器的主要区域，用于在引擎虚幻编辑器中创建、导入、组织、查看及修改内容资源。它还提供了管理内容文件夹和对资源执行其他操作的能力（如重命名、移动、复制和查看引用）。内容浏览器可以搜索游戏中的所有资源并与其交互。在 Content Browser 中可以进行如下操作。

（1）浏览游戏中的所有资源并对它们进行操作。

（2）查找资源，无论资源是否已保存。

- 文本过滤器：在搜索资源（Search Assets）框中，键入文本以按名称（Name）、路径（Path）、标签（Tags）或类型（Type）查找资源。可以通过在搜索标记前面加上"-"来从搜索中排除资源。
- 扩展过滤器：单击过滤器（Filters）按钮以按资源类型和其他条件进行过滤。

（3）无须从源码管理软件中检出数据包，就可以对资源进行管理。

- 创建本地或私有收藏夹，并在其中存储资源以备将来使用。
- 创建共享收藏夹，与其他人共享有趣的资源。

（4）获得开发协助：显示可能包含问题的资源。

（5）使用迁移工具将资源及其所有相关资源自动移至其他内容文件夹。

图 1.30　内容浏览器

1.5 本章小结

　　本章首先介绍了UE技术需要的开发环境，以及安装UE的步骤。完成此步骤，读者后续就可以在UE中利用学习到的知识，制作各式各样的游戏。

　　然后，简单演示了项目创建的过程，介绍了在创建过程中可选的模板，可选的项目设置。并且为了使读者初步体验UE，带领读者创建了一个带有脚本的简单项目。

　　最后，介绍了UE中的编辑器。读者在此部分可以了解到UE强大的编辑功能，初步了解各个编辑器的功能。

　　学习本章应把注意力放在跟随本章一步一步完成每一个小步骤上。无论是安装好UE还是创建第一个项目实例，都需要读者边看边做。

第2章

蓝　图

学习目标

- 掌握 Unreal Engine 5 中的蓝图基础。
- 掌握 Unreal Engine 5 中的蓝图的使用。

2.1　基础知识：蓝图

1. 蓝图的基本概念

UE 中的蓝图 – 可视化脚本系统是一个完整的游戏脚本系统，其理念是：在 UE 编辑器中，使用基于节点的界面创建游戏可玩性元素。和其他一些常见脚本语言一样，蓝图（Blueprint）也是通过定义在引擎中的面向对象的类或者对象进行使用的。在使用 UE 的过程中，常常会遇到在蓝图中定义的对象，并且这类对象常被直接称为"蓝图"。

该系统非常灵活、强大，因为它为设计人员提供了一般仅供程序员使用的所有概念及工具。另外，在 UE 的 C++ 实现上也为程序员提供用于蓝图功能的语法标记，通过这些标记，程序员能够很方便地创建一个基础系统，并交给策划人员进一步在蓝图中对这样的系统进行扩展。

2. 蓝图类 UI

蓝图类（Blueprint Class）编辑器模式默认包含几个选项卡（见图 2.1）：①菜单，包含调试、类默认值、编辑器运算结果、搜寻结果和视口；②工具栏；③组件；④我的蓝图；⑤图表编辑器；⑥细节模板。

3. 关卡蓝图 UI

关卡蓝图（Level Blueprint）是一种专业类型的蓝图，用作关卡范围的全局事件图。在默认情况下，项目中的每个关卡都创建了自己的关卡蓝图，可以在虚幻引擎编辑器中编辑这些关卡蓝图，但是不能通过编辑器接口创建新的关卡蓝图。

与整个级别相关的事件，或关卡内 Actor 的特定实例，用于以函数调用或流控制操作的形式触发操作序列。

关卡蓝图还提供了关卡流和 Sequencer 的控制机制，以及将事件绑定到关卡内的 Actor

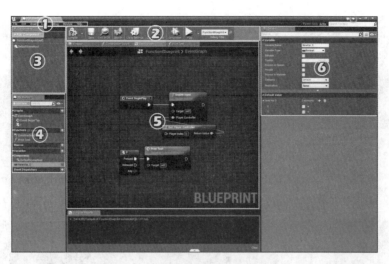

图 2.1 蓝图类编辑器 UI 元素介绍

的控制机制。

在编辑关卡蓝图时，蓝图编辑器包含以下部分（见图 2.2）：①菜单，包含调试、类默认值、编辑器运算结果、调试、搜寻结果、面板和视口；②工具栏；③我的蓝图；④细节；⑤图表编辑器。

图 2.2 关卡蓝图编辑器 UI 介绍

4. 控件蓝图

为了使用虚幻示意图形，首先需要创建控件蓝图，具体过程如下。

第 1 步 单击内容浏览器中的 Add New（添加新内容）按钮，然后在 User Interface（用户界面）下选择 Widget Blueprint（控件蓝图）选项。如图 2.3 所示。

> **小提示**
>
> 还可以在内容浏览器中右击，这与单击创建按钮的效果相同。

第 2 步 将在内容浏览器中创建 Widget Print（控件蓝图）资源，可以对该资源重命名，也可以使用资源的默认名称，如图 2.4 所示。

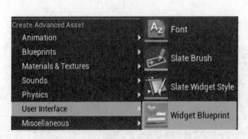

图 2.3　控件蓝图的创建

图 2.4　控件蓝图

第 3 步　双击控件蓝图资源，在"控件蓝图编辑器"（Widget Blueprint Editor）中将其打开，如图 2.5 所示。

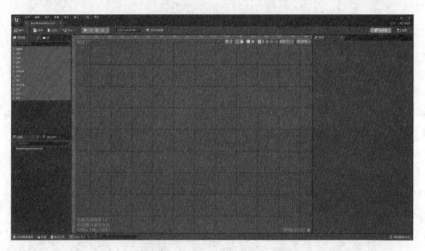

图 2.5　"控件蓝图编辑"界面

第 4 步　打开控件蓝图编辑器。默认情况下，打开控件蓝图时，控件蓝图编辑器会打开并显示设计器选项卡（见图 2.6）。设计器选项卡是布局的视觉呈现，并让用户对屏幕在游戏中的外观有一个概念。

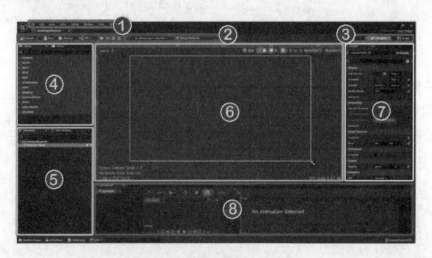

图 2.6　控件蓝图编辑器 UI 介绍

控件蓝图编辑器 UI 界面包含以下部分。

① 菜单栏（Bar）：包含常用的菜单选项。

② 工具栏（Tool Bar）：其中包含蓝图编辑器的一系列常用功能，如编译、保存和播放。

③ 编辑器模式（Editor Mode）：将 UMG 控件蓝图编辑器在"设计器"和"图形"模式间切换。

④ 调色板（Palette）：控件列表，可以将其中的控件拖放到视觉设计器中。显示继承自 UWidget 的所有类。

⑤ 层级（Hierarchy）：显示用户控件的父级结构。还可以将控件拖动到此窗口。

⑥ 视觉设计器（Visual Designer）：布局的视觉呈现。在此窗口中可以操纵已拖动到视觉设计器中的控件。

⑦ 详情（Details）：显示当前所选控件的属性。

⑧ 动画（Animations）：这是 UMG 的动画轨，可以用于设置控件的关键帧动画。

小 提 示

视觉设计器窗口默认按 1：1 比例显示，但可以按住 Ctrl 键并向上滚动鼠标滚轮来进一步放大。

2.2 实战练习：控制场景中门的开启和关闭

控制场景中门的开启和关闭

（1）如图 2.7 所示，创建一个第三人称游戏蓝图项目。

图 2.7 选择模板

（2）如图 2.8~图 2.10 所示，添加第三人称游戏蓝图功能以及初学者内容。

图 2.8　添加 / 导入素材内容

图 2.9　添加第三人称游戏蓝图功能

图 2.10　添加初学者内容包

（3）如图 2.11 和图 2.12 所示，使用初学者内容包中的 SM_Door 资源创建，效果如图 2.13 所示。

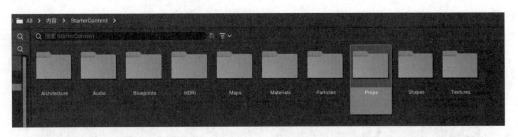

图 2.11　进入 Props 文件夹

图 2.12　选取 SM_Door

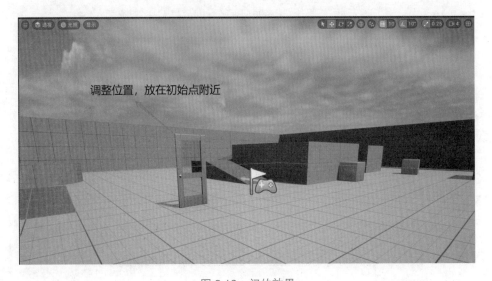

图 2.13　门的效果

（4）通过玩家触碰到盒体触发器的方式来开门。

按照图 2.14 和图 2.15 所示的步骤，添加盒体触发器。

图 2.14　选取盒体触发器

图 2.15　调整盒体触发器大小和位置

如图 2.16 和图 2.17 所示的步骤给门添加碰撞，使玩家无法穿越门。

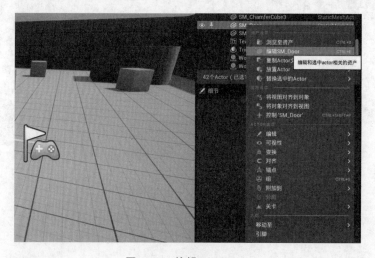

图 2.16　编辑 SM_Door

图 2.17　添加碰撞

（5）编辑蓝图事件，使玩家碰到盒体触发器后执行开门操作以及玩家离开盒体触发器后执行关门操作。

① 如图 2.18~ 图 2.20 所示的步骤，编辑盒体触发器蓝图事件。

图 2.18　打开类关卡蓝图编辑器

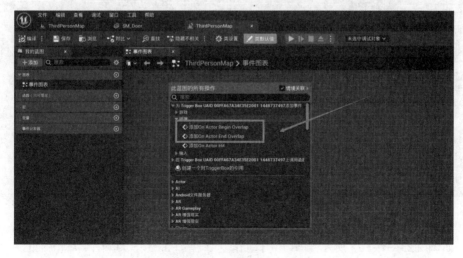

图 2.19　编辑器右击界面

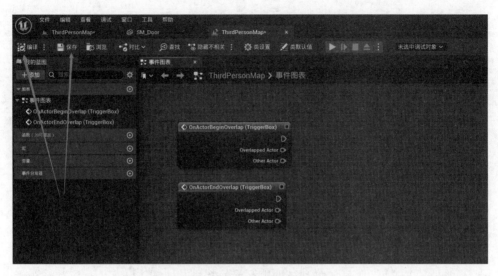

图 2.20　蓝图编辑器编译与保存

② 如图 2.21 和图 2.22 所示为关卡蓝图添加门的引用。

图 2.21　打开关卡蓝图编辑

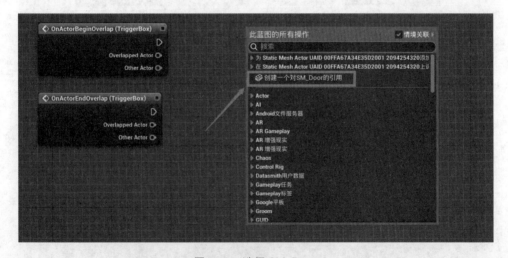

图 2.22　选择 SM_Door

③ 如图 2.23~图 2.25 所示编辑开门动作，并在图 2.25 中为两个事件添加设置旋转操作。

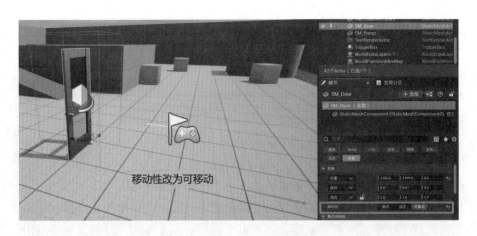

图 2.23　编辑 SM_Door 的细节

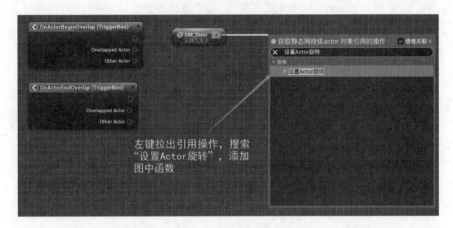

图 2.24　添加 SM_Door 的旋转 Actor

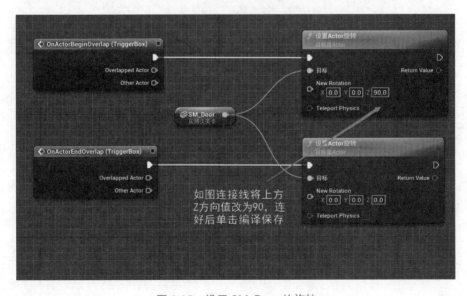

图 2.25　设置 SM_Door 的旋转

（6）编译保存后回到主编辑器中，单击运行，人物跑入盒体触发器范围，门将会自动打开。

2.3　本章小结

本章首先介绍了蓝图的基本概念，对蓝图编辑器的 UI 进行简单讲解。还介绍了控件蓝图的创建步骤。蓝图是 UE 中很重要的一个部分，但是本书中是以 C++ 为主，虽然本章内容不是很多，但并不代表蓝图不重要，蓝图功能十分强大，对使用者友好。

本章还设置了一个实战练习，读者跟着书中内容一步一步做，就能实现场景中开关门。读者当然也可以自行拓展，实现更多的更能。

学完本章，在理解蓝图概念的同时，动手实践仍然是重点，希望读者能够亲手一步一步跟随书中步骤完成实战练习。

第3章

C++ 基础

学习目标

掌握 Unreal Engine 5 中的 C++ 基础知识。

3.1 基础知识：现代 C++ 基础

在现代开发中，C++ 的模块、容器操作、智能指针、线程（协程）、多线程时的 UI 更新等知识比较重要。

1. 模块

对于大型项目，include 头文件的方式会严重影响编译性能，其最大的痛点就是编译慢。重复替换，如有多个编译单元，每一个都调用 iostream，就需要都处理一遍，经常要编译二三十分钟。有了 module，就可以模块化处理，即将已经编译好的模块直接作为编译器的中间表示进行保存，需要什么就取出什么。这样一来，速度就加快了。例如，只是用了 cout 函数，那么编译器下次就不需要处理几万行代码，直接调用 cout 函数就可以了。下面通过一段示例代码介绍模块的使用。

```
//ModuleA.ixx
export module ModuleA;
import <iostream>;
export void MyFunc2(){std::cout<<"oooo"<<std::endl;};
namespace ModuleA {          //定义一个命名空间，避免函数重复
    int test(int x)          //没有对外输出
    {
        return x * x;
    }
    export void MyFunc()
    {
        std::cout << "hi, I am moduleA\n";
    }
}
//ModuleEx.cpp, 主函数
import std.core;
```

```
import std.regex;
import ModuleA;
int main()
{
    ModuleA::MyFunc();  //在命名空间 ModuleA 中暴露，需要用命名空间来限定
    MyFunc2();              //直接暴露的函数，不需要用命名空间来限定
}
```

2. 容器

游戏开发者喜欢用的容器中，比较重要的是 map、queue 和 vector。虽然 stack 也有应用，但相对较少。

（1）map 是字典结构，属于值对模型，即一个键（key）对应一个值（value）。这种结构查找操作的时间复杂度是 O（1）。虽然空间浪费一些，但是现在内存不是主要问题，速度才是，尤其是在更注重性能的游戏应用里。

（2）queue 是队列，队列中的元素遵循先进先出原则，适合消息的处理。游戏服务器发过来的消息应按顺序处理，所以很适合使用队列。

（3）vector 相当于动态数组，查询操作速度偏慢，适合排名或结果集，使用场景较少。

（4）stack 是栈，与 queue 相反，堆栈中的元素遵循后进先出原则，一般与算法相关。

对于每个容器，读者需要掌握的核心技术都是增、删、改、查，即如何添加数据、删除数据、修改数据、查询数据，查询数据的两个常用操作是取数据和遍历。

在 C++ 中，所有容器都支持迭代器（iterator），遍历是常用操作，其中主要有 begin 和 end 两个操作，此外还有前缀 r 和前缀 c 两个限定符，具体如表 3.1 所示。

表 3.1 遍历操作

遍 历 操 作	解　　释
begin，end	begin() 得到容器的首指针，end() 得到容器的尾指针
rbegin，rend	r 是 reverse，反过来的意思。所以，rbegin() 得到容器的尾指针，rend() 得到容器的首指针，主要用于反向遍历。c 是 const，表示内容不可变更，用于保护数据
cbegin，cend	
crbegin，crend	

下面是 map 和 vector 等容器常用的三种遍历操作。

小提示

queue 和 stack 不提供迭代器，不能使用这三种遍历操作，具体遍历方式后面例子中给出。

```
import std.core;          //C++20 引入模块
int main()
{
    auto px = new std::vector<int>();
    px->push_back(3);
    px->push_back(5);
//第一种传统的遍历方式
```

```
    for(std::vector<int>::iterator it=px->begin();it!=px->end();it++) {
        std::cout << *it << "\n";
    }
//第二种 C++ 11 后引入 auto，自动推导类型
//it=vector<int>::const_iterator
    for(auto it=px->begin();it!=px->end();it++) {
        std::cout << *it << "\n";
    }
//第三种最简明，这里 px 是指针，所以要加 * 取容器 px 内容
    for(auto lin : *px) {
        std::cout << lin;
    }
    std::cout << std::endl;
return 0;
}
```

1）vector

vector 包含在 C++ 标准模板库中，是一个多功能的、能够操作多种数据结构和算法的模板类和函数库。vector 之所以被称为容器，是因为它能够像容器一样存放多个对象。简单来说，vector 是一个能够存放任意类型数据的动态数组，能够增加和删除数据。vector 的常用操作如表 3.2 所示。

表 3.2　vector 常用操作

操　作	对 应 函 数	函 数 描 述
增	push_back(ele)	在尾部插入元素
	insert(pos,count,ele)	在 pos 位置插入 count 个元素
删	pop_back	删除最后一个元素
	erase(start,end)	删除 start 和 end 之间的元素
	clear()	删除容器的所有元素
查	front()	返回容器第一个位置的元素
	back()	返回容器最后一个位置的元素
	at(idx)	返回索引 idx 所指向的元素
	operator[]	返回容器 operator 索引 [] 指向的元素

下面的代码展示了表 3.2 中部分函数的使用方法。

```
import std.core;
int main()
{
    std::vector<int> vec;
    vec.push_back(1);
    vec.push_back(3);
    vec.push_back(2);
    vec.push_back(4);                        //vec元素: 1, 3, 2, 4
    vec.insert(vec.begin()+2, 2, 6);         //vec元素: 136624
```

```
vec.pop_back();              //删除最后的元素，vec 元素: 13662
vec.erase(vec.begin()+2);//删除指定位置的元素，vec 元素: 1362
std::cout << "vec.front():" << vec.front() << std::endl;//输出第一个: 1
std::cout << "vec.back():" << vec.back() << std::endl; //输出最后一个: 2
std::cout <<"vec.at(3):" << vec.at(3) << std::endl;//输出下标为 3 的元素
std::cout <<"vec[3]:" << vec[3] << std::endl;       //输出下标为 3 的元素
for(auto lin : vec) {
    std::cout << lin;
}
std::cout << std::endl;
return 0;
}
```

2）map

map 是一个关联容器，它提供一对一的数据处理能力（其中第一个"一"为键，每个键只能在 map 中出现一次；第二个"一"为该键的值，不同键的值可以相同）。由于这个特性，它在处理一对一数据时，查询的时间复杂度是 O（1）。

map 内部构建一棵红黑树，这棵树具有对数据自动排序的功能，所以在 map 内部所有数据都是有序的。与容器 vector 相比，map 的优势体现在查询和删除操作上。由于 map 内部是一棵红黑树，所以查询操作的时间复杂度为 O（log$n$）。map 在删除元素时，不需要移动大量的元素，时间复杂度为 O（1），虽然有时需要调整树的结构，但时间消耗远远小于 vector 移动元素的时间。map 的常用操作如表 3.3 所示。

表 3.3　map 常用操作

操作	对 应 函 数	函 数 描 述
增	insert()	若容器尚未含有带相同键的元素，则插入元素到容器中
	insert_or_assign()	插入元素，若键已经存在，则将其赋值给当前元素
	emplace()	原位构造元素
删	erase()	擦除元素
	clear()	清除容器中的所有元素
查	find()	寻找具有特定键的元素
	at()	访问指定元素，同时进行越界检查
	operator[]	访问或插入指定元素

下面的代码展示了 map 的常用操作。

```
import std.core;
import std.regex;
using namespace std;
int main(){
    std::map<int, std::string> mp;
    mp.insert(std::pair<int, std::string>(2, "hello"));
    mp.insert(std::make_pair(1, "miaomiaomiao"));
    mp.insert(std::map<int, std::string>::value_type(3,"student_one"));
    mp.insert_or_assign(4,"clementine");//mp={{2,"hello"}, {1, "miaomiaomiao"},
{3, "student_one"},{4, "clementine"}}
```

```
        mp.emplace(6, "ddd");//mp={{2, "hello"}, {1, "miaomiaomiao"}, {3,
"student_one"},{4, "clementine"},{6, "ddd"}}
        auto it = mp.find(3);
        if(it == mp.end())
            cout << "do not find 123" << endl;
          else mp.erase(it);//mp={{2, "hello"}, {1, "miaomiaomiao"},{4,
"clementine"},{6, "ddd"}}
        for(auto& p : mp)
            std::cout << p.first <<" => " << p.second << std::endl;
        return 0;
    }
```

3）queue

队列（queue），此数据结构适用于先进先出（First In First Out，FIFO）算法。先插入的元素将先被提取，依次类推。有一个称为"前"的元素，它是位于最前位置或者说位于第一个位置的元素；也有一个名称"后"的元素，它是位于最后位置的元素。

在普通队列中，元素插入从尾部开始，删除从前面开始。queue 的常用操作如表 3.4所示。

表 3.4　queue 常用操作

操　作	对 应 函 数	函 数 描 述
增	push()	在末尾插入一个新元素
删	pop()	删除第一个元素
	front()	返回第一个元素
	back()	返回最后一个元素
查	size()	返回队列中元素的个数
	empty()	测试队列是否为空

下面的代码展示了 queue 的常用操作。

```
import std.core;
void printPush(std::queue<int> q) {
    while(!q.empty()) {
        // 输出队头元素
        std::cout << q.front();
        // 弹出队头元素
        q.pop();
    }    //队列不提供迭代器，更不支持随机访问，只能遍历输出
    std::cout << std::endl;
}
int main(){
    std::queue<int> QueueName;                           //创建队列
    QueueName.push(1);                                   //队尾插入元素
    QueueName.push(3);
    QueueName.push(2);
    QueueName.push(4);
```

```
    std::cout << QueueName.back() << std::endl;        //输出队尾元素 4
    if(QueueName.empty())                              //判断队列是否为空
        std::cout << "Queue is empty!" << std::endl;
    std::cout << "QueueName.size() is " << QueueName.size() <<
std::endl;                                            //输出队列元素个数 4
    std::cout << "队列 QueueName 的元素为: ";
    printPush(QueueName);                             //输出队列元素 1324
    return 0;
}
```

4）stack

栈（stack）是只允许在一端进行插入或删除操作的线性表。通常允许插入和删除的一端称为栈顶（Top），另一端称为栈底（Stack）。添加、删除、查看元素依次为入栈（push）、出栈（pop）和返回栈顶元素（top）。形象的说，栈是一个先进后出（Last In First Out，LIFO）线性表，先进去的节点要等到后边进去的节点出来才能出来。stack 的常用操作如表 3.5 所示。

表 3.5　stack 常用操作

操　作	对 应 函 数	函 数 描 述
增	push()	插入元素，在栈的顶部插入一个新元素，位于当前顶层元素的上方
删	pop()	删除栈顶元素
查	top()	返回栈顶元素
	empty()	测试栈是否为空
	size()	返回栈中元素的个数

3. 智能指针

在 C++ 中，动态内存的使用很容易出问题，如果忘记释放内存可能会产生内存泄漏；若内存在尚有指针引用的情况下被释放，则会产生引用非法内存的指针，导致异常。因此，C++ 11 开始引入了智能指针，主要有 unique_ptr、shared_ptr 与 weak_ptr 三种智能指针，都包含在 <memory> 头文件中。智能指针可以对动态分配的资源进行管理，保证已构造的对象最终会被销毁，即它的析构函数最终会被调用。

1）unique_ptr

unique_ptr 是个独占指针，在 C++ 20 之前的版本中就已经存在，unique_ptr 所指向的内存为自己独有，某个时刻只能有一个 unique_ptr 指向一个给定的对象，不支持复制和赋值。下面以代码示例来说明 unique_ptr 的用法，各种情况都在代码中给出。

```
#include <iostream>
#include <memory>
#include <vector>
#include <string>
int main(){
    std::unique_ptr<int> up1(new int(11));        //无法复制的 unique_ptr
    //unique_ptr<int> up2 = up1;                   //err, 不能通过编译
```

```
std::cout << *up1 << std::endl;                    //11
std::unique_ptr<int> up3 = std::move(up1);    //现在p3是数据的唯一的
unique_ptr
std::cout << *up3 << std::endl;                    //11
//std::cout << *up1 << std::endl; //err，运行时错误，空指针
up3.reset();    //显式释放内存
up1.reset();    //不会导致运行时错误
//std::cout << *up3 << std::endl; //err，运行时错误，空指针
std::unique_ptr<int> up4(new int(22));            //无法复制的 unique_ptr
up4.reset(new int(44));                      //"绑定"动态对象
std::cout << *up4 << std::endl;    //44
up4 = nullptr; //显式销毁所指对象，同时智能指针变为空指针。与 up4.reset()
                  等价
std::unique_ptr<int> up5(new int(55));
int* p = up5.release();                  //只是释放控制权，不会释放内存
std::cout << *p << std::endl;
//cout << *up5 << endl;                  //err，运行时错误，不再拥有内存
delete p;                                //释放堆区资源
return 0;
}
```

unique_ptr 不可复制和赋值，那么要怎样传递 unique_ptr 参数和返回 unique_ptr 呢？

事实上，不能复制 unique_ptr 的规则有一个例外：可以复制或赋值一个将要被销毁的 unique_ptr，如下面的代码所示。

```
void func1(unique_ptr<int> &up){
    cout<<*up<<endl;
}
unique_ptr<int> func2(unique_ptr<int> up){
    cout<<*up<<endl;
    return up;
}
//使用 up 作为参数
unique_ptr<int> up(new int(10));
//传递引用，不复制，不涉及所有权的转移
func1(up);
//暂时转移所有权，函数结束时返回复制，重新收回所有权
up = func2(unique_ptr<int> (up.release()));
//如果不用 up 重新接受 func2 的返回值，这部分内存就泄漏了
```

2）shared_ptr

shared_ptr 是为多个所有者管理对象在内存中的生命周期而设计的。shared_ptr 可复制，可按值将其传递函数参数，它的所有实例均指向同一个对象，并共享对一个控制块（当 shared_ptr 复制、超出范围或重置时会增加或减少引用计数）的访问权限。当引用计数为 0 时，控制块将释放内存资源和删除自身。当进行复制或赋值操作时，每个 shared_ptr 都会记录有多少个其他 shared_ptr 指向相同的对象。shared_ptr 复制时只是创建一个小型结构体，并不复制对象和控制块。

```cpp
#include <iostream>
#include <memory>
#include <vector>
#include <string>
int main()
{
    std::shared_ptr<int> sp1(new int(22));
    std::shared_ptr<int> sp2 = sp1;
    std::cout << "cout: " << sp2.use_count() << std::endl; //输出引用计数: 2
    std::cout << *sp1 << std::endl;   //输出: 22
    std::cout << *sp2 << std::endl;   //输出: 22
    sp1.reset(); //显示让引用计数减 1
    std::cout << "count: " << sp2.use_count() << std::endl;//打印引用计数: 1
    std::cout << *sp2 << std::endl; // 输出: 22
    //下句创建一个指向值为 42 的 shared_ptr。make_shared 是最安全的分配和使用动态内
    // 存的方法
    std::shared_ptr<int> sp3 = std::make_shared<int>(42);
    //sp4 指向一个值为 "9999999999" 的 string
    std::shared_ptr<std::string> sp4 = std::make_shared<std::string>(10, '9');
    //sp5 指向一个值已进行初始化的 int, 值为 0
    std::shared_ptr<int> sp5 = std::make_shared<int>();
    //sp6 指向一个动态分配的空 vector<string>
    auto p6 = std::make_shared<std::vector<std::string>>();
    return 0;
}
```

shared_ptr 的引用计数本身是安全且无锁的，但对象的读写则不是，因为 shared_ptr 有两个数据成员（指向被管理对象的指针，和指向控制块的指针），读写操作不能原子化。多个线程同时读同一个 shared_ptr 对象是线程安全的，但是如果是多个线程对同一个 shared_ptr 对象进行读和写，则需要加锁。

```cpp
#include <iostream>
using namespace std;
#include <memory>
#include <thread>
#include <mutex>
shared_ptr<long> global_instance = make_shared<long>(0);
std::mutex g_i_mutex;
void thread_fcn()
{
    //std::lock_guard<std::mutex> lock(g_i_mutex);
    //shared_ptr<long> local = global_instance;
    for(int i=0 ; i < 100000000 ; i++)
    {
        *global_instance = *global_instance + 1;
        //*local = *local + 1;
    }
}
int main()
{
    thread thread1(thread_fcn);
```

```
    thread thread2(thread_fcn);
    thread1.join();
    thread2.join();
    cout << "*global_instance is " << *global_instance << endl;
    return 0;
}
```

在线程函数 thread_fcn 的 for 循环中,两个线程同时对 *global_instance 进行加 1 的操作。这就是典型的非线程安全的场景,最后的结果是未定的,会是一个不定数,运行结果如下:

```
*global_instance is 197240539
```

如果使用的是每个线程的局部 shared_ptr 对象 local,因为这些 local 指向相同的对象,因此结果也是未定的。

因此,这种情况下必须加锁,将 thread_fcn 中的第一行代码的注释去掉之后,不管是使用 global_instance,还是使用 local,得到的结果都是 200000000。

3)weak_ptr

weak_ptr 是为配合 shared_ptr 而引入的一种智能指针,可以通过一个 shared_ptr 或另一个 weak_ptr 对象构造。weak_ptr 的构造和析构不会引起引用计数的增加或减少。没有重载 * 和→但可以使用 lock 获得一个可用的 shared_ptr 对象。

weak_ptr 的使用更为复杂,它可以指向 shared_ptr 指针指向的对象内存,却并不拥有该内存。而使用 weak_ptr 的成员 lock,则可返回其指向内存的一个 share_ptr 对象,且在所指对象内存已经无效时,返回指针空值 nullptr。

> **注意**
>
> weak_ptr 并不拥有资源的所有权,所以不能直接使用资源。可以通过一个 weak_ptr 构造一个 shared_ptr 以取得共享资源的所有权。

```
#include <iostream>
#include <string>
#include <memory>
#include <vector>
void check(std::weak_ptr<int>& wp) {
    std::shared_ptr<int> sp = wp.lock();   //转换为 shared_ptr<int>
    if (sp != nullptr) {
        std::cout << "still: " << *sp << std::endl;
    }
    else {
        std::cout << "still: " << "pointer is invalid" << std::endl;
    }
}
int main(){
    std::shared_ptr<int> sp1(new int(22));
    std::shared_ptr<int> sp2 = sp1;
    std::weak_ptr<int> wp = sp1;                //指向 shared_ptr<int> 所指对象
```

```
    std::cout << "count: " << wp.use_count() << std::endl;  //count: 2
    std::cout << *sp1 << std::endl;            //*sp1 的值为 22
    std::cout << *sp2 << std::endl;            //*sp2 的值为 22
    check(wp);                                 //still: 22
    sp1.reset();
    std::cout << "count: " << wp.use_count() << std::endl;  //count: 1
    std::cout << *sp2 << std::endl;   //*sp2 的值仍为 22
    check(wp);
    sp2.reset();
    std::cout << "count: " << wp.use_count() << std::endl;  //count: 0
    check(wp);
    return 0;
}
```

之所以使用 weak_ptr 是因为它解决了 shared_ptr 循环引用的问题。下面的代码示例演示了一种情况，其中用 weak_ptr 确保正确删除了具有循环依赖项的对象。检查该示例时，假设它仅在考虑替代解决方案后创建。Controller 对象表示计算机进程的某些方面，它们是独立运行的。每个控制器必须能够随时查询其他控制器的状态，并且每个控制器都包含一个 vector<weak_ptr<Controller>> 专用控制器。每个向量都包含一个循环引用，因此使用实例 weak_ptr 而不是 shared_ptr。

```
#include <iostream>
#include <memory>
#include <string>
#include <vector>
#include <algorithm>
using namespace std;
class Controller
{
  public:
    int Num;
    wstring Status;
    vector<weak_ptr<Controller>> others;
    explicit Controller(int i) : Num(i), Status(L"On")
    {
        wcout << L"Creating Controller" << Num << endl;
    }
    ~Controller()
    {
        wcout << L"Destroying Controller" << Num << endl;
    }
    void CheckStatuses() const{
      for_each(others.begin(), others.end(), [](weak_ptr<Controller> wp) {
          auto p = wp.lock();
          if(p){
              wcout << L"Status of " << p->Num << " = " << p->Status << endl;
          }
          else{
```

```
                        wcout << L"Null object" << endl;
                }
        });
    }
};
void RunTest(){
    vector<shared_ptr<Controller>> v{
        make_shared<Controller>(0),
        make_shared<Controller>(1),
        make_shared<Controller>(2),
        make_shared<Controller>(3),
        make_shared<Controller>(4),
    };
    //Each controller depends on all others not being deleted.
    //Give each controller a pointer to all the others.
    for(int i = 0; i < v.size(); ++i){
        for_each(v.begin(), v.end(), [&v, i](shared_ptr<Controller> p) {
            if(p->Num != i){
                v[i]->others.push_back(weak_ptr<Controller>(p));
                wcout << L"push_back to v[" << i << "]: " << p->Num << endl;
            }
        });
    }
    for_each(v.begin(), v.end(), [](shared_ptr<Controller> &p) {
        wcout << L"use_count = " << p.use_count() << endl;
        p->CheckStatuses();
    });
}
int main(){
    RunTest();
    wcout << L"Press any key" << endl;
    char ch;
    cin.getline(&ch, 1);
}
```

weak_ptr 指针更常用于指向某一 shared_ptr 指针拥有的堆内存，因为在构建 weak_ptr 指针对象时，可以利用已有的 shared_ptr 指针对它进行初始化。例如：

```
std::shared_ptr<int> sp(new int);
std::weak_ptr<int> wp(sp);
```

由此，wp 指针和 sp 指针是相同的指针。再次强调，weak_ptr 类型指针不会导致堆内存空间的引用计数增加或减少。weak_ptr 的基本操作如表 3.6 所示。

表 3.6　weak_ptr 指针可调用的成员方法

成员方法	描　　述
operator=()	重载 = 赋值运算符，weak_ptr 指针可以直接被 weak_ptr 或者 shared_ptr 类型指针赋值
swap(x)	x 表示一个同类型的 weak_ptr 指针，该函数可以互换两个同类型 weak_ptr 指针的内容

成员方法	描　　述
reset()	将当前 weak_ptr 指针置为空，相当于逻辑上释放内存，最终是否释放取决于是否还有其他引用
use_count()	查看和当前 weak_ptr 指针指向相同的 shared_ptr 指针的数量
expired()	判断当前 weak_ptr 指针是否过期（指针为空，或者指向的堆内存已经被释放）
lock()	如果当前 weak_ptr 已经过期，则该函数会返回一个空的 shared_ptr 指针；反之，该函数返回一个和当前 weak_ptr 指向相同的 shared_ptr 指针

下面的代码展示了表 3.6 的部分函数的使用方法。

```cpp
#include <iostream>
#include <memory>
using namespace std;
int main(){
    std::shared_ptr<int> sp1(new int(10));
    std::shared_ptr<int> sp2(sp1);
    std::weak_ptr<int> wp(sp2);
    //输出和 wp 指向相同的 shared_ptr 类型指针的数量
    cout << wp.use_count() << endl;          //输出 2
    sp2.reset();                             //释放 sp2
    cout << wp.use_count() << endl;          //输出 1
    //借助 lock() 函数，返回一个和 wp 指向相同的 shared_ptr 类型指针，获取其存储的
      数据
    cout << *(wp.lock()) << endl;            //输出 10
    return 0;
}
```

4）shared_from_this

C++ 中使用 enable_shared_form_this 类和 shared_from_this() 函数，返回一个当前类的 share_ptr 指针，避免多次释放导致异常。

```cpp
class A{
public:
    A(int y=0):x(y){ }
    A* getthis(){
        return this;
    }
    int x;
};
int main (void){
    shared_ptr<A>sp1(new A());
    shared_ptr<A>sp2(sp1->getthis());
    cout<<sp1.use_count()<<endl;
    cout<<sp2.use_count()<<endl;
}
```

两个智能指针的引用计数都是 1，可想而知在函数退出时会发生什么：同一块内存被释放了两次，程序崩溃是免不了的。原因是 this 是裸指针，这一操作相当于用同一个裸指针给两个智能指针赋值。如果能返回一个智能指针，那么问题就解决了。这时可以使用 shared_from_this 这个模版类。

```
class A:public std::enable_shared_from_this<A>{
  public:
    A(int y=0):x(y){ }
    std::shared_ptr<A> getthis()
    {
        return shared_from_this();
    }
    int x;
};
```

另外，在同一个继承体系中，不能同时出现多个 enable_shared_from_this 类。父类继承了 enable 之后，子类只能对 shared_from_this() 的返回值进行转型。也就是说，要想将 shared_ptr<A> 转换成 shared_ptr<B>，需要调用 dynamic_pointer_cast：

```
return dynamic_pointer_cast<B>(shared_from_this())
```

4. 线程与协程

线程是指进程内的一个执行单元，也是进程内的可调度实体。线程是进程的一个实体，是 CPU 调度和分派的基本单位，是比进程更小的能独立运行的基本单位。线程自己基本上不拥有系统资源，只拥有一点在运行中必不可少的资源（如程序计数器、一组寄存器和栈），但是它可与同属一个进程的其他的线程共享进程所拥有的全部资源。线程间通信主要通过共享内存，由于上下文切换很快，所以资源开销较少。

1）线程

（1）获取当前信息。获取当前信息可以通过下面的代码实现。

```
//t 为 std::thread 对象
t.get_id();                            //获取线程 ID
t.native_handle();                     //返回与操作系统相关的线程句柄
std::thread::hardware_concurrency();   //获取 CPU 核数，失败时返回 0
```

（2）线程等待和分离。线程等待和分离可以通过下面的代码实现。

```
join();        //等待子线程，调用线程处于阻塞模式
detach();      //分离子线程，与当前线程的连接被断开，子线程成为后台线程，被 C++
               运行时库接管
joinable();    //检查线程是否可被连接。joinable() == true 表示当前线程是活动
               线程，此时才可以调用 join 函数
```

thread 对象在构造完成（线程开始执行）后，对象析构前，必须选择是等待它（join）还是让它在后台运行（detach）。如果在 thread 对象析构前没有这么做，那么线程将会终止，因为 thread 的析构函数中调用了 std::terminate()。

join 的含义是父线程等待子线程结束。

detach 的含义是主线程和子线程相互分离，但是主线程结束了，子线程也会结束。

joinable 函数是一个布尔类型的函数，会返回一个布尔值来表示当前的线程是否为可执行线程（能被 join 或 detach）。因为相同的线程不能 join 两次，也不能 join 完再 detach，同理也不能 detach 完再 join，所以 joinable 函数就是用来判断当前这个线程是否可以 joinable 的。通常不能被 joinable 有以下三种情况。

① 由 thread 的默认构造函数而造成的（thread() 没有参数）。

② 该 thread 被 move 过（包括 move 构造和 move 赋值）。

③ 该线程被 join 或者 detach 过。

std::this_thread 命名空间中相关辅助函数如下。

```
get_id();      //获取线程 ID
yield();        //当前线程放弃执行，操作系统转去调度另一个线程
sleep_until(const xtime* _Abs_time); //线程休眠至某个指定的时刻(time point),
                                      才被重新唤醒
sleep_for(std::chrono::seconds(3)); //睡眠 3 秒后才被重新唤醒，不过由于线程
                                     调度等原因，实际休眠时间可能比 sleep_
                                     duration 所表示的时间片更长
```

如果不带参则会创建一个空的 thread 对象，并没有真正创建底层线程，通常可将其他 std::thread 对象通过 move 移入其中；如果带参则会创建新线程，而且该线程会被立即运行。

```
#include <iostream>
#include <thread>
void thread_task(int n) {
    std::this_thread::sleep_for(std::chrono::seconds(n));
    std::cout << "hello thread "
          << std::this_thread::get_id()
          << " paused " << n << " seconds" << std::endl;
}
int tstart(const std::string & tname) {
    std::cout << "Thread test! " << tname << std::endl;
    return 0;
}
int main(){
    std::thread threads[5];
    std::cout << "Spawning 5 threads...\n";
    for(int i = 0; i < 5; i++){
        threads[i] = std::thread(thread_task, i + 1);
    }
    std::cout << "Done spawning threads! Now wait for them to join\n";
    for(auto& t : threads){
        t.join();
    }
    std::cout << "All threads joined.\n";
    std::thread t1(tstart, "C++ 20 thread_1!");
```

```
        std::thread t2(tstart, "C++ 20 thread_2!");
        std::cout << "current thread id: " << std::this_thread::get_id() <<
std::endl;
        std::cout << "before swap: " << " thread_1 id: " << t1.get_id() <<
"thread_2 id: " << t2.get_id() << std::endl;
        t1.swap(t2);               //线程交换，注意，实际上只交换线程id
        std::cout << "after swap: " << " thread_1 id: " << t1.get_id() <<
"thread_2 id: " << t2.get_id() << std::endl;
        //t.detach()
        t1.join();                 //等待线程 t1 执行完毕
        std::cout << "t1 over" << std::endl;//请问 t1 执行完毕前，这句话会执行吗
        t2.join();                 //等待线程 t2 执行完毕
        return 0;
    }
```

std::thread 也可以调用类的方法，代码如下。

```
#include <iostream>
#include <thread>
using namespace std;
#include <math.h>
class Test{
  public:
    void runMultiThread();
    void foo() {
        std::cout << "hello from member function" << std::endl;
    }
  private:
    void calculate(int from, int to) {}
};
void Test::runMultiThread(){
    std::thread t1(&Test::calculate, this, 0, 10);        //类函数及多个参数
    std::thread t2(&Test::calculate, this, 11, 20);       //多个参数
    t1.join();
    t2.join();
}
int main(){
    auto pTest = Test();
    std::thread t(&Test::foo, pTest);
    t.join();
}
```

2）协程

协程是一种用户态的轻量级线程，协程的调度完全由用户控制。从技术的角度来说，协程就是你可以暂停执行的函数。协程拥有自己的寄存器上下文和栈。协程调度切换时，会将寄存器上下文和栈保存到其他地方，切换回来后，再恢复先前保存的寄存器上下文和栈。由于是直接对栈进行操作，因此基本没有内核切换的开销，可以以不加锁的方式访问全局变量，上下文的切换速度快。

以前，要想实现异步（事件驱动、异步 IO 和数据异步），基本上有两种方式：一种是使用多线程 + 回调函数；另外一种就需要借助内核的 API，在内部通过中断 + 回调来实现。对有异步编程经验的读者比较好理解，但这种编程的缺点是，得有两种编程理解：一种是同步的，所调即所得；另一种是异步的，需要等别人回调，才能得到想要的结果。这对于一些编程新手和对异步编程不太熟悉的程序员来说，这种编程方式十分复杂。协程解决了这个问题，在上层，体现为所调即所得，在底层，会不断等待运行结果。

　　C++ 20 提供的无栈协程，拥有许多无与伦比的优越性，如没有传染性，可以与以前非协程风格的代码并存，再如不需要额外的调度器。C++ 的协程功能是给库的开发者使用的，所以看起来比较复杂，但是经过库的封装以后用起来就非常简单了。在 C++ 20 中，如果要使用协程，要么等别人封装好了，要么就要自己学着用底层的功能封装。另外，C++ 20 的协程性能非常好，（一个进程）可以开启几十亿个协程。

　　C++ 20 的协程有以下四个特点：①不需要内部栈分配，仅需要一个调用栈的顶层帧；②协程运行过程中，需要使用关键词来控制运行过程（如 co_return）；③可能分配不同的线程，触发资源竞争；④没有调度器，但需要标准和编译器的支持。

　　协程通过 Promise 和 Awaitable 接口的 15 个以上的函数为程序员提供了定制协程的流程和功能。要想实现最简单的协程，需要用到其中的八个函数（五个 Promise 的函数和三个 Awaitable 的函数），其中 Promise 的函数先放在一边，我们先来看看 Awaitable 的三个函数。

　　如果要实现形如 co_await ××× 的协程调用格式，××× 就必须实现 Awaitable。co_await 是一个新的运算符。Awaitable 主要有三个函数，如表 3.7 所示。

表 3.7　Awaitable 的三个主要函数

函数名	描　　述
await_ready	返回 Awaitable 实例是否已经 ready。协程开始会调用此函数，如果返回 true，表示你想得到的结果已经得到了，协程不需要执行了。所以大部分情况下，这个函数的实现是要返回 false
await_suspend	挂起 awaitable。该函数会传入一个 coroutine_handle 类型的参数。这是一个由编译器生成的变量，在此函数中调用 handle.resume()，就可以恢复协程
await_resume	当协程重新运行时，会调用该函数。该函数的返回值就是 co_await 运算符的返回值

　　只要实现这三个函数，就可以用 co_await 来等待结果了。co_await 在协程中使用，但是协程的入口必须在某个函数中，并且该函数的返回值需要满足 Promise 的规范。

　　协程一般需要定义三个内容：协程体（coroutine）、承诺特征类型（traits）和 await 对象（await）。下面通过一个例子进一步说明协程的使用。

```cpp
#include <iostream>
#include <functional>
#include <future>
#include <thread>
#include <string>
#include  <experimental/coroutine>
//给协程体使用的承诺特征类型，最简单的 Promise 如下
struct Traits{
```

```cpp
    struct promise_type {
        //协程体被创建时被调用
        auto get_return_object() { return Traits{}; }
        //get_return_object之后被调用
        auto initial_suspend() { return std::experimental::suspend_never{}; }
        //return_void之后被调用
        auto final_suspend() { return std::experimental::suspend_never{}; }
        void unhandled_exception() { std::terminate(); }
        //协程体执行完之后被调用
        void return_void() {}
    };
};
//在例子中，这个Traits除了作为函数返回值以外，没有其他作用
using AsyncResultsCallback = std::function<void(const std::string&)>;
//异步获取结果函数
void async_get_results(AsyncResultsCallback callback) {
    std::thread t([callback]() {
    std::this_thread::sleep_for(std::chrono::seconds(5));
    //sleep模拟耗时的操作
    callback("seconds later");          //耗时结束，调用回调函数
    });
    t.detach(); //测试代码，实际项目中不要使用detach
}
//协程使用的await对象
struct AsyncResultsWaitable{
    //await是否已经计算完成，如果返回true，则co_await将直接在当前线程返回
    bool await_ready() const { return false; }
    //await对象计算完成之后返回结果
    std::string await_resume() { return _result; }
    //await对象真正调用异步执行的地方，异步完成之后通过handle.resume()使await
        返回
    void await_suspend(std::experimental::coroutine_handle<> handle){
        //定义一个回调函数，在此函数中恢复协程
        async_get_results([handle, this](const std::string& str) {
            _result = str;
            handle.resume();          //这句是关键
        });
    }
    std::string _result;              //将返回值存储在这里
};
//协程体
Traits coroutine_get_results(AsyncResultsCallback callback){
    //这时还在主线程中
    std::cout << "run at main thread id:" << std::this_thread::get_id()
<< std::endl;
    const std::string& ret = co_await AsyncResultsWaitable();
    //这时已经是在子线程中
            std::cout << "run at slaver thread id:" << std::this_
thread::get_id() << std::endl;
    callback(ret);
```

```
}
int main(){
    //传统异步获取结果
    async_get_results([](const std::string& str) {
        std::cout << "async get results: " << str << std::endl;
    });
    //通过协程异步获取结果
    coroutine_get_results([](const std::string& str) {
        std::cout << "coroutine get results: " << str << std::endl;
    });
    getchar();
    return 1;
}
```

5. 函数指针和函数模板

1）函数指针

程序运行期间，每个函数都会占用一段连续的内存空间。而函数名就是该函数所占内存空间的起始地址（也被称为"入口地址"）。可以将函数的入口地址赋值给一个指针变量，使该指针变量指向该函数。然后通过指针变量就可以调用该函数了。这种指向函数的指针变量被称为"函数指针"。

声明指针时，必须指定指针指向的数据类型，同样，声明指向函数的指针时，必须指定指针指向的函数类型，这意味着声明应当指定函数的返回类型以及函数的参数列表。指向函数的指针变量的一般定义形式为：数据类型（*指针变量名）（参数表）。

通过下面的例子，可以进一步理解函数指针。

```
#include <iostream>
using namespace std;
int max(int x, int y) {          //求最大数
    return x > y ? x : y;
}
int add(int x, int y) {          //求和
    return x + y;
}
void process(int i, int j, int(*p)(int a, int b)){ //应用函数指针
    cout << p(i, j) << endl;
}
int main(){
    int x, y;
    cin >> x >> y;
    cout << "Max is: ";
    process(x, y, max);
    cout << "Add is: ";
    process(x, y, add);
    return 0;
}
```

函数指针在游戏设计中非常有用，特别是通信协议处理时，可以避免大量的 if-else，

有效减少代码量，还能利用工具自动生成前后端协议处理函数，进一步提高工作效率。

2）函数模板

C++ 20 提供了 std::function 和 std::bind 两个工具，用于引用可调用对象。这些可调用对象包括普通函数、lambda 表达式、类的静态成员函数、非静态成员函数以及仿函数等。引用可调用对象，可以用于回调、抽象以及延迟调用等多种场景。

（1）std::function。它是一组函数对象包装类的模板，其实例可以对普通函数、lambda 表达式、函数指针、类的成员函数及其他函数对象等执行存储、复制和调用操作，它实际上是实现了一个泛型的回调机制。std::function 的作用与函数指针类似，可以延迟函数的执行，特别适合作为回调函数使用。它比普通函数指针更加灵活和便利。

```cpp
#include <iostream>
#include <functional>
using namespace std;
std::function<bool(int, int)> fun;
//普通函数
bool compare_com(int a, int b){ return a > b; }
//lambda 表达式
auto compare_lambda = [](int a, int b) { return a > b; };
//函数对象类
class compare_class{
    public:
    bool operator()(int a, int b){
        return a > b;
    }
};
int main(){
    bool result;
    fun = compare_com;
    result = fun(10, 1);
    cout << "普通函数输出, result is " << result << endl;   //result is 1
    fun = compare_lambda;
    result = fun(10, 1);
    cout << "lambda 表达式输出, result is " << result << endl;   //result is 1
    fun = compare_class();
    result = fun(10, 1);
    cout << "函数对象类输出, result is " << result << endl;   //result is 1
    return 0;
}
```

（2）可以将 std::bind 函数看作一个通用的函数适配器，它接受一个可调用对象，生成一个新的可调用对象来"适应"原对象的参数列表。std::bind 将可调用对象与其参数一起进行绑定，绑定后的结果可以使用 std::function 保存。std::bind 主要有以下两个作用：将可调用对象和其参数绑定成一个防函数；只绑定部分参数，减少可调用对象传入的参数。

```cpp
#include <iostream>
#include <functional>
using namespace std;
```

```
double fun(double x, double y) { return x / y; }
struct Foo {
    void print_sum(int n1, int n2){
        std::cout << n1 + n2 << '\n';
    }
    int data = 10;
};
int main() {
    auto fun_half = std::bind(&fun, 10, std::placeholders::_1);
    //std::placeholders::_1 为占位符
    std::cout << fun_half(2) << '\n';        //fun_half(2) 的值是 5
    Foo foo;
    auto f = std::bind(&Foo::print_sum, &foo, 95, std::placeholders::_1);
    //bind 绑定类成员函数时，第一个参数表示对象成员函数的指针，第二个参数表示对象的
    地址
    f(5);            //f(5) 的值是 100
}
```

6. 异常处理

在现代 C++ 中，大多数情况下报告和处理逻辑错误和运行时错误的首选方式是使用异常。程序错误通常分为两类：第一类为编程错误导致的逻辑错误，例如，"索引超出范围"错误；第二类为超出程序员控制的运行时错误，如"网络服务不可用"错误。

现代 C++ 中首选异常处理的原因如下。

（1）异常会强制调用代码识别错误情况并对其进行处理。未经处理的异常会使程序停止执行。

（2）异常跳转到调用堆栈中可处理错误的点。中间函数可以让异常传播。它们不必与其他层进行协调。

（3）异常堆栈展开机制会在引发异常后根据定义完善的规则破坏范围内的所有对象。

（4）异常使检测到错误的代码和处理错误的代码之间完全分离。

简言之，使用异常可以方便程序设计，更重要的是即使程序出了错，也不至于闪退。

以下简化的示例演示了在 C++ 中用于引发和捕获异常的必要语法。

```
#include <iostream>
#include <stdexcept>
#include <limits>
using namespace std;
void MyFunc(int c){
    //numeric_limits<char>::max() 返回 127
    if(c > numeric_limits<char>::max())
    throw invalid_argument("MyFunc argument too large.");
}
int main(){
    try{
        MyFunc(256);            //引发异常抛出
    }
```

```
catch (invalid_argument& e){
    cerr << e.what() << endl;
    return -1;
}
return 0;
}
```

C++ 异常处理涉及四个关键字：throw、try、catch 和 finally。

（1）throw：当问题出现时，程序会使用 throw 关键字抛出一个异常。

（2）try：try 块中的代码标识将被激活的特定异常。它后面通常跟着一个或多个 catch 块。

（3）catch：在想要处理问题的地方，通过异常处理程序捕获异常。catch 关键字用于捕获异常。

（4）finally：关键字 finally 放在 catch 之后，如果异常没有被 catch 捕获，会使用 finally 关键字去清理和释放资源。完整的捕获异常处理语句结构是：try...catch...finally。

C++ 支持向另一个线程传输异常。通过传输异常，可以在一个线程中捕获异常，然后使该异常看似是在另一个线程中引发的。例如，可以使用该功能编写多线程应用程序，其中主线程将处理其辅助线程引发的所有异常。传输异常对创建并行编程库或系统很有用。C++ 提供了 current_exception、rethrow_exception、exception_ptr、make_exception_ptr 几个函数。

```
#include <stdexcept>
#include <limits>
#include <iostream>
#include <exception>
using namespace std;
int main(){
    std::exception_ptr p;
    try {
        throw std::logic_error("some logic_error exception"); //抛出异常
    }
    catch(const std::exception& e) {
        p = std::current_exception();
        std::cout << "exception caught, but continuing...\n";
    }
    std::cout << "(after exception)\n";
    try {
        std::rethrow_exception(p);
    }
    catch(const std::exception& e) {
        std::cout << "exception caught: " << e.what() << '\n';
    }
    return 0;
}
```

3.2 基础知识：UE 的 C++ 类层级结构

1. Object

基本游戏性元素、Actor 和对象的解释。

2. Actor

所有可以放入关卡的对象都是 Actor，如摄像机、静态网格体、玩家起始位置。Actor 支持三维变换，如平移、旋转和缩放。可以通过游戏逻辑代码（C++ 或蓝图）控制 Actor。

3. Pawn

Pawn 是那些可由玩家或 AI 控制的所有 Actor 的基类。Pawn 是玩家或 AI 实体在游戏场景中的具化体现。这说明，Pawn 不仅决定了玩家或 AI 实体的外观效果，还决定了它们如何与场景进行碰撞以及进行其他物理交互。某些游戏可能没有设置可见的玩家模型或替身（Avatar），因此上述物理交互效果在某些情况下可能会并不直观。但无论如何，Pawn 仍代表着玩家或实体在游戏中的物理方位、旋转角度等。Character 是一种特殊的、可以行走的 Pawn。

默认情况下，控制器（Controllers）和 Pawn 之间是一对一的关系；也就是说，每个控制器在某个时间点只能控制一个 Pawn。此外，在游戏期间生成的 Pawn 不会被控制器自动控制。

在蓝图中，为 Pawn 以及 Pawn 的子类添加移动的最佳方法是调用 SetActorLocation 函数。使用 SetActorLocation 时，可以选择瞬移到某个位置或逐渐走到某个位置。如果选择逐渐走到某个位置，那么 Pawn 会沿某个方向移动，并且如果遇到障碍就会停下来。

4. Character

Character（角色）就是默认具备一定的双足运动功能的 Pawn。

综上所述，UE 中的 C++ 类层级结构如图 3.1 所示。

5. C++ 类在 UE 中的使用

UE 中使用的 C++ 类层级结构如图 3.2 所示。Package 包含一个 World，World 包含一个 Level，Level 包含多个 Actor，Actor 又包含多个 Actor Component。

6. UE 的命名规范

（1）模版类以 T 开头，如 TArray、TMap、TSet。

（2）UObject 派生类都以 U 开头。

（3）AActor 派生类都以 A 开头。

（4）SWidget 派生类都以 S 开头。

（5）抽象接口以 I 开头。

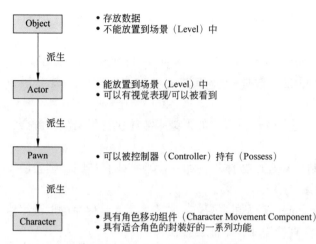

图 3.1 UE 中的 C++ 类层级结构

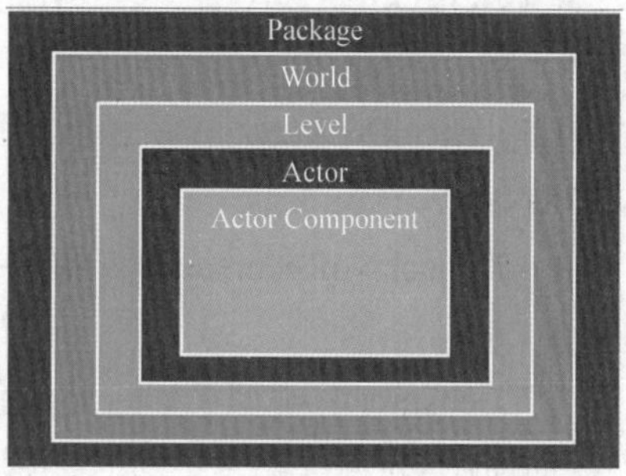

图 3.2 UE 中使用的 C++ 类层级结构

（6）枚举类以 E 开头。

（7）bool 类变量以 b 开头，如 bPendingDestruction。

（8）其他的大部分类以 F 开头，如 FString、FName。

7. UE 工程文件目录说明

（1）Binaries：存放编译生成的二进制文件，我们可以忽略（gitignore）该目录，因为它每次都会重新生成。

（2）Config：配置文件。

（3）Content：最常用的文件目录，所有资源和蓝图等都存放在该目录中。

（4）DerivedDataCache（DDC）：存储着 UE 针对平台特化后的资源版本。如对于同一张图片，不同平台有不同的图片格式要求，这个时候就可以在不修改原始 uasset 的基础上，轻松生成不同格式的资源版本。

（5）Intermediate：中间文件（gitignore），存放着一些临时生成的文件，包括：

• Build 的中间文件，.obj 和预编译头等。

• UHT 预处理生成的 .generated.h/.cpp 文件。

• VS.vcxproj 项目文件，可通过 .uproject 文件生成编译生成的 Shader 文件。

• ssetRegistryCache：Asset Registry 系统的缓存文件，Asset Registry 可以简单理解为一个索引了所有 uasset 资源头信息的注册表。CachedAssetRegistry.bin 文件也是如此。

（6）Saved：存储自动保存文件、其他配置文件、日志文件、引擎崩溃日志、硬件信息、烘焙信息数据等。

（7）Source：代码文件。

8. 断言

（1）check()：check 里的条件如果为 null、0 或者 false，就会触发中断，如 check((ne = PrintC()) != false)、check(GameBase)。

（2）verifyf()：类似于 check()，条件为 null、0 或者为 false 时，就会触发中断。

Verifyf() 除了判断条件外，还可以输出信息，如 verifyf(false , TEXT("pikaqiu %s") , *this->GetName())。

（3）checkf()：类似于 verifyf()，如 checkf(false , TEXT("pikaqiu %s") , *this->GetNa-me())。

（4）checkNoEntry()：函数中断，写在函数体里，如果该函数体执行了，就会触发中断。

（5）checkNoReentry()：函数中断，写在函数体里，如果该函数体执行了两次，就会触发中断。

（6）checkNoRecursion()：函数中断，写在函数体里，如果该函数体有递归，则会触发中断。

（7）ensure()：类似于 check()，但 ensure() 触发的是断点，单击触发点，程序可以继续执行，而使用 check() 触发中断时，程序会直接崩溃，不能继续执行。

（8）ensureMsgf()：如 ensure()，多了一个可以附加的额外信息，类似于 check() 和 checkf()。

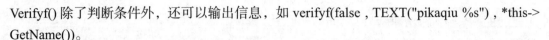

3.3　基础知识：UE 中的宏定义

1. UFUNCTION

UFUNCTION 是 UE 反射系统可识别的 C++ 函数。UObject 或蓝图函数库可将成员函数声明为 UFUNCTION 类型，方法是将 UFUNCTION 宏放在头文件中、函数声明上方。

```
UFUNCTION([specifier, specifier, ...],[meta(key=value, key=value, ...)])
    ReturnType FunctionName([Parameter, Parameter, ...])
```

1）UFUNCTION 的用途

（1）可利用函数说明符将 UFUNCTION 对蓝图可视化脚本图表公开，以便开发者通过蓝图资源调用或扩展 UFUNCTION，而无须更改 C++ 代码。

（2）在类的默认属性中，UFUNCTION 可绑定到委托，从而能够执行一些操作（如将操作与用户输入相关联）。

（3）可以充当网络回调，这意味着当某个变量受网络更新影响时，用户可以将其用于接收通知并运行自定义代码。

（4）可创建脚本所需的控制台命令（通常也被称为 debug、configuration 或 cheat code 命令），并能在开发版本中从游戏控制台调用这些命令，或将拥有自定义功能的按钮添加到关卡编辑器中的游戏对象。

2）函数说明符

声明函数时，可以为声明添加函数说明符，以控制函数相对于 UE 和编辑器各个方面的行为方式。

（1）BlueprintCallable 函数可在蓝图或关卡蓝图图表中执行，如图 3.3 所示。

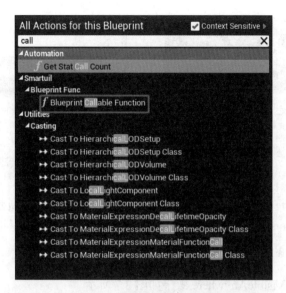

图 3.3　BlueprintCallable 函数

```
UFUNCTION(BlueprintCallable, Category = "smartuil|BlueprintFunc")
    void BlueprintCallableFunction();
```

（2）BlueprintGetter()、BlueprintSetter()：用作蓝图公开属性的访问函数，这两个说明符隐含 BlueprintCallable()。

（3）BlueprintInternalUseOnly()、BlueprintCosmetic()、BlueprintAuthorityOnly()、BlueprintPure()、CallInEditor()、BlueprintNativeEvent() 等。

2. UPROPERTY

UPROPERTY 宏用来定义对象属性的元数据和变量说明符。UPROPERTY 用途广泛。它允许变量被复制、被序列化，并可从蓝图中进行访问。垃圾回收器还使用它来追踪对 UObject 的引用数。

```
UPROPERTY([specifier,  specifier,...], [meta(key=value, key=value, ...)])
    Type VariableName;
```

1）属性说明符

（1）AdvancedDisplay 属性将被放置在其所在的任意面板的"高级"（下拉）部分中，如图 3.4 所示。

```
UPROPERTY(VisibleAnywhere, AdvancedDisplay, category = "smartuil")
    FString AdvancedDisplayParam;
```

（2）AssetRegistrySearchable、BlueprintAssignable、SimpleDisplay、SerializeText、BlueprintAuthorityOnly、BlueprintCallable、BlueprintReadOnly、BlueprintReadWrite、SkipSerialization、EditAnywhere/VisibleAnywhere、Instanced、Export 等属性说明如下。

BlueprintReadOnly 属性表示可由蓝图读取，但不能被修改，如图 3.5 所示。

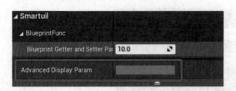

图 3.4　UE 中的 C++ 类层级结构

图 3.5　BlueprintReadOnly 属性

```
UPROPERTY(BlueprintReadOnly, Category = "Smartuil|BlueprintFunc")
    float BlueprintReadOnlyParam;
```

BlueprintReadWrite 表示可从蓝图读取或写入此属性，如图 3.6 所示。

```
UPROPERTY(BlueprintReadWrite, Category = "Smartuil|BlueprintFunc")
float BlueprintReadWriteParam;
```

EditAnywhere 和 VisibleAnywhere 效果如图 3.7 所示。

```
UPROPERTY(VisibleAnywhere, Category = "Smartuil / Visible")
FString VisibleAnywhereParam;
UPROPERTY(EditAnywhere, Category ="Smartuil| Edit")
float EditAnywhereParam;
```

图 3.6　BlueprintReadWrite 属性

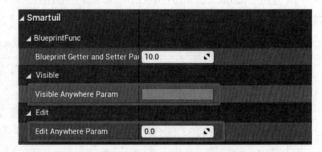

图 3.7　EditAnywhere 和 VisibleAnywhere 属性

BlueprintGetter=GetterFunctionName、BlueprintSetter=SetterFunctionName 可以指定自定义存取函数。

```
public:
    UFUNCTION(BlueprintGetter)
    virtual float GetBlueprintGetterAndSetterParam() const{
        return BlueprintGetterAndSetterParam * 2.f;
 }
    UFUNCTION(BlueprintSetter)
    virtual void SetBlueprintGetterAndSetterParam(float InFloat){
        BlueprintGetterAndSetterParam += 100.f;
    }
    UPROPERTY(EditAnywhere, BlueprintGetter = GetBlueprintGetterAndSet
terParam, BlueprintSetter = SetBlueprintGetterAndSetterParam, Category =
"Snowing|Blueprint")
```

```
float BlueprintGetterAndSetterParam;
```

2）元数据说明符（meta）

每一种类型的数据结构或成员都有自己的元数据说明符列表。下面是一些常用的meta。

- AllowAbstract="true/false"：用于 Subclass 类的 SoftClass 属性。说明抽象类属性是否应显示在类选取器中。
- AllowedClasses="Class1, Class2, ..."：用于 FSoftObjectPath 属性。逗号分隔的列表，表明要显示在资源选取器中的资源类型。
- AllowPreserveRatio：用于 Fvector 属性。在细节面板中显示此属性时将添加一个比率锁。
- ArrayClamp="ArrayProperty"：用于整数属性。将可在 UI 中输入的有效值锁定在 0 和命名数组属性的长度之间。
- AssetBundles：用于 SoftObjectPtr 或 SoftObjectPath 属性。主数据资源中使用的束列表名称，指定此引用是哪个束的一部分。
- BlueprintBaseOnly：用于 Subclass 和 SoftClass 属性。说明蓝图类是否应显示在类选取器中。
- BlueprintCompilerGeneratedDefaults：属性默认项由蓝图编译器生成，CopyProperties ForUnrelatedObjects 在编译后调用时将不会被复制。
- ClampMin="N"：用于浮点属性和整数属性。指定可在属性中输入的最小值 N。
- ClampMax="N"：用于浮点属性和整数属性。指定可在属性中输入的最大值 N。
- ConfigHierarchyEditable：此属性被序列化为一个配置文件（.ini），可在配置层级中的任意位置进行设置。
- ContentDir：由 FDirectoryPath 属性使用。用 Slate 风格目录选取器来选取路径。
- DisplayAfter="PropertyName"：在蓝图编辑器中名为 PropertyName 的属性后即刻显示此属性。
- DisplayName="Property Name"：此属性显示的命名，不显示代码生成的命名。
- DisplayThumbnail="true"：说明属性是一个资源类型，应显示选中资源的缩略图。
- EditCondition="BooleanPropertyName"：用于说明此属性的编辑是否被禁用。
- EditFixedOrder：使排列的元素无法通过拖曳来重新排序。
- EditCondition：元标签不再仅限于单个布尔属性，可包含一个完整的 C++ 表达式。
- FilePathFilter="FileType"：由 FFilePath 属性使用。
- GetByRef：使该属性的 Get 蓝图节点返回对属性的常量引用，而不是返回其值的副本。
- NoGetter：防止蓝图为该属性生成一个 get 节点。

3. UCLASS

1）游戏性类

UE 中每个游戏性类由一个类头文件（.h）和一个类源文件（.cpp）构成。类头包含类和类成员（如变量和函数）的声明，而在类源文件中通过实现属于类的函数来定义类的功能。

UE 中的类拥有一个标准化的命名规范，通过首字母或前缀就可以判断一个类所属的类。游戏性类的前缀如下。

前缀 A：从可生成的游戏性对象的基础类进行延伸。它们是 Actor，可直接在世界场景中进行实例化。

前缀 U：从所有游戏性对象的基础类进行延伸。它们无法在世界场景中进行实例化，必须从属于 Actor。总体而言，它们是与组件相似的对象。

2）添加类

C++ 类向导将设置新类所需要的头文件和源文件，并随之更新游戏模块。头文件和源文件自动包含类声明和类构造函数，以及 UE 专有代码，如 UCLASS() 宏。

3）类头

UE 中的游戏性类通常拥有单独且唯一的类头文件。通常这些文件的命名与其中定义的类相匹配，去掉 A 或 U 前缀，并使用 h 文件扩展名。因此，AActor 类的类头文件命名为 Actor.h。虽然 UE 代码遵循这些规则，但当前 UE 中类名和源文件名之间不存在正式关系。

游戏性类的类头文件使用标准 C++ 语法，并结合专门的宏，以简化类、变量和函数的声明过程。

在每个游戏性类头文件的顶端，需要包含生成的头文件（自动创建）。因此，在 ClassName.h 的顶端必须出现以下行：

```
#include "ClassName.generated.h"
```

4）类声明

类声明定义类的名称、其继承的类，以及其继承的函数和变量。类声明还将定义通过类说明符和元数据要求的其他引擎和编辑器特定行为。类声明的语法如下。

```
UCLASS([specifier, specifier, ...], [meta(key=value, key=value, ...)])
class ClassName : public ParentName {
    GENERATED_BODY()
}
```

声明包含一个类的标准 C++ 类声明。在标准声明之上，描述符（如类说明符和元数据）将被传递到 UCLASS 宏。它们用于创建被声明类的 UClass，UClass 可被看作引擎对类的专有表达。此外，GENERATED_BODY() 宏必须被放置在类体的最前面。

5）类说明符

声明类时，可以为声明添加类说明符，以控制类相对于 UE 和编辑器的各个方面的行为。代码示例如下。

```
UCLASS(classGroup="TestActor",meta = (DisplayName = "TestActor_Name",
ToolTip = "Test Actor UCLASS ."))
```

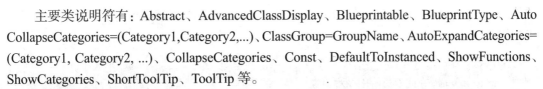

主要类说明符有：Abstract、AdvancedClassDisplay、Blueprintable、BlueprintType、Auto CollapseCategories=(Category1,Category2,...)、ClassGroup=GroupName、AutoExpandCategories= (Category1, Category2, ...)、CollapseCategories、Const、DefaultToInstanced、ShowFunctions、ShowCategories、ShortToolTip、ToolTip 等。

6）类实现

所有的游戏性类必须使用 GENERATED_BODY 宏进行正常实现，GENERATED_BODY() 宏必须被放置在类体的最前面。

7）类构造函数

UObjects 使用 Constructors 设置属性和其他变量，并执行其他必要的初始值设定。类构造函数通常放置在类实现文件中，比如 AActor::AActor 构造函数位于 Actor.cpp 中。

部分构造函数可能会以每个模块为基础，位于一个特殊的 constructors 文件中。如 AActor::AActor 构造函数可能位于 EngineConstructors.cpp 中。

若将构造函数内联放置在类头文件中，那么 UClass 必须结合 CustomConstructor 说明符进行声明，因为这阻止了自动代码生成器在标头中创建构造函数声明。

（1）构造函数格式。UObject 构建函数最基本的形式如下。

```
UMyObject::UMyObject(){
    //在此处初始化 Class Default Object 属性
}
```

该构造函数初始化"类默认对象"（Class Default Object, CDO）。此外，有一个次要的构造函数，支持一个特殊的属性调整结构：

```
UMyObject::UMyObject(const FObjectInitializer& ObjectInitializer):Super
(ObjectInitializer){
    //在此处初始化 CDO 属性
}
```

虽然以上构造函数实际上并不执行任何初始化，但 UE 已将所有字段初始化为 0、NULL 或其默认构造函数实现的任意值。然而，写入构造函数的任意初始化代码都将被应用于 CDO，因此将被复制到引擎中正确创建的对象新实例上，比如 CreateNewObject 或 SpawnActor。

被传入构造函数的 FObjectInitializer 参数除被标记为常数外，还可通过嵌入可变函数进行配置，以覆盖属性和子对象。被创建的 UObject 将受到这些变更的影响，这一特性可用于变更注册属性或组件的数值。

```
AUDKEmitterPool::AUDKEmitterPool(const FObjectInitializer& ObjectInitia
lizer):Super(ObjectInitializer.DoNotCreateDefaultSubobject(TEXT("SomeCompon
ent")).DoNotCreateDefaultSubobject(TEXT("SomeOtherComponent"))){
    //在此处初始化 CDO 属性
}
```

在上面的代码示例中，超类将在其构建函数中创建名为 SomeComponent 和 Some-OtherComponent 的子对象，但由于 FObjectInitializer 的原因，该操作将不会执行。在下面的代码示例中，SomeProperty 在 CDO 中默认为 26，因此在 AUTDemoHUD 的每个新实例中均为 26。

```
AUTDemoHUD::AUTDemoHUD(){
        //在此处初始化 CDO 属性
    SomeProperty = 26;
}
```

（2）构建函数静态属性和助手。在类引用、命名和资源引用时，有时需要在构造函数中定义并实例化一个 ConstructorStatics 结构体，以保存所需的诸多属性数值。ConstructorStatics 结构体是一个静态变量，在构造函数首次运行时才会被创建。在随后的运行过程中，它只会复制一个指针。ConstructorStatics 被创建时，数值将被指定给结构体成员，以便稍后通过构造函数为实际属性指定数值时进行访问。

ConstructorHelpers 是在 ObjectBase.h 中定义的特殊命名空间。ObjectBase.h 包含用于执行构造函数特定常规操作的助手模板。例如，为资源或类寻找引用，以及创建并寻找组件的助手模板。

ConstructorHelpers::FObjectFinder 通过 StaticLoadObject 为特定的 UObject 寻找引用。它常用于引用存储在内容包中的资源。如未找到对象，则报告失败。

```
ATimelineTestActor::ATimelineTestActor()
{
    //进行一次性初始化的结构
    struct FConstructorStatics    {
        ConstructorHelpers::FObjectFinder<UStaticMesh> Object0;
        FConstructorStatics()
            :Object0(TEXT("StaticMesh'/Game/UT3/Pickups/Pickups/Health_
Large/Mesh/S_Pickups_Base_Health_Large.S_Pickups_Base_Health_Large'")){}
    };
    static FConstructorStatics ConstructorStatics;
    //属性初始化
    StaticMesh = ConstructorStatics.Object0.Object;
}
```

8）类引用

ConstructorHelpers::FClassFinder 为特定的 UClass 寻找引用，如未找到类，则报告失败。

```
APylon::APylon(const class FObjectInitializer& ObjectInitializer):Super
(ObjectInitializer){
    //进行一次性初始化的结构
    static FClassFinder<UNavigationMeshBase> ClassFinder(TEXT("class'Engine.
NavigationMeshBase'"));
    if(ClassFinder.Succeeded()){
        NavMeshClass = ClassFinder.Class;
    }
    else{
        NavMeshClass = nullptr;
```

```
    }
  }
```

在许多情况下，可只使用 USomeClass::StaticClass()，从而绕开复杂的 ClassFinder。例如，下面这行代码所示，对跨模块的引用而言，使用 ClassFinder 更为合适。

```
NavMeshClass = UNavigationMeshBase::StaticClass();
```

9）组件和子对象

在构造函数中还可创建组件子对象并将其附着到 actor 的层级。生成一个 actor 时，将从 CDO 复制其组件。为确保组件固定被创建、被销毁和被正确地垃圾回收，构建函数创建的每个组件的指针应被存储在拥有类的一个 UPROPERTY 中。

```
UCLASS()class AWindPointSource : public AActor{
    GENERATED_BODY()
    public:
    UPROPERTY()
    UWindPointSourceComponent* WindPointSource;
    UPROPERTY()
    UDrawSphereComponent* DisplaySphere;};
  AWindPointSource::AWindPointSource(){
    //创建一个新组件并对其命名
    WindPointSource = CreateDefaultSubobject<UWindPointSourceComponent>
(TEXT("WindPointSourceComponent0"));
    //将新组件设为该 actor 的根组件，如已存在一个根组件，则将其附着到根上
    if(RootComponent == nullptr){
        RootComponent = WindPointSource;
    }
    else{
        WindPointSource->AttachTo(RootComponent);
    }
    //再创建一个组件。将其附着到刚才创建的第一个组件上
    DisplaySphere = CreateDefaultSubobject<UDrawSphereComponent>(TEXT
("DrawSphereComponent0"));
    DisplaySphere->AttachTo(RootComponent);
    //在新组件上设置一些属性
    DisplaySphere->ShapeColor.R = 173;
    DisplaySphere->ShapeColor.G = 239;
    DisplaySphere->ShapeColor.B = 231;
    DisplaySphere->ShapeColor.A = 255;
    DisplaySphere->AlwaysLoadOnClient = false;
    DisplaySphere->AlwaysLoadOnServer = false;
    DisplaySphere->bAbsoluteScale = true;
  }
```

在任何 USceneComponent（包括根组件）上调用 GetAttachParent、GetParentComponents、GetNumChildrenComponents、GetChildrenComponents 和 GetChildComponent 即可获得当前

所有附着组件（包括父类创建的组件）的列表。

3.4 基础知识：UE 中的字符串

对于早期的语言来说，对字符串进行国际化处理是相当困苦的事情，因为字符有多种不同的编码，包括 ASCII、ANSI、UTF-8、UTF-16（即 Unicode16）等。

以下是几种常见的字符编码。

- ASCII：介于 32~126（含端点）的字符以及 0、9、10 和 13 对应的字符。（P4 类型文本。）
- ANSI：ASCII 和当前代码页（如 Western European high ASCII）需要以二进制形式存储在服务器上。
- UTF-8：由单字节组成的字符串，可以使用特殊字符序列来获取非 ANSI 字符。（ASCII 超集。）
- UTF-16：长度最多为 2 个字节的字符和 [BOM]。

UE 中的所有字符串都作为 FStrings 或 TCHAR 数组以 UTF-16 格式存储在内存中。下面的宏可以将字符串转换为各种编码或将各种编码转换为字符串：TCHAR_TO_ANSI(str)、TCHAR_TO_OEM(str)、ANSI_TO_TCHAR(str)、TCHAR_TO_UTF8(str) 和 UTF8_TO_TCHAR(str)。

为了更好地处理字符串，UE 推出了 FString、FName、FText、TEXT 宏。不建议在 C++ 源代码内部使用字符串文字或使用带有 BOM 的 UTF-8。其中，FName 宏用于快速比较，FText 宏可用于本地化文字，FString 宏支持搜索和修改，但不具备本地化数据的功能。

1. FName

FName 宏用于命名，插槽的名称、骨骼的名称等一般名称都会用于比较，因此 UE 特意做出了 FName 宏这一优化。FName 宏中重载了 operator==，在比较两个名称是否相等时，采用的是比较 Hash 的方法，因此时间复杂度是 O(1)。

（1）FName 宏变量一经创建不可修改。

（2）FName 宏不区分大小写。

```
UFUNCTION(BlueprintCallable, Category="Utilities|Transformation")
FName GetAttachSocketName() const;
UFUNCTION(BlueprintCallable, Category="Components|SkinnedMesh")
FName GetBoneName(int32 BoneIndex) const;
```

2. FText 宏

FText 宏用于向玩家显示本文，涉及了本地化（国际化）。如 UTextBlock 的设置文本：

```
UFUNCTION(BlueprintCallable, Category="Widget", meta=(DisplayName="SetText
(Text)"))
    virtual void SetText(FText InText);
```

而如何创建本地化文本也需要一定的篇幅展开说明，由于篇幅限制，这里就不详细介绍了。

```
FText KillText = LOCTEXT("KillInfo", "PlayerA killed PlayerB");
```

3. FString 宏

功能非常完善的字符串类，较为接近C#中的string或C++中的std::string。需要注意的是，当函数的参数必须是 TCHAR 类型时，需要使用 * 进行转换。

```
FString MyMessage = FString("Unreal Engine");
UE_LOG(LogTemp, Log, TEXT("%s"), *MyMessage);
```

4. TEXT 宏

使用 TEXT 宏包裹字符串能进行某种转换，避免乱码的发生。

```
FString MyMessage = FString(TEXT("Unreal
Engine"));
```

5. 相互转化

FString 转换至 FName 时会丢失原始字符串的大小写信息。FText 转换为 FString 会丢失本地化信息，三者的转化关系如图 3.8 所示。

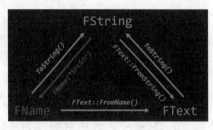

图 3.8 FString、FName、FText 相互转化

3.5 本章小结

本章主要介绍了 C++ 语言的基本概念。简单介绍了模板、容器、指针和线程与协程等与 UE 相关的 C++ 知识。这些不仅是 C++ 中的基础知识，更是在 UE 中利用 C++ 开发游戏的基本工具。在几乎所有编程语言中，异常处理是必须掌握的知识，C++ 也不例外。只有掌握了 C++ 中的异常处理，编程人员才能更好地编写函数和调试代码，以及提高用户的使用体验。

然后还介绍了 UE 中 C++ 类的层级结构。用 C++ 在 UE 中开发游戏，并不需要掌握 C++ 的所有知识，C++ 有自己的层级结构，工程文件有 UE 项目的目录要求。接下来介绍了 UE 中的宏定义。在 C++ 开发中，宏定义几乎随处可见，在 UE 中更是如此。UE 中很多函数都已预先设计好，可以直接调用所需功能。掌握这项内容能令之后的开发过程轻松一点。

最后，介绍了 UE 中的字符串，UE 为了更好地处理字符串提供了 4 种宏定义，可供用户使用。字符串处理在游戏开发中非常常见，学习这一部分在以后的开发中会经常使用，读者需要思考理解，在合适的地方用合适的字符串宏。

本章概念颇多，需要读者花时间去认真理解，从基本定义到深入分析，多思考为什么要设置这样一些宏等问题。这样，读者才不会因为基础没有打好而影响后面的学习。

第 4 章

C++ 进阶

学习目标

- 掌握 Unreal Engine 中的 C++ 容器与指针。
- 编写 C++ 类，使其能在 Unreal Engine 中使用。

4.1 基础知识：UE 中的容器

1. TMap

在 TMap 中，键值对被视为映射的元素类型，相当于每一对都是个体对象。TMap 元素类型实际上是 TPair<KeyType, ElementType>，但很少需要直接引用 TPair 类型。

TMap 是同质容器，就是说它所有元素的类型都应完全相同。TMap 也是值类型，支持通常的复制、赋值和析构函数运算，以及它的元素的强所有权。在映射被销毁时，它的元素都会被销毁。键和值也必须为值类型。注意，内存中 TMap 元素的相对位置既不可靠也不稳定，不宜以遍历顺序作为排序的依据。

1）创建和填充映射

TMap 的创建方法如下：

```
TMap<int32, FString> FruitMap;
```

FruitMap 现在是一个字符串的空 TMap，填充映射的标准方法是调用带一个键和一个值的 Add 函数：

```
FruitMap.Add(5, TEXT("Banana"));
FruitMap.Add(2, TEXT("Grapefruit"));
FruitMap.Add(7, TEXT("Pineapple"));
```

Fruit Map 结果如下：

```
FruitMap == [
{ Key:5, Value:"Banana"},
{ Key:2, Value:"Grapefruit"},
```

```
{ Key:7, Value:"Pineapple"}
]
```

> **注意**
>
> 此处的元素按插入顺序排列，但不保证这些元素在内存中实际保留此排序。如果是新的映射，可能会保留插入排序，但插入和删除的次数越多，新元素不出现在末尾的可能性就越大。

这不是 TMultiMap，所以各个键都必定是唯一。如果尝试添加重复键，将发生以下情况：

```
FruitMap.Add(2, TEXT("Pear"));
{ Key:2, Value:"Pear"},
```

映射仍然包含三个元素，但之前键值为 2 的 Grapefruit 已被 Pear 代替。

还可使用 Emplace 代替 Add，也可使用 Append 函数合并映射，将一个映射的所有元素移至另一个映射：

```
TMap<int32, FString> FruitMap2;
FruitMap2.Emplace(4, TEXT("Kiwi"));
FruitMap2.Emplace(9, TEXT("Melon"));
FruitMap2.Emplace(5, TEXT("Mango"));
FruitMap.Append(FruitMap2);
```

此时 FruitMap 如下：

```
FruitMap == [
{ Key:5, Value:"Mango"     },
{ Key:2, Value:"Pear"      },
{ Key:7, Value:"Pineapple" },
{ Key:4, Value:"Kiwi"      },
{ Key:3, Value:"Orange"    },
{ Key:9, Value:"Melon"     }
]
FruitMap2 is now empty.
```

如果用 UPROPERTY 宏和一个可编辑的关键词（EditAnywhere、EditDefaultsOnly 或 EditInstanceOnly）标记 TMap，即可在编辑器中添加和编辑元素。

```
UPROPERTY(Category = MapsAndSets, EditAnywhere)
TMap<int32, FString> FruitMap;
```

2）迭代

TMap 的迭代可使用 C++ 的设置范围功能，注意元素类型是 TPair。

```
for(auto& Elem :FruitMap){
    FPlatformMisc::LocalPrint(
        *FString::Printf(
```

```
                        TEXT("(%d, \"%s\")\n"),Elem.Key,*Elem.Value
        )
    );
}
```

也可以用 CreateIterator 和 CreateConstIterators 函数来创建迭代器。CreateIterator 返回拥有读写访问权限的迭代器，而 CreateConstIterator 返回拥有只读访问权限的迭代器。无论哪种情况，均可用这些迭代器的 Key 和 Value 来检查元素。使用迭代器显示 FRUIT 范例映射将产生如下结果：

```
for(auto It = FruitMap.CreateConstIterator(); It; ++It){
    FPlatformMisc::LocalPrint(
        *FString::Printf(
            TEXT("(%d, \"%s\")\n"),
            It.Key(),          //same as It->Key
            *It.Value()        //same as *It->Value
        )
    );
}
```

3）查询

调用 Num 函数即可查询映射中保存的元素数量：

```
int32 Count = FruitMap.Num(); //Count == 6
```

要确定映射是否包含特定键，可按下方所示调用 Contains 函数：

```
bool bHas7 = FruitMap.Contains(7); //bHas7 == true
bool bHas8 = FruitMap.Contains(8); //bHas8 == false
```

如果知道映射中存在某个特定键，可使用运算符 [] 查找相应值，将键用作索引。使用非常量映射执行该操作将返回非常量引用，使用常量映射将返回常量引用。

```
FString Val7 = FruitMap[7]; //Val7 == "Pineapple"
FString Val8 = FruitMap[8]; //错误，不存在 8
```

如果不确定映射中是否包含某个键，可使用 Contains 函数和运算符 [] 进行检查。但这并非理想的方法，因为同一个键需要进行两次查找才能成功。使用 Find 函数查找一次即可完成这些行为。如果映射包含该键，Find 将返回指向元素数值的指针。如果映射不包含该键，则返回 null。在常量映射上调用 Find，返回的指针也将为常量。

```
FString* Ptr7 = FruitMap.Find(7);    //*Ptr7 == "Pineapple"
FString* Ptr8 = FruitMap.Find(8);    //Ptr8 == nullptr
```

另外，为了确保查询的结果有效，也可使用 FindOrAdd 或 FindRef。FindOrAdd 将返回与给定键关联的值的引用。如果映射中不存在该键，FindOrAdd 将返回新创建的元素（使用给定键和默认构建值），该元素也会被添加到映射。FindOrAdd 可修改映射，因此仅适用于非常量映射。不要被名称迷惑，FindRef 会返回与给定键关联的值的副本；若映射中未找到给定键，则返回默认构建值。FindRef 不会创建新元素，因此既可用于常量映射，也可用于非常量映射。即使在映射中找不到键，FindOrAdd 和 FindRef 也会成功运行，因此无须执行常规的安全规程（如提前检查 Contains 或对返回值进行空白检查）就可安全地调用。

```
FString& Ref7 = FruitMap.FindOrAdd(7);  //Ref7 == "Pineapple"
FString& Ref8 = FruitMap.FindOrAdd(8);  //Ref8 == ""
FString Val7 = FruitMap.FindRef(7);     //Val7 == "Pineapple"
FString Val6 = FruitMap.FindRef(6);     //Val6 == ""，不存在
```

> **注意**
>
> 和示例中初始化 Ref 8 时一样，FindOrAdd 可向映射添加新条目，因此之前获得的指针（来自 Find）或引用（来自 FindOrAdd）可能会无效。如果映射的后端存储需要扩展以容纳新元素，会执行分配内存和移动现有数据的添加操作，从而导致这一结果。以上示例中，在调用 FindOrAdd(8) 之后，Ref 7 可能会紧随 Ref 8 失效。

FindKey 函数执行的是逆向查找，寻找与提供的值相匹配的键，并返回指向与所提供值配对的第一个键的指针。搜索映射中不存在的值将返回空键。

```
const int32* KeyMangoPtr = FruitMap.FindKey(TEXT("Mango"));
const int32* KeyKumquatPtr = FruitMap.FindKey(TEXT("Kumquat"));
```

此时两个变量的结果如下：

```
*KeyMangoPtr == 5
KeyKumquatPtr == nullptr
```

> **注意**
>
> 按值查找比按键查找慢(线性时间)。这是因为映射按键排序,而非按值排序。此外,如果映射有多个键具有相同值,则 FindKey 可返回其中任意一个键。

GenerateKeyArray 和 GenerateValueArray 分别使用所有键和值的副本来填充 TArray。在这两种情况下，都会在填充前清空所传递的数组，因此产生的元素数量始终等于映射中的元素数量。

```
TArray<int32>   FruitKeys;
TArray<FString> FruitValues;
FruitKeys.Add(999);
FruitKeys.Add(123);
FruitMap.GenerateKeyArray  (FruitKeys);
FruitMap.GenerateValueArray(FruitValues);
```

此时两个变量的结果如下：

```
FruitKeys == [ 5,2,7,4,3,9,8 ]
FruitValues == ["Mango","Pear","Pineapple","Kiwi","Orange","Melon",""];
```

4）移除

从映射中移除元素的方法是使用 Remove 函数并提供要移除元素的键。返回值是被移除元素的数量。如果映射不包含与键匹配的元素，则返回值可为 0。

```
FruitMap.Remove(8);
```

注意

移除元素将在数据结构（在 Visual Studio 的观察窗口中可视化映射时可看到）中留下空位，但为保证清晰度，此处省略。

FindAndRemoveChecked 函数可用于从映射中移除元素并返回其值。名称的 Checked（已检查）部分表示的是，若键不存在，映射将调用 check（UE 中等同于 assert）。

```
FString Removed7 = FruitMap.FindAndRemoveChecked(7);   //Removed7 == "Pineapple"
FString Removed8 = FruitMap.FindAndRemoveChecked(8); //Assert!, 错误, 不存在
```

RemoveAndCopyValue 函数的作用与 Remove 相似，不同点是前者会将已移除元素的值复制到引用参数。如果映射中不存在指定的键，则输出参数将保持不变，函数将返回 false。

```
FString Removed;
bool bFound2 = FruitMap.RemoveAndCopyValue(2, Removed);
```

最后，使用 Empty 或 Reset 函数可将映射中的所有元素移除。

```
TMap<int32, FString> FruitMapCopy = FruitMap;
ruitMapCopy.Empty();    //或 ruit MapCopy.Reset();
```

此时的结果为

```
FruitMapCopy == [];
```

Empty 和 Reset 相似，但 Empty 可通过参数指明在映射中保留 slack 量。

5）排序

TMap 可以进行排序。排序后，迭代映射会以排序的顺序显示元素，但下次修改映射时，排序可能会发生变化。

注意

排序是不稳定的,等值元素在 MultiMap 中可能以任何顺序出现。

下面使用 KeySort 或 ValueSort 函数可分别按键和值进行排序。两个函数均使用二元谓词来进行排序。

```
FruitMap.KeySort([](int32 A, int32 B) {
    return A > B;    //sort keys in reverse
});
FruitMap.ValueSort([](const FString& A, const FString& B) {
    return A.Len() < B.Len(); //sort strings by length
});
```

6）运算符

TMap 是常规值类型，可通过标准复制构造函数或赋值运算符进行复制。因为映射严格拥有其元素，复制映射的操作是深层的，所以新的映射将拥有其自己的元素副本。

```
TMap<int32, FString> NewMap = FruitMap;
NewMap[5] = "Apple";
NewMap.Remove(3);
```

原 FruitMap 如下：

```
FruitMap == [
{ Key:4, Value:"Kiwi"   },
{ Key:5, Value:"Mango"  },
{ Key:9, Value:"Melon"  },
{ Key:3, Value:"Orange" }
]
```

执行 Remove(3) 后的结果如下：

```
NewMap == [
{ Key:4, Value:"Kiwi"   },
{ Key:5, Value:"Apple"  },
{ Key:9, Value:"Melon"  }
]
```

TMap 支持移动语义，使用 MoveTemp 函数可调用这些语义。在移动后源映射为空。

```
FruitMap = MoveTemp(NewMap);
//FruitMap == [
//{ Key:4, Value:"Kiwi"   },
//{ Key:5, Value:"Apple"  },
//{ Key:9, Value:"Melon"  }
//]
//NewMap == []
```

7）Slack

Slack 是不包含元素的已分配内存。调用 Reserve 可分配内存，无须添加元素；通过非零 slack 参数调用 Reset 或 Empty 可移除元素，无须释放其占用的内存。Slack 优化了将新元素添加到映射的过程，因为可以使用预先分配的内存，而不必分配新内存。它在移除元素时也十分实用，因为系统不需要释放内存。对希望用相同或更少的元素立即重新填充的映射，此方法尤其有效。

> **注意**
>
> TMap 的 Max 函数不可以检查预分配元素的数量。

在下列代码中，Reserve 函数预先分配映射，最多可包含 10 个元素。

```
FruitMap.Reserve(10);
for(int32 i = 0; i <= 5; ++i){
    FruitMap.Add(i, FString::Printf(TEXT("Fruit%d"), i));
}
```

使用 Collapse 和 Shrink 函数可移除 TMap 中的全部 slack。Shrink 将从容器的末端移除所有 slack，但这会在中间或开始处留下空白元素。

```
for(int32 i = 0; i <= 5; i += 2){
    FruitMap.Remove(i);
}
```

执行上述代码后 FruitMap 如下：

```
FruitMap == [
{ Key:5, Value:"Fruit5" },
<invalid>,
{ Key:3, Value:"Fruit3" },
<invalid>,
{ Key:1, Value:"Fruit1" },
<invalid>
]
FruitMap.Shrink();      //Shrink 只删除了一个无效元素
```

在上述代码中，Shrink 只删除了一个无效元素，因为末端只有一个空元素。要移除所有 slack，首先应调用 Compact 函数，将所有空白空间组合在一起，为调用 Shrink 做好准备。

```
FruitMap.Compact();
FruitMap.Shrink();
```

8）其他

CountBytes 和 GetAllocatedSize 函数用于估计内部数组的当前内存使用情况。CountBytes 接受 FArchive 参数，而 GetAllocatedSize 则不会。这些函数常用于统计报告。

Dump 函数接受 FOutputDevice，并写出关于映射内容的实现信息。此函数常用于调试。

2. TSet

TSet 是一种快速容器类，用于在排序不重要的情况下存储唯一元素。

TSet 是同质容器。换言之，它的所有元素均完全为相同类型。TSet 也是值类型，支持常规复制、赋值和析构函数操作，对它所包含的元素拥有较强的所有权。TSet 被销毁时，它所包含的元素也将被销毁。键类型也必须是值类型。

内存中 TSet 元素的相对排序既不可靠也不稳定，对这些元素进行迭代很可能会使它们返回的顺序和它们添加的顺序有所不同。这些元素也不太可能在内存中连续排列。集合中的后台数据结构是稀疏数组，即在数组中有空位。从集合中移除元素时，稀疏数组中会出现空位。将新的元素添加到阵列可填补这些空位。但是，即便 TSet 不会打乱元素来填补空位，指向集合元素的指针仍然可能失效，因为如果存储器被填满，又添加了新的元素，整个存储可能会重新分配。

1）创建

TSet 的创建方法如下。

```
TSet<FString> FruitSet;
```

这会创建一个空白 TSet。与 TMap 类似，可用 Add、Emplace 函数并提供键（元素）：

```
FruitSet.Add(TEXT("Banana"));
FruitSet.Add(TEXT("Grapefruit"));
FruitSet.Add(TEXT("Pineapple"));
//FruitSet == [ "Banana", "Grapefruit", "Pineapple" ]
```

📛注意

此处的元素按插入顺序排列，但不保证这些元素在内存中实际保留此排序。如果是新集合，可能会保留插入排序，但插入和删除的次数越多，新元素出现在末尾的可能性越小。

由于此集合使用了默认分配器，可以确保键是唯一的。如果尝试添加重复键，不改变 set（集合）。

```
FruitSet.Add(TEXT("Pear"));
FruitSet.Add(TEXT("Banana"));
FruitSet.Emplace(TEXT("Orange"));
//FruitSet == [ "Banana", "Grapefruit", "Pineapple", "Pear", "Orange" ]
```

编辑 UPROPERTY TSet。如果用 UPROPERTY 宏和一个可编辑的关键词（EditAnywhere、EditDefaultsOnly 或 EditInstanceOnly）标记 TSet，则可在虚幻引擎编辑器中添加和编辑元素。

```
UPROPERTY(Category = SetExample, EditAnywhere)TSet<FString> FruitSet;
```

2）迭代

TSet 的迭代类可使用 C++ 的设置范围功能。

```
for(auto& Elem :FruitSet){
    FPlatformMisc::LocalPrint(
        *FString::Printf(TEXT(" \"%s\"\n"),*Elem )
    );
}
```

也可以用 CreateIterator 和 CreateConstIterators 函数来创建迭代器。CreateIterator 返回拥有读写访问权限的迭代器，而 CreateConstIterator 返回拥有只读访问权限的迭代器。无论哪种情况，均可用这些迭代器的 Key 和 Value 来检查元素。通过迭代器复制示例中的 Fruit

Set，产生如下结果：

```
for(auto It = FruitSet.CreateConstIterator(); It; ++It){
    FPlatformMisc::LocalPrint(
        *FString::Printf( TEXT("(%s)\n"),*It )
    );
}
```

3）查询

与 TMap 类似，Num、Contains、Find 等函数用于查询。

```
int32 Count = FruitSet.Num();
```

要确定集合是否包含特定元素，可按如下方法调用 Contains 函数：

```
bool bHasBanana = FruitSet.Contains(TEXT("Banana")); //bHasBanana == true
bool bHasLemon = FruitSet.Contains(TEXT("Lemon")); //bHasLemon == false
```

使用 FSetElementId 结构体可查找集合中某个键的索引。然后，就可使用该索引与运算符 [] 查找元素。在非常量集合上调用 operator[]，将返回非常量引用，而在常量集合上调用将返回常量引用。

```
FSetElementId BananaIndex = FruitSet.Index(TEXT("Banana"));
//BananaIndex is a value between 0 and (FruitSet.Num() - 1)
FPlatformMisc::LocalPrint(
    *FString::Printf( TEXT(" \"%s\"\n"), *FruitSet[BananaIndex] )
);
```

如果不确定集合中是否包含某个键，可使用 Contains 函数和运算符 [] 进行检查。但这并非理想的方法，因为同一个键需要进行两次查找才能成功。使用 Find 函数查找一次即可成功。如果集合中包含该键，Find() 将返回指向元素数值的指针。如果映射不包含该键，则返回 null。对常量集合调用 Find()，返回的指针也将为常量。

```
FString* PtrBanana = FruitSet.Find(TEXT("Banana"));    //*PtrBanana == "Banana"
FString* PtrLemon = FruitSet.Find(TEXT("Lemon"));   //PtrLemon == nullptr
```

Array 函数会返回一个 TArray，其中填充了 TSet 中每个元素的一个副本。被传递的数组在填入前会被清空，因此元素的生成数量将始终等于集合中的元素数量。

```
TArray<FString> FruitArray = FruitSet.Array();
//FruitArray == [ "Banana","Grapefruit","Pineapple","Pear","Orange","Kiwi",
"Melon","Mango" ] (order may vary)
```

4）移除

通过 Remove 函数可按索引移除元素，但仅建议在通过元素迭代时使用。Remove 函数会返回已删除元素的数量，如果给定的键未包含在集合中，则会返回 0。如果 TSet 支持重复的键，Remove() 将移除所有匹配元素。

```
FruitSet.Remove(0);
```

 注意

移除元素将在数据结构中留下空位。

```
int32 rmNum = FruitSet.Remove(TEXT("Pineapple"));    //rmNum = 1
```

最后，使用 Empty 或 Reset 函数可将集合中的所有元素移除。Empty() 和 Reset() 相似，但 Empty() 可采用参数指示集合中保留的 slack 量。

5）排序

TSet 可以排序。排序后，迭代集合会以排序的顺序显示元素，但下次修改集合时，排序可能会发生变化。由于排序不稳定，可能按任何顺序显示集合中支持重复键的等效元素。

Sort 函数是用来排序的二元谓词（谓词指函数，返回值为布尔类型，二元指参数为两个），可以按字符串默认排序或注释里的长度排序等，如下所示。

```
FruitSet.Sort([](const FString& A, const FString& B) {
    return A > B;    //return A.Len() < B.Len();
});
```

6）运算符

TSet 是常规值类型，可通过标准复制构造函数或赋值运算符进行复制。因为集合对其元素拥有较强的所有权，复制集合的操作是深层的，所以新集合将拥有其自身的元素副本：

```
TSet<FString> NewSet = FruitSet;
NewSet.Add(TEXT("Apple"));NewSet.Remove(TEXT("Pear"));
//FruitSet == [ "Pear", "Kiwi", "Melon", "Mango", "Orange", "Grapefruit" ]
//NewSet == [ "Kiwi", "Melon", "Mango", "Orange", "Grapefruit", "Apple" ]
```

4.2 基础知识：UE 中的智能指针库

UE 智能指针库为 C++ 11 智能指针的自定义实现，旨在减轻内存分配和追踪的负担，有共享指针 TSharedPtr、弱指针 TWeakPtr 和唯一指针 TUniquePtr，以及共享引用 TSharedRef，但这些无法与 UObject 系统同时使用。

 注意

对唯一指针引用的对象进行共享指针或共享引用的操作十分危险。即使其他智能指针继续引用该对象，此操作也不会取消唯一指针自身被销毁时删除该对象的行为。同样，不应为共享指针或共享引用引用的对象创建唯一指针。

1. 智能指针

智能指针的优点及相关的描述如表 4.1 所示。

表 4.1 智能指针的优点及相关描述

优 点	描 述
防止内存泄漏	共享引用不存在时，智能指针（弱指针除外）会自动删除对象
弱引用	弱指针会中断引用循环并阻止悬挂指针
可选择的线程安全	UE 智能指针库包括线程安全代码，可跨线程管理引用计数。如无须线程安全，可用其换取更好的性能
运行时安全	共享引用从不为空，可固定随时取消引用
授予意图	可轻松区分对象所有者和观察者
内存	智能指针在 64 位下仅为 C++ 指针大小的两倍（加上共享的 16 字节引用控制器）。唯一指针除外，其与 C++ 指针大小相同

2. 助手类和函数

UE 智能指针库提供多个助手类和函数（见表 4.2），以便使用智能指针时更加容易、直观。

表 4.2 助手类和函数

助手类 / 函数		描 述
类	TSharedFromThis	在添加 AsShared 或 SharedThis 函数的 TSharedFrom This 中衍生类。利用此类函数可获取对象的 TSharedRef
函数	MakeShared 和 MakeShareable	在常规 C++ 指针中创建共享指针。MakeShared 会在单个内存块中分配新的对象实例和引用控制器，但要求对象提交公共构造函数。MakeShareable 的效率较低，但即使对象的构造函数为私有，其仍可运行。利用此操作可拥有非自己创建的对象，并在删除对象时支持自定义行为
	StaticCastSharedRef 和 StaticCastSharedPtr	静态投射效用函数，通常用于向下投射到衍生类型
	ConstCastSharedRef 和 ConstCastSharedPtr	将 const 智能引用或智能指针分别转换为 mutable 智能引用或智能指针

3. 智能指针实现细节

在功能和效率方面，UE 智能指针库中的智能指针具有一些共同特征。

1）速度

要使用智能指针时，始终需要考虑性能。智能指针非常适合某些高级系统、资源管理或工具编程。但部分智能指针类型比原始 C++ 指针更慢，这种开销使得其在低级 UE 代码（如渲染）中用处不大。

智能指针的部分一般性能优势和劣势如表 4.3 所示。

表 4.3 智能指针部分一般性能优势和劣势

优 势	劣 势
所有运算均为常量时间	创建和复制智能指针比创建和复制原始 C++ 指针需要更多开销
取消引用多数智能指针的速度和原始 C++ 指针的相同	保持引用计数增加基本运算的周期
复制智能指针永不会分配内存	部分智能指针占用的内存比原始的 C++ 更多
线程安全智能指针是无锁的	引用控制器有两个堆分配。使用 MakeShared 代替 MakeShareable 可避免二次分配，并可提高性能

2）侵入性访问器

共享指针是非侵入性的，意味对象不知道其是否为智能指针拥有。但在某些情况下，可能要将对象作为共享引用或共享指针进行访问，这时可用 TSharedFromThis 衍生对象的类。TSharedFromThis 提供两个函数：AsShared() 和 SharedThis()，可将对象转换为共享引用（并从共享引用转换为共享指针）。以下示例代码演示了这两种函数的用法。

```cpp
class FRegistryObject;
class FMyBaseClass: public TSharedFromThis<FMyBaseClass>{
    virtual void RegisterAsBaseClass(FRegistryObject* RegistryObject){
        //访问对 "this" 的共享引用
        //直接继承自 <TSharedFromThis>，因此 AsShared() 和 SharedThis(this)
            会返回相同的类型
        TSharedRef<FMyBaseClass> ThisAsSharedRef = AsShared();
        //RegistryObject 需要 TSharedRef<FMyBaseClass>，或 TSharedPtr<FMy-
            BaseClass>。TSharedRef 可被隐式转换为 TSharedPtr
        RegistryObject->Register(ThisAsSharedRef);
    }
};
class FMyDerivedClass : public FMyBaseClass{    //子类的做法
    virtual void Register(FRegistryObject* RegistryObject) override{
        //并非直接继承自 TSharedFromThis<>，因此 AsShared() 和 SharedThis(this)
            不会返回相同类型
        //在本例中，AsShared() 会返回在 TSharedFromThis<> - TSharedRef<FMyBase
            Class> 中初始指定的类型
        //在本例中，SharedThis(this) 会返回具备 "this" 类型的 TSharedRef - TSharedRef
            <FMyDerivedClass>
            //SharedThis() 函数仅在与 "this" 指针相同的范围内可用
        TSharedRef<FMyDerivedClass> AsSharedRef = SharedThis(this);
        //FMyDerivedClass 是 FMyBaseClass 的一种类型，因此 RegistryObject 将
            接受 TSharedRef<FMyDerivedClass>
        RegistryObject->Register(ThisAsSharedRef);
    }
};
class FRegistryObject{
    //此函数将接收 FMyBaseClass 或其子类的 TSharedRef 或 TSharedPtr
    void Register(TSharedRef<FMyBaseClass>);
};
```

> **注意**
>
> 不要在构造函数中调用 AsShared() 或 Shared()，共享引用此时并未初始化，将导致崩溃或断言。

3）投射

可通过 UE 智能指针库包含的多个支持函数投射共享指针（和共享引用）。Up-casting 是隐式的，与 C++ 指针相同。可使用 ConstCastSharedPtr 函数进行常量投射，使用 StaticCastSharedPtr() 进行静态投射（通常是向下投射到衍生类指针）。无 run-type 类型的信息（RTTI），因此不支持动态转换；应使用静态投射，如以下代码。

```
//假设通过其他方式验证了 FDragDropOperation 实际为 FAssetDragDropOp
TSharedPtr<FDragDropOperation> Operation = DragDropEvent.GetOperation();
//现在可使用 StaticCastSharedPtr 进行投射
TSharedPtr<FAssetDragDropOp> DragDropOp =
StaticCastSharedPtr<FAssetDragDropOp>(Operation);
```

4）线程安全

通常仅在单线程上访问智能指针的操作才是安全的。如需访问多线程，请使用智能指针类的线程安全版本：TSharedPtr<T, ESPMode::ThreadSafe>、TSharedRef<T, ESPMode::ThreadSafe>、TWeakPtr<T, ESPMode::ThreadSafe> 和 TSharedFromThis<T, ESPMode::ThreadSafe>。

由于原子引用计数，此类线程安全版本比默认版本稍慢，但其行为与常规 C++ 指针一致。

（1）读取和复制固定为线程安全。

（2）写入和重置须同步后才安全。

> **小提示**
>
> 如了解多线程永不访问指针，可通过避免使用线程安全版本获得更好性能。

5）提示和限制

避免将数据作为 TSharedRef 或 TSharedPtr 参数传到函数，此操作将因取消引用和引用计数而产生开销。相反，建议将引用对象作为 const& 进行传递。

可将共享指针向前声明为不完整类型。共享指针与 UE 对象（UObject 及其派生类）不兼容。UE 具有 UObject 管理的单独内存管理系统（对象处理文档），两个系统未互相重叠。

4. 共享指针 TSharedPtr

共享指针有一些值得注意的基本特性，包括语法非常健壮、非侵入式（但能反射）、线程安全（视情况而定）和性能佳，占用内存少。

> **注意**
>
> 共享指针类似于共享引用，主要区别在于共享引用不可为空，因此会始终引用有效对象。在共享引用和共享指针之间进行选择时，除非需要空对象或可为空的对象，否则建议优先选择共享引用。

1）声明和初始化

因为共享指针可为空，所以无论有无数据对象，都可以对它们进行初始化。以下是创建共享指针的一些示例。

```
TSharedPtr EmptyPointer; //创建一个空白的共享指针
//为新对象创建一个共享指针
TSharedPtr<FMyObjectType> NewPointer(new FMyObjectType());
//从共享引用创建一个共享指针
TSharedRef<FMyObjectType> NewReference(new FMyObjectType());
TSharedPtr<FMyObjectType> PointerFromReference = NewReference;
TSharedPtr<FMyObjectType, ESPMode::ThreadSafe> NewThreadsafePointer =
MakeShared<FMyObjectType, ESPMode::ThreadSafe>(MyArgs); //创建线程安全的共享指针
```

在第二个示例中，NodePtr 实际上拥有新的 FMyObjectType 对象，因为没有其他共享指针引用该对象。如果 NodePtr 超出范围，并且没有其他共享指针或共享引用指向该对象，那么该对象将被销毁。

复制共享指针时，系统将向它引用的对象添加一个引用。

```
//增加任意对象 ExistingSharedPointer 引用的引用数
TSharedPtr<FMyObjectType> AnotherPointer = ExistingSharedPointer;
```

对象将持续存在，直到不再有共享指针（或共享引用）引用它为止。

你可以使用 Reset 函数、或分配一个空指针来重设共享指针，如下所示。

```
PointerOne.Reset();
PointerTwo = nullptr;
//PointerOne 和 PointerTwo 现在都引用 nullptr
```

可以使用 MoveTemp（或 MoveTempIfPossible）函数将一个共享指针的内容转移到另一个共享指针，保持原始的共享指针为空：

```
//将 PointerOne 的内容移至 PointerTwo。在此之后，PointerOne 将引用 nullptr
PointerTwo = MoveTemp(PointerOne);
//将 PointerTwo 的内容移至 PointerOne。在此之后，PointerTwo 将引用 nullptr
PointerOne = MoveTempIfPossible(PointerTwo);
```

注意

MoveTemp 和 MoveTempIfPossible 的唯一不同之处在于 MoveTemp 包含静态断言，强制其只能在非常量左值（lvalue）上执行。

2）在共享指针与共享引用之间进行转换

在共享指针与共享引用之间进行转换是一种常见的做法。共享引用隐式地转换为共享指针，从而确保新的共享指针将引用有效对象。转换由普通语法处理：

```
TSharedPtr<FMyObjectType> MySharedPointer = MySharedReference;
```

只要共享指针引用了一个非空对象，就可以使用 Shared Pointer 函数 ToSharedRef 从此共享指针创建一个共享引用。试图从空共享指针创建共享引用将导致程序断言。

```
//在解引用之前，请确保共享指针有效，以避免可能出现的断言
if(MySharedPointer.IsValid()){
    MySharedReference = MySharedPointer.ToSharedRef();
}
```

3）对比

测试共享指针彼此间的相等性。在此情境中，相等被定义为两个共享指针引用同一对象。

```
TSharedPtr<FTreeNode> NodeA, NodeB;
if(NodeA == NodeB){
    //...
}
```

判断共享指针是否引用了有效对象可用 IsValid 函数、bool 运算符、Get 函数三种方法。

```
if(Node.IsValid()){
    //...
}
if(Node){
    //...
}
if(Node.Get() != nullptr){
    //...
}
```

4）解引用和访问

可以像使用普通 C++ 指针那样解引用、调用方法和访问成员。也可以像使用其他 C++ 指针那样，通过调用 IsValid 函数或使用重载的 bool 运算符，在取消引用之前执行空检查。

```
//在解引用前，检查节点是否引用了一个有效对象
if(Node){
    //以下三行代码中的任意一行都能解引用节点，并且对它的对象调用 ListChildren
    Node->ListChildren();
    Node.Get()->ListChildren();
    (*Node).ListChildren();
}
```

5）自定义删除器

共享指针和共享引用支持对它们引用的对象使用自定义删除器。如需运行自定义删除代码，请提供 lambda 函数，作为创建智能指针时使用的参数，就像下列代码所示。

```
void DestroyMyObjectType(FMyObjectType* ObjectAboutToBeDeleted){
    //此处添加删除代码
}
```

```
//这些函数使用自定义删除器创建指南指针
TSharedRef<FMyObjectType> NewReference(new FMyObjectType(), [](FMyObjectType*
Obj){ DestroyMyObjectType(Obj); });
TSharedPtr<FMyObjectType> NewPointer(new FMyObjectType(), [](FMyObjectType*
Obj){ DestroyMyObjectType(Obj); });
```

5. 共享引用

共享引用是一类强大且不可为空的智能指针，用于 UE 的 UObject 系统外的数据对象。这意味无法重置共享引用、向其指定空对象，或创建空白引用。因此共享引用固定包含有效对象，也没 IsValid 方法。

 注意

> 与标准的 C++ 引用不同,UE 可在创建后将共享引用重新指定到另一对象。

1）声明和初始化

共享引用不可为空，因此初始化需要数据对象。在无有效对象的情况下尝试创建的共享引用将不会被编译，并尝试将共享引用初始化为空指针变量。

```
//创建新节点的共享引用
TSharedRef<FMyObjectType> NewReference = MakeShared<FMyObjectType>();
```

在无有效对象的情况下尝试创建的共享引用将不会编译：

```
//以下两者均不会编译
TSharedRef<FMyObjectType> UnassignedReference;
TSharedRef<FMyObjectType> NullAssignedReference = nullptr;
//以下会编译，但如 NullObject 实际为空则断言
TSharedRef<FMyObjectType> NullAssignedReference = NullObject;
```

2）共享指针和共享引用间的转换

共享指针和共享引用间的转换十分常见。共享引用会隐式转换为共享指针，并为新共享指针引用有效对象提供额外保证。使用普通语法处理转换。

```
TSharedPtr<FMyObjectType> MySharedPointer = MySharedReference;
```

如共享指针引用非空对象，即可使用共享指针函数 **ToSharedRef**，在共享指针中创建共享引用。尝试在空共享指针中创建共享引用，将导致程序断言。

```
//在取消引用前，确保共享指针为有效，避免潜在断言
If(MySharedPointer.IsValid()){
    MySharedReference = MySharedPointer.ToSharedRef();
}
```

3）比较

可测试共享引用彼此是否相等。在此情况下，相等表示引用相同对象。

```
TSharedRef<FMyObjectType> ReferenceA, ReferenceB;
if(ReferenceA == ReferenceB){
    //...
}
```

6. 弱指针

弱指针存储对象的弱引用。与共享指针或共享引用不同，弱指针不会阻止其引用的对象被销毁。

在访问弱指针引用的对象前，应使用 Pin 函数生成共享指针。此操作确保使用该对象时其将继续存在。如只需要确定弱指针是否引用对象，可将其与 nullptr 进行比较，或对它调用 IsValid。

1）声明、初始化和分配

可创建空白弱指针，或在共享引用、共享指针或其他弱指针中进行。

```
//分配新的数据对象，并创建对其的强引用
TSharedRef<FMyObjectType> ObjectOwner = MakeShared<FMyObjectType>();
//创建指向新数据对象的弱指针
TWeakPtr<FMyObjectType> ObjectObserver(ObjectOwner);
```

弱指针不会阻止对象被销毁。在下面的代码示例中，无论 ObjectOwner 是否在范围内，重置 ObjectOwner 都将销毁对象：

```
//设 ObjectOwner 是其对象的唯一拥有者，ObjectOwner 停止引用该对象时，该对象将被销毁
ObjectOwner.Reset();
//ObjectOwner 引用空对象，则 Pin() 生成的共享指针也将为空。被视为布尔时，空白共享指
  针的值为 false
if(ObjectObserver.Pin()){
    //只当 ObjectOwner 非对象的唯一拥有者时，此代码才会运行
    check(false);
}
```

与共享指针相同，弱指针是否引用有效对象，均可进行安全复制。

```
TWeakPtr<FMyObjectType> AnotherObjectObserver = ObjectObserver;
```

使用完弱指针后，可进行重置。

```
//可通过将弱指针设为 nullptr 进行重置
ObjectObserver = nullptr;
//也可使用重置函数
AnotherObjectObserver.Reset();
```

2）转换为共享指针

Pin 函数将创建指向弱指针对象的共享指针。只要共享指针在范围内且引用对象，则该对象将持续有效。通常用为如下代码。

```
//获取弱指针中的共享指针，并检查其是否引用了有效对象
```

```
if(TSharedPtr<FMyObjectType> LockedObserver = ObjectObserver.Pin()){
    //共享指针仅在此范围内有效
    //该对象已被验证为存在，而共享指针阻止其被删除
    LockedObserver->SomeFunction();
}
```

3）弱指针特点

（1）引用和访问：要访问弱指针的对象，首先需要使用 Pin 函数，将其提升为共享指针。然后可通过共享指针或弱指针上的 Get 函数进行访问。此方法可确保使用该对象时，该对象将持续有效。

（2）打破引用循环：两个或多个对象使用智能指针保持彼此间的强引用时，将出现引用循环。在此类情况下，对象间会相互保护以免被删除，从而避免内存泄漏。各个对象固定被另一对象引用，因此对象无法在另一对象存在时被删除。

> **注意**
>
> 如不想保证数据对象会持续存在时，弱指针将非常有用，但在以下情况中请谨慎使用弱指针。
>
> （1）在集或映射中用作键。弱指针可能会在未通知容器的情况下随时无效，因此共享指针或共享引用更适用于充当键。而将弱指针用作数值是安全的。
>
> （2）虽然弱指针提供了 IsValid 函数，但是检查 IsValid 无法保证对象在任何时间长度内均可持续有效。Pin 函数是用于检查的首选方法。

4.3 实战练习：创建和删除 C++ 类

1. 创建 C++ 类

（1）在创建 C++ 类之前，先需要创建一个空白 C++ 工程并打开源面板，如图 4.1 所示。

（2）此时界面还并不完整，还需要单击"视图选项"按钮，勾选"显示 C++ 类"和"显示引擎内容"复选框，此时便是完整的源面板，如图 4.2 所示。

图 4.1 创建一个空白 C++ 工程并打开源面板   图 4.2 显示完整界面

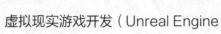

（3）所有 C++ 类都放在与此工程名同名的文件夹下，如图 4.3 所示。同时需要注意，不能在 C++ 类文件夹与其子文件夹中新建子文件夹，所以将所有 C++ 类都放在与工程名同名的文件夹下即可。

（4）右击内容文件夹进行新建文件夹并将其命名为 Blueprints，Blueprints 文件夹用于存放所有蓝图类，如图 4.4 所示。

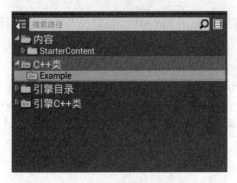 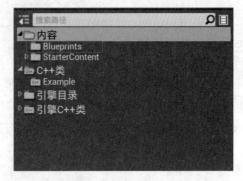

图 4.3　C++ 类存放位置　　　　　　图 4.4　蓝图类存放位置

（5）文件夹创建完成后便可以开始创建 C++ 类了，选中刚才所提到的存放 C++ 的文件夹，然后右击右边的空白处新建 C++ 类，如图 4.5 所示。

（6）勾选"显示所有类"复选框，创建一个 Object 类，如图 4.6 所示。

（7）更换命名后单击"创建类"按钮即可，如图 4.7 所示。

图 4.5　创建 C++ 类

图 4.6　创建 Object 类

图 4.7　更改 Object 类名

（8）等待 Visual Studio 准备就绪，此时便可以返回 UE 查看刚才所创建的 C++ 类了，如图 4.8 所示。同时注意，如果在 UE 没刷新出所创建的 C++ 类时，可以选择其他文件夹再返回与项目工程同名文件夹，即可看到所创建的 C++ 类。

图 4.8　查看创建的 C++ 类

2. 删除 C++ 类

注意

本节内容是在所写的类不会影响 UE 打开时所使用。

（1）打开 UE，找到要删除的类派生的蓝图类等相关内容，右击，单击"删除"菜单项，将这些内容全部删除，如图 4.9 所示。

图 4.9　删除蓝图类

（2）关闭 Visual Studio 以及 UE，打开工程文件夹，如图 4.10 所示。

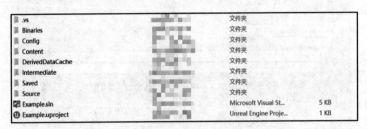

图 4.10　打开工程文件夹

（3）打开工程文件夹的 Source\Example（存放工程中所自定义的类），删除对应的类的头文件以及源文件，如图 4.11 所示。

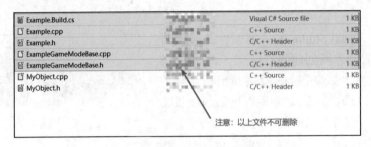

图 4.11　打开工程文件夹的 Source\Example

（4）返回工程文件夹，删除 Binaries 文件夹，如图 4.12 所示。

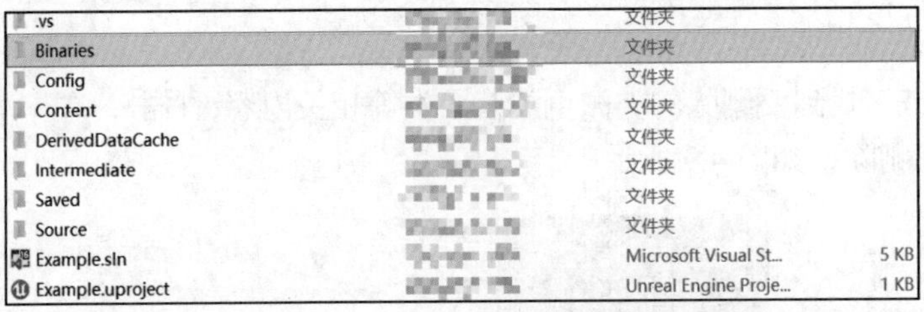

图 4.12　删除 Binaries 文件夹

（5）右击 Example uproject 文件，单击 Generate Visual Studio project files 菜单项，如图 4.13 所示。

图 4.13　右击 Example uproject 文件

（6）右击 Example uproject 文件，单击 Open 菜单项即可，如图 4.14 所示。

（7）重建丢失模块，如图 4.15 所示。

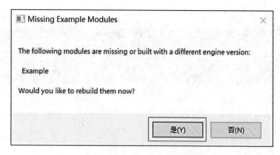

图 4.14　单击 Open 选项　　　　图 4.15　重建丢失模块

（8）删除完成，如图 4.16 所示。

图 4.16　删除完成

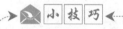

如果不想通过 Epic Games Launcher 运行项目，可以直接打开工程文件夹，双击 uproject 文件运行项目。

4.4　本章小结

本章首先介绍了 UE 中的 C++ 容器的概念。容器就是保存其他对象的内容（即数据），是数据存储上的一种对象类型。选择合适的容器去处理数据会使程序逻辑通顺，调试方便。读者需要牢牢掌握各个容器的数据操作，这些方法会使处理数据更加简单迅速。

然后，介绍了 UE 中的智能指针库。如书中所提到的 UE 智能指针库为 C++ 11 智能指针的自定义实现，旨在减轻内存分配和追踪的负担。使用指针虽然带来了一定的便利，但在使用时一定要清楚该指针的实质，不然会很容易做出危险的操作。

最后，介绍了 UE 中如何创建和删除 C++ 类。简单的删除操作并不能彻底删除类关联，还会导致项目出错。

第 5 章

UE 脚本程序基础知识

学习目标

- 掌握 Unreal Engine 中 C++ 脚本基础。
- 掌握 Unreal Engine 中的基础 C++ 语法。

5.1 Unreal Engine 脚本概述

在使用 UE 进行的开发工作中，蓝图已经能完全接手整个项目的开发，蓝图提供了方便简洁的可视化脚本界面，但是在程序底层逻辑的编写中，C++ 明显更占优势，也只有合理地利用蓝图和 C++ 的优势，才能将 UE 的作用发挥到极致。

使用 UE 的类向导可以更快地创建 C++ 类，下面是最常用的几个类。

（1）Actor 类：所有可以放在关卡中的对象都被称为 Actor。在 C++ 中，AActor 是所有 Actor 的基类。在代码中可以对 Actor 进行三维变换，如平移、旋转和缩放。

（2）Pawn 类：Pawn 类基于 Actor 类，区别在于，Pawn 可由玩家或 AI 控制。

（3）Character 类：Character 是更高一级的 Pawn 类，是一种特殊的、可以行走的 Pawn，自带角色移动组件（CharacterMovementComponent）。角色移动组件能够使角色在不使用刚体物理学定律的情况下，完成行走、跑动、飞行、坠落和游泳等运动，为角色特有，无法被任何其他类实现。

5.2 Unreal Engine 中 C++ 脚本的注意事项

尽管 UE 的 C++ 完全兼容 C++ 的基础语法，但在 UE 中使用 C++ 进行开发还是和普通 C++ 开发有很多地方不同，应注意以下几点。

（1）UE 中所有的 C++ 类都放在根目录下的 "C++ 类" 目录中，只能在这个目录下创建 C++ 类。

（2）使用 C++ 进行 UE 的开发需要较为严格的开发环境（关于 C++ 开发环境的搭建在第 1 章中已经详细说明）。

（3）C++ 类名中不能包含中文字符，而且类名创建后不可更改。

（4）UE 中 C++ 的语法规则基于 C++。在 UE 4.23 版本以后，可以手动更改当前项目的 C++ 标准，在 *.build.cs 中可以设置 CppStandard 的值，目前可选标准有三个：Cpp14、Cpp17 和 Latast。

在了解了这些基本事项后，就可以正式进入使用 C++ 的 UE 开发流程了。

5.3 Unreal Engine 脚本的基础语法

前面已经介绍了在 UE 中 C++ 的概述和使用 C++ 的注意事项。接下来介绍在 UE 中使用 C++ 的一些基础语法，包括物体的位移旋转以及不同物体间的相互访问。

1. 位移与旋转

1）基础知识

位移与
旋转

对某些游戏对象进行位移和旋转是游戏开发中经常用到的基础操作，在 UE 中实现游戏对象的位移和旋转是通过 AddActorWorldOffset 和 AddActorWorldRotation 操作实现的。

2）案例预期效果

下面通过两个小案例来演示实现物体的位移和旋转效果的开发流程。在第一个案例中，游戏对象 Cube 会一直沿着 Y 轴向右运动，在第二个案例中，游戏对象 Cube 会一直绕着 X 轴旋转。

3）开发流程

（1）创建 Cube 对象。在"C++ 类"目录下右击新建 C++ 类，如图 5.1 所示。

图 5.1 新建 C++ 类

选择图 5.2 中 Actor 类作为父类，并将其命名为 MyActor。

创建完后重新加载 Visual Studio，在解决方案管理器中找到刚刚创建的类文件，如图 5.3 所示。

在头文件中声明一个静态网格体（将其声明为 public）。

```
UPROPERTY(VisibleAnywhere, BlueprintReadWrite, Category = "Actor-
MeshComponents")
    UStaticMeshComponent* StaticMesh;
```

图 5.2　创建 Actor 类

图 5.3　解决方案资源管理器

在源文件中加入静态网格体的头文件。

```
#include"Components/StaticMeshComponent.h"
```

在构造函数中给该对象添加一个静态网格体组件。

```
AMyActor::AMyActor(){
    PrimaryActorTick.bCanEverTick = true;
    StaticMesh = CreateDefaultSubobject<UStaticMeshComponent>(TEXT("Cust
omStaticMesh"));
    }
```

至此，我们就在 C++ 中创建好了一个拥有静态网格体组件的 MyActor 类，但这还不够，要在关卡中使用它还需要给它添加静态网格体资源和材质。

先进行蓝图化，按图 5.4 所示创建基于 MyActor 的蓝图类。

在"静态网格体"（Static Mesh）组件的细节面板中设置静态网格体和材质，如图 5.5 所示。

图 5.4　创建蓝图类

图 5.5　添加资源

编译并保存后就可以将该蓝图类拖到场景中使用了。

（2）编写程序让它动起来。

在 MyActor 类源文件中的 Tick 函数下调用 AddActorWorldOffset 函数。

```
void AMyActor::Tick(float DeltaTime){
    Super::Tick(DeltaTime);
    AddActorWorldOffset(FVector(0,1,0));
}
```

因为 Tick 函数是每帧调用一次的，所以这条语句也会每帧执行，也就是让该对象每帧沿着 Y 轴移动一个单位。

若是与以上步骤相同，但将 Tick 函数中的 AddActorWorldOffset(FVector(0,1,0)) 改成 AddActorWorldRotation(FRotator(0,0,1)) 即可实现该对象每帧绕 X 轴旋转 1°。

（3）生成解决方案，编译该文件。

文件 MyActor.h 的完整代码如下。

```
#include "CoreMinimal.h"
#include "GameFramework/Actor.h"
#include "MyActor.generated.h"
UCLASS()
class PARTTHREE_API AMyActor : public AActor{
    GENERATED_BODY()
public:
    //为 Actor 属性赋初始值
    AMyActor();
    UPROPERTY(VisibleAnywhere, BlueprintReadWrite, Category =
"ActorMeshComponents")
    UStaticMeshComponent* StaticMesh;
//声明静态网格体组件
protected:
    //在游戏开始或生成时调用
    virtual void BeginPlay() override;
public:
    //每帧都调用此函数
    virtual void Tick(float DeltaTime) override;
};
```

文件 MyActor.cpp 的代码如下。

```
#include "MyActor.h"
#include "Components/StaticMeshComponent.h"
AMyActor::AMyActor(){
    PrimaryActorTick.bCanEverTick = true;
    StaticMesh = CreateDefaultSubobject<UStaticMeshComponent>(TEXT("Cust
omStaticMesh"));
    //添加静态网格体组件
}
```

```
//在游戏开始时或生成时调用
void AMyActor::BeginPlay(){
    Super::BeginPlay();
}
//每帧都调用此函数
void AMyActor::Tick(float DeltaTime){
    Super::Tick(DeltaTime);
    AddActorWorldOffset(FVector(0,1,0));            //沿 Y 轴每帧移动 1 个单位
    //AddActorWorldRotation(FRotator(0,0,1));       //绕 X 轴每帧旋转 1°
}
```

2. 记录时间

1）基础知识

在 UE 中实现简单的时间记录，只需要在 Tick 函数中调用 DeltaTime 参数即可。该变量表示两帧之间的间隔，如果想均匀地旋转一个物体，不考虑帧速率的情况下，可以让每帧的操作如旋转角度乘以 DeltaTime。

 注意

DeltaTime 为 Tick 函数内的局部变量。

2）案例效果

下面通过两个小案例来演示 DeltaTime 的用法。第一个案例如图 5.6 所示，游戏对象 Cube 会一直绕着 X 轴旋转。第二个案例如图 5.7 所示，游戏对象 Cube 会一直沿着 Z 轴向上运动。

图 5.6　Cube 绕 X 轴均匀旋转　　　　　图 5.7　Cube 沿 Z 轴均匀上升

3）开发流程

（1）创建 Cube 对象。

和上一个案例相同，用同样的开发流程创建一个 Cube 对象，将其命名为 MyActor1。大体流程为：新建 C++ 类（MyActor1）→声明静态网格体→添加静态网格体组件→创建蓝图类→在蓝图中添加静态网格体和材质。

（2）编写程序实现以上内容。

在 MyActor1 的 Tick 函数中调用 AddActorWorldOffset 函数：

```
void AMyActor1::Tick(float DeltaTime)
{
    Super::Tick(DeltaTime);
    AddActorWorldRotation(FRotator(0, 0, 10*DeltaTime));//绕X轴均匀旋转
}
```

与以上步骤相同，将 Tick 函数中 AddActorWorldRotation(FRotator(0, 0, 10*DeltaTime)) 改成 AddActorWorldOffset(FVector(0, 0, 10*DeltaTime)) 即可实现该对象沿 Z 轴均匀上升，如图 5.7 所示。

（3）生成解决方案，编译该文件。

文件 MyActor1.h 的完整代码如下。

```
#include "CoreMinimal.h"
#include "GameFramework/Actor.h"
#include "MyActor1.generated.h"
UCLASS()
class PARTTHREE_API AMyActor1 : public AActor
{
    GENERATED_BODY()
public:
    AMyActor1();
    UPROPERTY(VisibleAnywhere, BlueprintReadWrite, Category =
"ActorMeshComponents")
        UStaticMeshComponent* StaticMesh;
    //声明静态网格体组件
protected:
    virtual void BeginPlay() override;
public:
    virtual void Tick(float DeltaTime) override;
};
```

文件 MyActor1.cpp 的完整代码如下：

```
#include "MyActor1.h"
#include "Components/StaticMeshComponent.h"
AMyActor1::AMyActor1(){
    PrimaryActorTick.bCanEverTick = true;
    StaticMesh = CreateDefaultSubobject<UStaticMeshComponent>(TEXT("Cust
omStaticMesh"));
    //添加静态网格体组件
}
void AMyActor1::BeginPlay(){
    Super::BeginPlay();
}
void AMyActor1::Tick(float DeltaTime){
    Super::Tick(DeltaTime);
    AddActorWorldRotation(FRotator(0, 0, 10*DeltaTime)); //绕X轴均匀旋转
    //AddActorWorldOffset(FVector(0, 0, 10*DeltaTime));  //沿Z轴均匀上升
}
```

3. 访问游戏对象组件

1）基础知识

组件（Component）是可以添加到 Actor 上的一项功能。当为 Actor 添加组件后，该 Actor 便获得了该组件所提供的功能。例如：

（1）聚光灯组件（Spot Light Component）允许 Actor 像聚光灯一样发光；

（2）旋转移动组件（Rotating Movement Component）能使 Actor 四处旋转；

（3）音频组件（Audio Component）将使 Actor 能够播放声音；

（4）静态网格体组件（Static Mesh Component）使 Actor 能使用静态网格体资源。

组件必须绑定在 Actor 上，无法单独存在。

2）案例效果

下面通过一个小案例来演示使用静态网格体组件给游戏对象添加静态网格体资源的开发流程。如图 5.8 所示，关卡中的 Actor 会被添加一个 Cone 静态网格体资源，实际运行时与前面案例的演示效果并无太大区别。

图 5.8　ConeActor

3）开发流程

（1）创建 ConeActor 对象。

和前两个小案例相同，用同样的开发流程创建一个 ConeActor 对象，将其命名为 ConeActor。大体流程为：新建 C++ 类（ConeActor，继承 Actor 类）→声明静态网格体→添加静态网格体组件→创建蓝图类→在蓝图中添加静态网格体和材质。

（2）编写程序实现以上内容。

在头文件中声明一个静态网格体（将其声明为 public）。

```
UPROPERTY(VisibleAnywhere, BlueprintReadWrite, Category =
"ActorMeshComponents")
UStaticMeshComponent* StaticMesh;
```

在源文件中加入静态网格体的头文件。

```
#include "Components/StaticMeshComponent.h"
```

在构造函数中给该对象添加一个静态网格体组件。

```
AConeActor::AConeActor()
{
    PrimaryActorTick.bCanEverTick = true;
    StaticMesh = CreateDefaultSubobject<UStaticMeshComponent>(TEXT("Cust
omStaticMesh"));
}
```

创建完成拥有静态网格体组件的 ConeActor 类之后，生成解决方案，编译文件。再给它添加静态网格体资源和材质。

先将其蓝图化（创建基于该类的蓝图类），然后在细节面板中添加 Cone 网格体资源和材质，如图 5.9 所示。

图 5.9 添加资源

还可以通过类似的方式给该 Actor 添加音频组件、粒子组件等。

4. 访问其他游戏对象

因为 UE 继承了 C++ 的所有特性，所以可以像 C++ 一样去访问其他类，当然 UE 自身也提供了一些特殊的方式来实现 Actor 间的通信。

1）直接 Actor 间通信

这种方式是通过在类中声明 public 类的游戏对象引用实现的。首先在类中声明需要访问的类的引用，然后在对象实例的细节面板中就会显示这个需要访问的对象参数，再在细节面板中选取对应的参数即可实现访问。下面通过一个案例来实现。先创建两个 MyActor，然后通过 MyActor3 上的脚本来访问 MyActor2 上的脚本，具体开发流程如下。

（1）创建 MyActor 对象。和前面的小案例相同，用同样的开发流程创建两个 MyActor 对象，将其命名为 MyActor2 和 MyActor3。大体流程为：新建 C++ 类（继承 Actor 类）→声明静态网格体→添加静态网格体组件→创建蓝图类→在蓝图中添加静态网格体和材质。

（2）编写程序实现对象间访问。

在 MyActor2 头文件中声明 public 类函数 Rotating。

```
void Rotating();
```

在 MyActor2 源文件中定义该函数。

```
void AMyActor2::Rotating(){
```

```
        AddActorWorldRotation(FRotator(0, 0, 1));
}
```

在这个函数中实现让该对象绕 X 轴旋转 1°。

在 MyActor3 中调用这个函数，实现 Actor 间的访问。首先在 MyActor3 的源文件中加入 MyActor2 的头文件。

```
#include "MyActor2.h"
```

再在 MyActor3 的头文件中声明该对象的引用，将其命名为 A。

```
UPROPERTY(EditAnywhere, BlueprintReadWrite, Category = "AMyActor2")
        class AMyActor2* A;
```

然后在 MyActor3 的 Tick 函数里，调用该引用的 Rotating 函数。

```
void AMyActor3::Tick(float DeltaTime)
{
    Super::Tick(DeltaTime);
    A->Rotating();
}
```

 注意

因为 Tick 函数是每帧都会调用的，所以 Rotating 函数也是每帧执行的。

（3）生成解决方案，编译该文件。

编译完成后将两个蓝图拖入关卡中，在 MyActor3 的细节面板中找到 AMy Actor2 目录，在 A 变量中选择另一个 Actor，如图 5.10 所示。

单击运行，其中 MyActor3 不动，MyActor2 在绕 X 轴不停地旋转，如图 5.11 所示。

图 5.10　A 对象引用

图 5.11　直接 Actor 间通信效果

文件 **MyActor2.h** 的完整代码如下。

```
#include "CoreMinimal.h"
#include "GameFramework/Actor.h"
#include "MyActor2.generated.h"
UCLASS()
class PARTTHREE_API AMyActor2 : public AActor{
    GENERATED_BODY()
    public:
        AMyActor2();
    UPROPERTY(VisibleAnywhere, BlueprintReadWrite, Category =
"ActorMeshComponents")
            UStaticMeshComponent* StaticMesh;
//声明静态网格体组件
    void Rotating();
    protected:
    virtual void BeginPlay() override;
    public:
            virtual void Tick(float DeltaTime) override;
};
```

文件 **MyActor2.cpp** 的完整代码如下：

```
#include "MyActor2.h"
//Sets default values
AMyActor2::AMyActor2(){
    PrimaryActorTick.bCanEverTick = true;
    StaticMesh = CreateDefaultSubobject<UStaticMeshComponent>(TEXT("Cust
omStaticMesh"));
    //添加静态网格体组件
}
void AMyActor2::Rotating(){
        AddActorWorldRotation(FRotator(0, 0, 1));        //绕 X 轴旋转 1°
}
void AMyActor2::BeginPlay(){
        Super::BeginPlay();
}
void AMyActor2::Tick(float DeltaTime){
    Super::Tick(DeltaTime);
}
```

文件 **MyActor3.h** 的完整代码如下。

```
#include "CoreMinimal.h"
#include "GameFramework/Actor.h"
#include "MyActor3.generated.h"
UCLASS()
class PARTTHREE_API AMyActor3 : public AActor{
        GENERATED_BODY()
public:
```

```
            AMyActor3();
            UPROPERTY(VisibleAnywhere, BlueprintReadWrite, Category =
"ActorMeshComponents")
            UStaticMeshComponent* StaticMesh;
    //声明静态网格体组件
       UPROPERTY(EditAnywhere, BlueprintReadWrite, Category = "AMyActor2")
            class AMyActor2* A;
    //声明 MyActor2 类对象引用
    protected:
            virtual void BeginPlay() override;
    public:
       virtual void Tick(float DeltaTime) override;
    };
```

文件 **MyActor3.cpp** 的完整代码如下。

```
#include "MyActor3.h"
#include "MyActor2.h"
AMyActor3::AMyActor3(){
    PrimaryActorTick.bCanEverTick = true;
    StaticMesh = CreateDefaultSubobject<UStaticMeshComponent>(TEXT("Cust
omStaticMesh"));
    //添加静态网格体组件
    }
void AMyActor3::BeginPlay(){
            Super::BeginPlay();
    }
void AMyActor3::Tick(float DeltaTime){
    Super::Tick(DeltaTime);
            A->Rotating();          //调用 Rotating 函数
    }
```

2）类型转换

类型转换是一种常见的通信手段，多用在通过碰撞实现的交互中。采用这种方法，需要引用某个 Actor 类，然后将它转换为其他类。如果成功，则能通过上面提到的"直接 Actor 间通信"来访问其信息和功能。下面通过一个案例来实现，先创建一个 CubeActor（继承 Actor 类）和一个 CastActor（继承 Actor 类），然后通过 CastActor 上的脚本来访问 CubeActor 上的脚本，具体开发流程如下。

（1）创建 CubeActor 和 CastActor 对象。

和前面的小案例相同，用同样的开发流程创建一个 CubeActor 对象，将其命名为 CastActor1。大体流程为：新建 C++ 类（继承 Actor 类）→声明静态网格体→添加静态网格体组件→创建蓝图类→在蓝图中添加静态网格体和材质。让这个 CubeActor 对象一直沿 Y 轴正方向运动，并在 Tick 中使用 bool 变量 bRotate 来控制 CubeActor 对象的旋转状态。

再创建一个 CastActor，和之前的流程有一些不同，将静态网格体组件改为盒体组件。大体流程为：新建 C++ 类（继承 Actor 类）→声明盒体→添加盒体组件→创建蓝图类。

> **注意**
>
> 使用什么组件就添加对应的头文件，这里应该添加盒体组件的头文件。

（2）编写程序实现对象间访问。

对于 CubeActor，先声明 bool 变量 bRotate。

```
UPROPERTY(EditAnywhere, BlueprintReadWrite, Category = "Rotating")
bool bRotate;
```

在 Tick 中输入如下代码：

```
void ACubeActor::Tick(float DeltaTime){
        Super::Tick(DeltaTime);
        AddActorWorldOffset(FVector(0, 1, 0));              //沿 Y 轴正方向运动
    if(bRotate){
        AddActorWorldRotation(FRotator(0, 0, 1));           //绕 X 轴旋转 1°
    }
}
```

可 实 现 CubeActor 一 直 沿 Y 轴 正 方 向 运 动，并使用 bool 变量 bRotate 来控制 CubeActor 的旋转状态。

CubeActor 到这里就创建完整了，接下来要用 CastActor 通过类型转换来改变 bRotate 的值，实现 Actor 间通信。

在源文件中添加盒体组件头文件。

```
#include "Components/BoxComponent.h"
```

在头文件中声明盒体组件，碰撞开始函数，碰撞结束函数。

```
UPROPERTY(VisibleAnywhere, BlueprintReadWrite, Category = "CastActor|Collision")
class UBoxComponent* BoxComp;
UFUNCTION()
virtual void OnOverlapBegin(UPrimitiveComponent* OverlappedComponent,
AActor* OtherActor, UPrimitiveComponent* OtherComp,
int32 OtherBodyIndex, bool bFromSweep, const FHitResult& SweepResult);
UFUNCTION()
virtual void OnOverlapEnd(UPrimitiveComponent* OverlappedComponent,
AActor* OtherActor, UPrimitiveComponent* OtherComp, int32
OtherBodyIndex);
```

在源文件中添加盒体组件，并设置大小和可见性。

```
BoxComp = CreateDefaultSubobject<UBoxComponent>(TEXT("BoxComp"));
BoxComp->SetBoxExtent(FVector(128, 128, 64));         //设置盒体大小
BoxComp->SetVisibility(true);                         //设置可见性为真
```

定义碰撞开始函数和碰撞结束函数，令碰撞开始时 bRotate 值为 1，碰撞结束后 bRotate 值为 0：

```
    void ACastActor::OnOverlapBegin(UPrimitiveComponent* OverlappedComponent,
AActor* OtherActor, UPrimitiveComponent* OtherComp, int32 OtherBodyIndex, bool
bFromSweep, const FHitResult& SweepResult){
    if(OtherActor){
        ACubeActor* Cube = Cast<ACubeActor>(OtherActor);    //类型转换
        if(Cube){                      //判断是否可用
            Cube->bRotate = 1;    //设置 bRotate 值为 1
        }
    }
}
    void ACastActor::OnOverlapEnd(UPrimitiveComponent* OverlappedComponent,
AActor* OtherActor, UPrimitiveComponent* OtherComp, int32 OtherBodyIndex){
    if(OtherActor){
        ACubeActor* Cube = Cast<ACubeActor>(OtherActor);    //类型转换
        if(Cube){                      //判断是否可用
            Cube->bRotate = 0;    //设置 bRotate 值为 0
        }
    }
}
```

生成解决方案，编译代码。将两个对象拖入关卡中，即可看到 CubeActor 一直向左运动（见图 5.12），当它与 CastActor 重合时开始旋转（见图 5.13），当重合结束后停止旋转（见图 5.14）。

图 5.12　CubeActor 开始运动

图 5.13　CubeActor 开始重叠

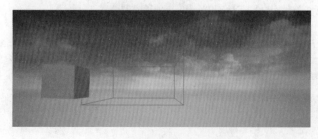

图 5.14　CubeActor 结束重叠

文件 CubeActor.h 的完整代码如下。

```
#include "CoreMinimal.h"
#include "GameFramework/Actor.h"
#include "CubeActor.generated.h"
UCLASS()
class PARTTHREE_API ACubeActor : public AActor{
    GENERATED_BODY()
public:
        ACubeActor();
        UPROPERTY(VisibleAnywhere, BlueprintReadWrite, Category =
"ActorMeshComponents")
        UStaticMeshComponent* StaticMesh;
    UPROPERTY(EditAnywhere, BlueprintReadWrite, Category = "Rotating")
        bool bRotate;
protected:
        virtual void BeginPlay() override;
public:
        virtual void Tick(float DeltaTime) override;
};
```

文件 CubeActor.cpp 的完整代码如下。

```
#include "CubeActor.h"
#include"Components/StaticMeshComponent.h"
ACubeActor::ACubeActor(){
        PrimaryActorTick.bCanEverTick = true;
    StaticMesh = CreateDefaultSubobject<UStaticMeshComponent>(TEXT("Cust
omStaticMesh"));
}
void ACubeActor::BeginPlay(){
        Super::BeginPlay();
}
void ACubeActor::Tick(float DeltaTime){
    Super::Tick(DeltaTime);
        AddActorWorldOffset(FVector(0, 1, 0));//沿 Y 轴正方向运动
        if (bRotate){
                AddActorWorldRotation(FRotator(0, 0, 1));//绕 X 轴旋转 1°
        }
}
```

文件 CastActor.h 的完整代码如下。

```
#include "CoreMinimal.h"
#include "GameFramework/Actor.h"
#include "CastActor.generated.h"
UCLASS()
class PARTTHREE_API ACastActor : public AActor
{
    GENERATED_BODY()
```

```
    public:
        ACastActor();
        UPROPERTY(VisibleAnywhere, BlueprintReadWrite, Category =
"CastActor|Collision")
            class UBoxComponent* BoxComp;
            UFUNCTION()
            virtual void OnOverlapBegin(UPrimitiveComponent* Overlapped
Component,AActor* OtherActor, UPrimitiveComponent* OtherComp,int32 OtherBodyIndex,
 bool bFromSweep, const FHitResult& SweepResult);
        UFUNCTION()
            virtual void OnOverlapEnd(UPrimitiveComponent* Overlapped
Component,AActor* OtherActor, UPrimitiveComponent* OtherComp, int32 Other
BodyIndex);
    protected:
        virtual void BeginPlay() override;
    public:
        virtual void Tick(float DeltaTime) override;
};
```

文件 CastActor.cpp 的完整代码如下。

```
#include "CastActor.h"
#include "CubeActor.h"
#include "Components/BoxComponent.h"
ACastActor::ACastActor(){
    PrimaryActorTick.bCanEverTick = true;
    BoxComp = CreateDefaultSubobject<UBoxComponent>(TEXT("BoxComp"));
    BoxComp->SetBoxExtent(FVector(128, 128, 64));          //设置盒体大小
    BoxComp->SetVisibility(true);                          //设置可见性为真
}
void ACastActor::OnOverlapBegin(UPrimitiveComponent* OverlappedComponent,
AActor* OtherActor, UPrimitiveComponent* OtherComp, int32 OtherBody-Index,
bool bFromSweep, const FHitResult& SweepResult)
{
    if(OtherActor){
        ACubeActor* Cube = Cast<ACubeActor>(OtherActor);    //类型转换
        if(Cube){
            Cube->bRotate = 1;
        }
    }
}
void ACastActor::OnOverlapEnd(UPrimitiveComponent* OverlappedComponent,
AActor* OtherActor, UPrimitiveComponent* OtherComp, int32 OtherBodyIndex)
{
    if(OtherActor){
        ACubeActor* Cube = Cast<ACubeActor>(OtherActor);
        if(Cube){
            Cube->bRotate = 0;
        }
    }
}
```

```
    }
    void ACastActor::BeginPlay(){
            Super::BeginPlay();
        BoxComp->OnComponentBeginOverlap.AddDynamic(this, &ACastActor::On
OverlapBegin);
            BoxComp->OnComponentEndOverlap.AddDynamic(this, &ACastActor::On
OverlapEnd);
    }
    void ACastActor::Tick(float DeltaTime){
            Super::Tick(DeltaTime);
    }
```

3）事件分发器/委托

委托是一种泛型但类型安全的方式，可在 C++ 对象上调用成员函数。可使用委托动态绑定到任意对象的成员函数，之后在该对象上调用函数，即使调用程序不知道对象类型也可以进行操作。而且，复制委托对象很安全。

（1）创建对象。这里直接用上一个例子编写的 CubeActor 对象和 5.3 节"访问游戏对象组件"的"开发流程"中创建的 ConeActor 对象进行操作。在关卡中将两个对象放在一起方便观察。

（2）编写程序实现对象间访问。

对于 ConeActor，先在头文件引用下面声明 Delegate。

```
DECLARE_DELEGATE(FRotateDelegate);
```

在 public 下面声明 Rotate。

```
FRotateDelegate Rotate;
```

对于 CubeActor，先注释掉 Tick 函数中控制该 Actor 一直沿 Y 轴移动的语句，并包含 ConeActor 的头文件。

```
#include "ConeActor.h"
```

再在 CubeActor 的头文件中声明 CanRotate 函数和 ConeActor 的对象引用。

```
void CanRotate();
    UPROPERTY(EditInstanceOnly, BlueprintReadWrite)
        class AConeActor* B;
```

定义 CanRotate 函数，并在 BeginPlay 函数中将该函数绑定。

```
void ACubeActor::CanRotate(){
    bRotate = 1;
}
void ACubeActor::BeginPlay()
{
        Super::BeginPlay();
```

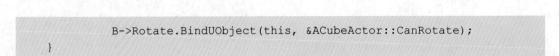

```
        B->Rotate.BindUObject(this, &ACubeActor::CanRotate);
}
```

最后回到 ConeActor 的源文件，在 Tick 中调用委托。

```
Rotate.ExecuteIfBound();
```

生成解决方案，编译程序并运行。在 CubeActor 的细节面板中选定 B 变量的引用对象为 ConeActor，如图 5.15 所示。结果如图 5.16 所示，Cone 不动，Cube 一直绕 X 轴旋转。

图 5.15　B 对象引用

图 5.16　委托实现 Actor 间通信

> 💡 注意
>
> 关于最后委托的调用为什么要写在 Tick 里，因为如果写在 BeginPlay 里，只会在游戏开始时调用一次，对应的 Cube 也只会旋转一次，只有写在 Tick 里才能持续调用，实现持续旋转。

文件 ConeActor.h 的完整代码如下。

```
#include "CoreMinimal.h"
#include "GameFramework/Actor.h"
#include "ConeActor.generated.h"

DECLARE_DELEGATE(FRotateDelegate);

UCLASS()
class PARTTHREE_API AConeActor : public AActor{
        GENERATED_BODY()
public:
    AConeActor();
```

```
    UPROPERTY(VisibleAnywhere, BlueprintReadWrite, Category =
"ActorMeshComponents")
    UStaticMeshComponent* StaticMesh;
  protected:
    virtual void BeginPlay() override;
  public:
    virtual void Tick(float DeltaTime) override;
    FRotateDelegate Rotate;
  };
```

文件 ConeActor.cpp 的完整代码如下。

```
#include "ConeActor.h"
#include"Components/StaticMeshComponent.h"
AConeActor::AConeActor(){
    PrimaryActorTick.bCanEverTick = true;
    StaticMesh = CreateDefaultSubobject<UStaticMeshComponent>(TEXT("Cust
omStaticMesh"));
}
void AConeActor::BeginPlay(){
        Super::BeginPlay();
}
void AConeActor::Tick(float DeltaTime){
    Super::Tick(DeltaTime);
        Rotate.ExecuteIfBound();
}
```

文件 CubeActor.h 的完整代码如下。

```
#include "CoreMinimal.h"
#include "GameFramework/Actor.h"
#include "CubeActor.generated.h"
UCLASS()
class PARTTHREE_API ACubeActor : public AActor{
    GENERATED_BODY()
    public:
        ACubeActor();
        UPROPERTY(VisibleAnywhere, BlueprintReadWrite, Category =
"ActorMeshComponents")
        UStaticMeshComponent* StaticMesh;
        UPROPERTY(EditAnywhere, BlueprintReadWrite, Category =
"Rotating")
        bool bRotate;
    protected:
        virtual void BeginPlay() override;
        void CanRotate();
        UPROPERTY(EditInstanceOnly, BlueprintReadWrite)
        class AConeActor* B;
    public:
```

```
                    virtual void Tick(float DeltaTime) override;
    };
```

文件 CubeActor.cpp 的完整代码如下。

```
    #include "CubeActor.h"
    #include"Components/StaticMeshComponent.h"
    #include "ConeActor.h"
    ACubeActor::ACubeActor(){
        PrimaryActorTick.bCanEverTick = true;
        StaticMesh = CreateDefaultSubobject<UStaticMeshComponent>(TEXT("Cust
    omStaticMesh"));
    }
    void ACubeActor::BeginPlay(){
        Super::BeginPlay();
        B->Rotate.BindUObject(this, &ACubeActor::CanRotate);
    }
    void ACubeActor::CanRotate(){
        bRotate = 1;
    }
    void ACubeActor::Tick(float DeltaTime)
    {
        Super::Tick(DeltaTime);
        AddActorWorldOffset(FVector(0, 1, 0));//沿Y轴正方向运动
            if (bRotate){
            AddActorWorldRotation(FRotator(0, 0, 1));//绕X轴旋转1°
        }
    }
```

4）接口

接口负责定义一系列共有的行为或功能，这些行为或功能在不同 Actor 中可以有不同的实现方法。当为不同 Actor 实现了相同类型的功能时，适合使用此通信方法。例如，当需要为多个游戏对象（如门、窗、汽车等）实现一个共有的打开（Open）行为，可以选择接口。在这种情况下，每个 Actor 都是不同的类，并且在调用"打开"时会做出不同响应。

此外，与类型转换相比，接口还具备性能优势，因为加载一个需要转换成其他类型的 Actor，如果不谨慎处理，可能会造成链式加载，即加载单个 Actor 导致更多 Actor 加载到内存中。此方法要求每个 Actor 都实现接口，以便访问其共有功能，即该接口。

（1）创建对象。和之前类型转换中的 Actor 一样，创建两个 CubeActor（分别为 CubeActor1 和 CubeActor2）和一个 CastActor，它们都继承了 Actor 类。大体流程为：新建 C++ 类→声明静态网格体→添加静态网格体组件→创建蓝图类→在蓝图中添加静态网格体和材质。这里可以直接把第 2 个例子中的 CastActor 拿来用。

（2）编写程序。使用 UE 类向导创建 Unreal 接口类，并将其命名为 MyInterface。在头文件中写入如下代码。

```
    public:
        UFUNCTION()
```

```
          virtual void OnInteract() = 0;
```

给两个 CubeActor 引入头文件，并使它们都继承 IMyInterface 类。

```
#include "MyInterface.h"
 public IMyInterface
```

让两个 CubeActor 都能实现沿 Y 轴匀速运动，使它们相向运动，并使用 bRotate 变量控制旋转，让 CubeActor1 绕 Y 轴旋转，让 CubeActor2 绕 X 轴旋转。在它们的 Tick 函数中分别写入如下代码。

```
void ACubeActor1::Tick(float DeltaTime){
    Super::Tick(DeltaTime);
        AddActorWorldOffset(FVector(0, 30 * DeltaTime, 0));
        if (bRotate){
            AddActorWorldRotation(FRotator(30 * DeltaTime, 0, 0));
        }
}
void ACubeActor2::Tick(float DeltaTime){
        Super::Tick(DeltaTime);
        AddActorWorldOffset(FVector(0, -30 * DeltaTime, 0));
        if (bRotate){
            AddActorWorldRotation(FRotator(0, 0, 30 * DeltaTime));
        }
}
```

声明并定义 OnInteract 函数，使 bRotate 为真。在它们的函数体中写入如下代码。

```
bRotate = 1;
```

修改 CastActor，引入 MyInterface 头文件，并使它也继承 IMyInterface 类。在 OnOverlapBegin 函数中加入接口调用。

```
if(IMyInterface* ActorCheck = Cast<IMyInterface>(OtherActor)){
        ActorCheck->OnInteract();
}
```

（3）生成解决方案，编译该文件。将上述三个对象拖入关卡中，单击运行关卡。如图 5.17 和图 5.18 所示。两个 CubeActor 相向而行，在碰到 CastActor 后实现不同方式的旋转。

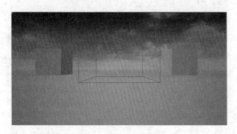

图 5.17　碰撞前

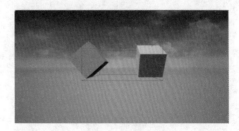

图 5.18　碰撞后

文件 MyInterface.h 的完整代码如下。

```cpp
#include "CoreMinimal.h"
#include "UObject/Interface.h"
#include "MyInterface.generated.h"

UINTERFACE(MinimalAPI)
class UMyInterface : public UInterface{
        GENERATED_BODY()
};
class PARTTHREE_API IMyInterface{
        GENERATED_BODY()
   public:
        UFUNCTION()
        virtual void OnInteract() = 0;
};
```

文件 CubeActor1.h 的完整代码如下。

```cpp
#include "CoreMinimal.h"
#include "GameFramework/Actor.h"
#include "MyInterface.h"
#include "CubeActor1.generated.h"
UCLASS()
class PARTTHREE_API ACubeActor1 : public AActor, public IMyInterface
{
    GENERATED_BODY()
    public:
        ACubeActor1();
                UPROPERTY(VisibleAnywhere, BlueprintReadWrite, Category =
"ActorMeshComponents")
                UStaticMeshComponent* StaticMesh;
                UPROPERTY(EditAnywhere, BlueprintReadWrite, Category =
"bRotate")
                bool bRotate;
        UFUNCTION()
                virtual void OnInteract();
    protected:
        virtual void BeginPlay() override;
    public:
                virtual void Tick(float DeltaTime) override;
};
```

文件 CubeActor1.cpp 的完整代码如下。

```cpp
#include "CubeActor1.h"
ACubeActor1::ACubeActor1()
{
        PrimaryActorTick.bCanEverTick = true;
    StaticMesh = CreateDefaultSubobject<UStaticMeshComponent>(TEXT("Cust
omStaticMesh"));
```

```
        }
void ACubeActor1::OnInteract(){
        bRotate = 1;
}
void ACubeActor1::BeginPlay(){
        Super::BeginPlay();
}
void ACubeActor1::Tick(float DeltaTime){
        Super::Tick(DeltaTime);
        AddActorWorldOffset(FVector(0, 30 * DeltaTime, 0));
        if(bRotate)
        {
                AddActorWorldRotation(FRotator(30 * DeltaTime, 0, 0));
        }
}
```

文件 CubeActor2.h 的完整代码如下。

```
#include "CoreMinimal.h"
#include "GameFramework/Actor.h"
#include "MyInterface.h"
#include "CubeActor2.generated.h"
UCLASS()
class PARTTHREE_API ACubeActor2 : public AActor, public IMyInterface{
        GENERATED_BODY()
    public:
        ACubeActor2();
        UPROPERTY(VisibleAnywhere, BlueprintReadWrite, Category =
"ActorMeshComponents")
        UStaticMeshComponent* StaticMesh;
        UPROPERTY(EditAnywhere, BlueprintReadWrite, Category =
"bRotate")
        bool bRotate;
        UFUNCTION()
        virtual void OnInteract();
    protected:
        virtual void BeginPlay() override;

    public:
    virtual void Tick(float DeltaTime) override;
};
```

文件 CubeActor2.cpp 的完整代码如下。

```
#include "CubeActor2.h"
ACubeActor2::ACubeActor2(){
        PrimaryActorTick.bCanEverTick = true;
        StaticMesh = CreateDefaultSubobject<UStaticMeshComponent>(TEXT
("CustomStaticMesh"));
```

```
    }
void ACubeActor2::OnInteract(){
        bRotate = 1;
    }
void ACubeActor2::BeginPlay(){
        Super::BeginPlay();
    }
void ACubeActor2::Tick(float DeltaTime){
        Super::Tick(DeltaTime);
        AddActorWorldOffset(FVector(0, -30 * DeltaTime, 0));
        if(bRotate){
                AddActorWorldRotation(FRotator(0, 0, 30 * DeltaTime));
        }
    }
```

文件 CastActor.h 的完整代码如下。

```
#include "CoreMinimal.h"
#include "GameFramework/Actor.h"
#include "CastActor.generated.h"
UCLASS()
class PARTTHREE_API ACastActor : public AActor{
    GENERATED_BODY()
    public:
      ACastActor();
      UPROPERTY(VisibleAnywhere, BlueprintReadWrite, Category = "CastActor|
Collision")
      class UBoxComponent* BoxComp;
      UFUNCTION()
       virtual void OnOverlapBegin(UPrimitiveComponent*
OverlappedComponent,AActor* OtherActor, UPrimitiveComponent* OtherComp,
          int32 OtherBodyIndex, bool bFromSweep, const FHitResult&
SweepResult);
      protected:
            virtual void BeginPlay() override;
      public:
            virtual void Tick(float DeltaTime) override;
};
```

文件 CastActor.cpp 的完整代码如下：

```
#include "CastActor.h"
#include "CubeActor.h"
#include "Components/BoxComponent.h"
#include "MyInterface.h"
ACastActor::ACastActor(){
        PrimaryActorTick.bCanEverTick = true;
        BoxComp = CreateDefaultSubobject<UBoxComponent>(TEXT("BoxComp"));
        BoxComp->SetBoxExtent(FVector(128, 128, 64));  //设置盒体大小
```

```
        BoxComp->SetVisibility(true);                //设置可见性为真
    }
    void ACastActor::OnOverlapBegin(UPrimitiveComponent* OverlappedComponent,
AActor* OtherActor, UPrimitiveComponent* OtherComp, int32 OtherBodyIndex, bool
bFromSweep, const FHitResult& SweepResult){
        if (IMyInterface* ActorCheck = Cast<IMyInterface>(OtherActor)){
            ActorCheck->OnInteract();
        }
    }
    void ACastActor::BeginPlay(){
            Super::BeginPlay();
            BoxComp->OnComponentBeginOverlap.AddDynamic
        (this,&ACastActor::OnOverlapBegin);
                BoxComp->OnComponentEndOverlap.AddDynamic
        (this,&ACastActor::OnOverlapEnd);
    }
    void ACastActor::Tick(float DeltaTime){
            Super::Tick(DeltaTime);
    }
```

5. 向量

向量是开发中经常使用的工具。在 UE 中使用向量，一般使用 FVector 函数，该函数的三个参数从左到右依次对应 X 轴、Y 轴和 Z 轴。该函数的详细用法如表 5.1 所示。

表 5.1　FVector 用法

向 量 名	功 能 描 述
FVector()	默认构造函数（无初始化）
FVector(float InF)	将所有组件初始化为单个浮点值的构造函数
FVector(const FVector4& V)	使用来自 4D 矢量的 X、Y、Z 分量的构造函数
FVector(const FLinearColor& InColor)	从 FLinearColor 构造一个向量
FVector(FIntVector InVector)	从 FIntVector 构造一个向量
FVector(FIntPoint A)	从 FIntPoint 构造一个向量
FVector(EForceInit)	将所有组件初始化为零的构造函数
FVector(const FVector2D V, float InZ)	从 FVector2D 和 Z 值构造一个向量
FVector(float InX,float InY, float InZ)	构造函数使用每个组件的初始值

6. 变量和函数的访问控制

1）基础知识

在使用 UE 进行开发时，会用到许多变量和函数。因为 UE 的 C++ 支持 C++ 的所有特性，所以关于使用 public、protected、private 实现的访问控制就不赘述了。这里主要讲解使用 UPROPERTY 宏和 UFUNCTION 宏实现的访问控制，下面是它们的基础用法。

- EditAnywhere：表示该属性可从编辑器内的属性窗口编辑。
- EditInstanceOnly：表示该属性可通过属性窗口来编辑，但仅能对实例而非原型进行编辑。

- **EditDefaultsOnly**：表示该属性可通过属性窗口来编辑，但仅能对原型编辑。
- **VisibleAnywhere**：表示该属性在属性窗口中可见，但根本无法被编辑。
- **VisibleInstanceOnly**：表示该属性仅在实例的属性窗口中可见，但对原型则不行，并且无法被编辑。
- **VisibleDefaultOnly**：表示该属性仅在原型的属性窗口中可见，但无法被编辑。
- **BlueprintReadOnly**：表示该属性在蓝图中只读。
- **BlueprintReadWrite**：表示该属性在蓝图中可读写。
- **BlueprintCallable**：表示该属性在蓝图中可调用。

Category 为目录，具体用法为 Category = "目录名 | 二级目录名"，可创建多级目录。

2）案例效果

下面通过一个简单的例子看看效果。声明几个不同类型的变量，观察它们在实例和蓝图中的访问状态。

```
public:
    UPROPERTY(EditAnywhere, BlueprintReadWrite, Category = "Variables")
    int32 Edit_pub;                //任意位置可编辑，蓝图可读写
    UPROPERTY(VisibleAnywhere, BlueprintReadWrite, Category = "Variables|Visible")
    int32 Visible_pub;             //任意位置可见，蓝图可读写
    UPROPERTY()
    int32 Non_pub;                 //无属性
protected:
    UPROPERTY(EditDefaultsOnly, BlueprintReadWrite, Category = "Variables")
    int32 Edit_Pro;                //只在蓝图中可编辑，蓝图可读写
    UPROPERTY(VisibleInstanceOnly, BlueprintReadWrite, Category = "Variables|Visible")
    int32 Visible_Pro;             //只在实例中可见，蓝图可读写
```

结果如图 5.19 所示，在实例中 Edit_Pub 可编辑，Visible_Pub 和 Visible_Pro 不可编辑，其余变量不可见。如图 5.20 所示，在蓝图中 Edit_Pub 和 Edit_Pro 可编辑，Visible_Pub 不可编辑，其余变量不可见。

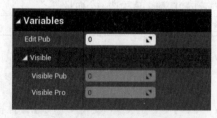

图 5.19　实例中的变量

图 5.20　蓝图中的变量

7. 生成游戏对象

1）基础知识

在使用 UE 进行关卡布置的时候，如果想创建游戏对象，可以手动在场景中进行创建

和布置，也可以在脚本中动态地创建游戏对象，而在游戏运行中按需在脚本中生成游戏对象的方法则更加灵活。

在 UE 中，如果想创建很多相同的物体（如射击出去的子弹、保龄球瓶等）时，可以通过生成 Actor（SpawnActor）快速实现。而且通过 SpawnActor 生成的游戏对象包含了这个对象所有的属性，这些就能保证原封不动地创建所需的对象。SpawnActor 在 UE 中的使用非常广泛，充分使用它能极大方便我们的开发。

2）案例效果

下面将通过一个小案例来演示使用 SpawnActor 的开发流程。运行效果如图 5.21 和图 5.22 所示，运行前场景中只有 1 个球体（SphereActor），关卡运行后场景中生成了 5 个一样的圆柱体（CylinderActor）。

图 5.21　SpawnActor 运行前　　　　图 5.22　SpawnActor 运行后

3）开发流程

SpawnActor 多用于重复生成相同的 Actor，从而能够极大节省手动逐个创建的时间，具体开发流程如下。

（1）创建 CylinderActor 对象和 SphereActor 对象。

这两个对象都继承了 Actor 类，创建流程和之前有些细节上的不同，之前的流程为：新建 C++ 类→声明静态网格体→添加静态网格体组件→创建蓝图类→在蓝图中添加静态网格体和材质。

现在对最后两个步骤做出更改，以 CylinderActor 为例，在 C++ 文件中添加了静态网格体组件后，直接在下面为其添加静态网格体资源，构造函数如下：

```
ACylinderActor::ACylinderActor(){
    PrimaryActorTick.bCanEverTick = true;
    StaticMesh = CreateDefaultSubobject<UStaticMeshComponent>(TEXT("Cust
omStaticMesh"));
    static  ConstructorHelpers::FObjectFinder<UStaticMesh>
CylinderAsset(TEXT("StaticMesh'/Game/StarterContent/Shapes/Shape_Cylinder.
Shape_Cylinder'"));          //直接定义静态网格体资源
    if (CylinderAsset.Succeeded()){                          //判断是否可用
    StaticMesh->SetStaticMesh(CylinderAsset.Object);  //设置静态网格体资源
    StaticMesh->SetRelativeLocation(FVector(0.0f, 0.0f, 0.0f));
    StaticMesh->SetWorldScale3D(FVector(1.f));
    }
}
```

其中，TEXT（""）中的内容需要手动去内容浏览器中复制对应静态网格体资源的引用，如图 5.23 所示。

图 5.23　复制静态网格体资源的引用

创建 SphereActor 也是同样的道理，但在本案例中不做硬性要求。

（2）编写程序实现以上内容。

在 SphereActor 中引用 CylinderActor 头文件。

```
#include "CylinderActor.h"
```

在 BeginPlay 函数中写入如下代码。

```
FVector SpawnLocation = GetActorLocation();     //获取 Actor 位置
FRotator SpawnRotation = GetActorRotation();    //获取 Actor 旋转
for(int i = 0; i < 5; i++){
        SpawnLocation.Y += 100;//将 Actor 位置的 Y 轴加 100 个单位
        GetWorld()->SpawnActor<ACylinderActor>(SpawnLocation,
SpawnRotation);             //使用 SpawnActor 生成 Cylinder
    }
```

（3）生成解决方案，编译该项目并在关卡中运行。

文件 CylinderActor.h 的完整代码如下。

```
#include "CoreMinimal.h"
#include "GameFramework/Actor.h"
#include "CylinderActor.generated.h"

UCLASS()
class PARTTHREE_API ACylinderActor : public AActor{
  GENERATED_BODY()
  public:
    ACylinderActor();
    UPROPERTY(VisibleAnywhere, BlueprintReadWrite, Category = "Actor
MeshComponents")
    UStaticMeshComponent* StaticMesh;
  protected:
    virtual void BeginPlay() override;
```

```
   public:
       virtual void Tick(float DeltaTime) override;
   };
```

文件 CylinderActor.cpp 的完整代码如下。

```
#include "CylinderActor.h"
ACylinderActor::ACylinderActor(){
   PrimaryActorTick.bCanEverTick = true;

   StaticMesh = CreateDefaultSubobject<UStaticMeshComponent>(TEXT("Cust
omStaticMesh"));
       static ConstructorHelpers::FObjectFinder<UStaticMesh> CylinderAsset
(TEXT("StaticMesh'/Game/StarterContent/Shapes/Shape_Cylinder.Shape_
Cylinder'"));
       if(CylinderAsset.Succeeded()){
       StaticMesh->SetStaticMesh(CylinderAsset.Object);
       StaticMesh->SetRelativeLocation(FVector(0.0f, 0.0f, 0.0f));
       StaticMesh->SetWorldScale3D(FVector(1.f));
   }
}
void ACylinderActor::BeginPlay(){
   Super::BeginPlay();
}
void ACylinderActor::Tick(float DeltaTime){
   Super::Tick(DeltaTime);
}
```

文件 SphereActor.h 的完整代码如下。

```
#include "CoreMinimal.h"
#include "GameFramework/Actor.h"
#include "SphereActor.generated.h"
UCLASS()
class PARTTHREE_API ASphereActor : public AActor{
   GENERATED_BODY()
   public:
       ASphereActor();
       UPROPERTY(VisibleAnywhere, BlueprintReadWrite, Category =
"ActorMeshComponents")
       UStaticMeshComponent* StaticMesh;
   protected:
       virtual void BeginPlay() override;

   public:
       virtual void Tick(float DeltaTime) override;
};
```

文件 SphereActor.cpp 的完整代码如下。

```
#include "SphereActor.h"
#include "CylinderActor.h"
ASphereActor::ASphereActor()
{
    PrimaryActorTick.bCanEverTick = true;

    StaticMesh = CreateDefaultSubobject<UStaticMeshComponent>(TEXT("Cust
omStaticMesh"));
}
void ASphereActor::BeginPlay(){
        Super::BeginPlay();
        FVector SpawnLocation = GetActorLocation();
        FRotator SpawnRotation = GetActorRotation();
        for (int i = 0; i < 5; i++){
            SpawnLocation.Y += 100;
            GetWorld()->SpawnActor<ACylinderActor>(SpawnLocation, SpawnRotation);
        }
}
void ASphereActor::Tick(float DeltaTime){
        Super::Tick(DeltaTime);
}
```

8. 协同程序和中断

1）基础知识

协程是 C++20 以后支持的新特性，因为 UE 完全支持 C++ 的所有特性，所以也可以使用协程来进行 UE 的程序开发，这将大大提高程序的运行效率。

UE 在 4.22 版本以后添加了切换至 C++ 新标准版的功能。如需修改项目支持的 C++ 标准版本，请在 .target.cs 文件中将 CppStandard 属性设置为表 5.2 给出的值中的一个。

表 5.2　CppStandard 的版本

版　　本	值
C++14	CppStandardVersion.Cpp14
C++17	CppStandardVersion.Cpp17
C++17+	CppStandardVersion.Cpp17+ 对应版本

2）使用方法

若要使用 C++ 20，只需在 .target.cs 文件中加入下面这行代码。

```
CppStandard = CppStandardVersion.Latest;
```

不建议在项目开发中途更换 C++ 标准，最好在项目建立时就确定使用哪个 C++ 标准进行开发。

9. 一些重要的类

1）Actor 类

Actor 类的用法非常灵活多变，能快速生成和销毁，同时还能使用各种不同的组件实现不同的效果，也能在各个 Actor 间进行通信。我们可以对其直接蓝图化，也可以在 C++ 中写好主要功能，再使用蓝图进行可视化调用，提高工作效率，非常方便。

Actor 类创建时默认自带三个函数：构造函数、BeginPlay 函数和 Tick 函数，其中 BeginPlay 函数只在生成时调用一次，Tick 函数则每帧都调用。

2）UObject 类

UObject 是一个比较特殊的类，不能添加组件，不能直接蓝图化，不能添加到场景，而且不自带任何函数，非常"干净"。下面将通过一个小案例来了解 UObject 类的用法。

（1）创建一个 UObject 类并使它能蓝图化。

在 UE 的类向导中勾选所有类，选择 Object 类作为父类，创建一个 MyObject 类。

在 UCLASS 中写入可蓝图化的代码。

```
UCLASS(Blueprintable)
```

现在它可以蓝图化了，再写个简单的打印函数。声明如下代码。

```
UFUNCTION(BlueprintCallable)
        void MyFunction();
void UMyObject::MyFunction(){
        UE_LOG(LogTemp, Warning, TEXT("Hello World!"));
}
```

生成解决方案，编译内容。

（2）在蓝图中使用该类。

在关卡中随机挑选一个 Actor，进入蓝图编辑界面。

如图 5.24 所示，在事件开始运行节点中，从类构建对象中的类（Class）选择 MyObject 的蓝图类，所有者（Outer）选 Actor 自己，并调用 MyFunction 函数。

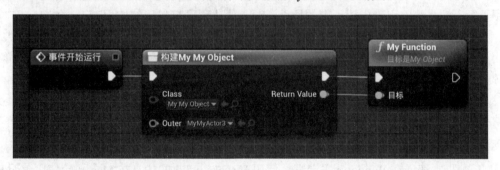

图 5.24　在蓝图中使用 UObject 类

运行关卡后在输出日志中即可看到打印内容，运行成功，如图 5.25 所示。

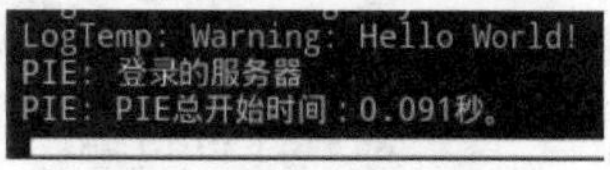

```
LogTemp: Warning: Hello World!
PIE: 登录的服务器
PIE: PIE总开始时间：0.091秒。
```

图 5.25　输出日志

（3）Pawn 类。

Pawn 类包含 Actor 类的所有特征，能使用各种不同的组件实现不同的效果，也能在各个 Actor 间进行通信，还能直接蓝图化，Pawn 类比 Actor 类更高级的一点在于它可以接受玩家或者 AI 的控制。

Actor 类创建时默认自带 4 个函数：除了构造函数、BeginPlay 函数和 Tick 函数，还有一个接受输入的函数 SetupPlayerInputComponent，可以在这个函数下创建事件的绑定。用法如下。

```
PlayerInputComponent->BindAxis("MoveForward", this, &ACreature::
MoveForward);
```

将 MoveForward 函数绑定到一个名为 MoveForward 的操作上。在项目设置的输入/绑定下创建同名绑定即可绑定完成。

（4）Character 类。

Character 是更高一级的 Pawn 类，是一种特殊的、可以行走的 Pawn，自带角色移动组件（CharacterMovementComponent）。其子组件自带骨架网格体、胶囊体、摄像机、弹簧臂角色移动组件，角色移动组件能够使角色在不使用刚体物理学定律的情况下，完成行走、跑动、飞行、坠落和游泳等运动。其为角色特有，无法被任何其他类实现。

与 Pawn 不同的是，角色自带骨架网格组件（SkeletalMeshComponent），可启用使用骨架的高级动画。可以将其他骨架网格体添加到角色派生的类，但这才是与角色相关的主骨架网格体。

CapsuleComponent 组件用于运动碰撞。为了计算角色移动组件的复杂几何体，会假设角色类中的碰撞组件是垂直向的胶囊体。

10. 性能优化

在 UE 中，程序运行上最好的优化就是尽量使用 C++，减少蓝图的使用量。进一步说，程序优化考验的是 C++ 的功底，在编写脚本时，尽量使用时间复杂度和空间复杂度更低的算法，合理地使用内存空间，提高脚本的运行效率。

在程序之外，引擎中的资源尽量要保持简洁，在保证视觉效果的情况下，尽可能多地使用重复资源，删除引擎中用不上的垃圾资源，优化程序打包后的体积。

在资源的使用上，根据当前需求使用合理的资源，例如，在高场景调度的游戏中大量使用高精度模型，会非常影响运行效率，所以不要添加不必要的美术资源，合理使用静态光源，减少系统光线计算，因为这非常"吃"GPU。

总之，要想优化性能，就需要提高程序运行效率，合理使用美术资源，尽量减小不必要的系统开销。

11. 脚本编译

UE 的脚本编译在 Windows 平台默认使用 Visual Studio 2019，在 Mac 平台使用 Xcode，这里仅以 Windows 平台为例。

如图 5.26 所示，在脚本编写完成后，单击顶部菜单栏的"生成"，选择"生成解决方案"，即可对程序进行编译。如果程序中存在错误，Visual Studio 的底栏会有报错提示，只有编译通过后 UE 才会以当前脚本状态运行。

有些时候，虽然程序在语法上没有问题，Visual Studio 不会报错，但逻辑上存在错误，你仍然无法得到想要的结果，甚至一些致命的逻辑错误会引发 UE 崩溃，如死循环。不过，可以通过查 UE 运行日志的方式来寻找程序错误并进行改正。

图 5.26　生成解决方案

5.4　本章小结

本章首先介绍了 UE 中的基础脚本概念。UE 中最基本的三个类 Actor、Pawn 和 Character，通过合理地使用这三种类，可以很好地控制和实现所需功能。5.2 简单说明了 C++ 脚本的使用注意事项，一定要牢记这些注意事项，避免错误的开发流程。

本章着重介绍了一些基础语法，不仅有文字描述，还有代码示例。读者在学习这部分内容的时候，建议跟随书中的步骤实现每一个基础语法范例。在编写代码时，笔者建议边思考边编写，尝试着去搜索和修改，这样可以加深理解。

C++ 脚本知识是 UE 开发的基础，本章是本书的重点内容之一，读者应认真学习，掌握初步的开发技能。

第 **6** 章

Gameplay 框架

学习目标

- 熟悉 Gameplay 的基本架构。
- 熟悉 Gameplay 的基本的类的职责和作用。
- 熟悉游戏逻辑的合理安排。

6.1　Gameplay 简介

1. Gameplay 是什么

Gameplay 是 Unreal Engine 中提供的一个游戏逻辑层面的顶层框架，绝大多数游戏引擎中都不会提供这类框架。简单来说，假如能利用一些基础类，并且遵循特定规范，就能很容易获得一些很赞的功能，否则实现起来可能要花费很多时间，而且很困难，或者很难改造，比如完整的多人游戏支持。

2. 框架主要类的关系

图 6.1 说明了这些 Gameplay 类是如何相互关联的。游戏由游戏模式（Game Mode）和游戏状态（Game State）组成。加入游戏的人类玩家与玩家控制器（Player Controller）相关联。这些玩家控制器允许玩家在游戏中拥有 Pawn，这样它们就可以在关卡中拥有物理代表。玩家控制器还向玩家提供输入控制（Input）、抬头显示（HUD），以及用于处理摄像机视图的玩家摄像机管理器（Player Camera Manager）。

3. 游戏流程详解

1）Standalone

在 Standalone 模式中（在编辑器外进行的游戏使用该模式），UE 启动和初始化之后将立即对进行游戏所需的对象进行创建和初始化。诸如 GameInstance 之类的对象在 UE 启用之前被创建和初始化（与创建和初始化 UE 不同）。UE 的启动函数被调用后，将立即加载初始地图。关卡创建适当的 Game Mode 和 Game State，然后创建其他 Actors 后，游戏进程便正式开始。

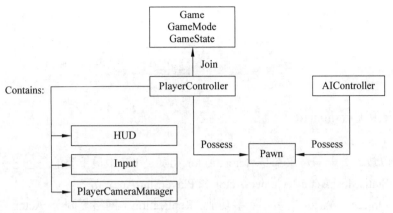

图 6.1　Gameplay 框架中类的关系

2）编辑器模式

编辑器模式由 Play In Editor 和 Simulate In Editor 使用，流程完全不同。引擎立即初始化并启动，因为需要它运行编辑器，但诸如 GameInstance 之类对象的创建和初始化将被延迟，直到玩家按下按钮启动 PIE 或 SIE 会话。此外，关卡中的 Actors 将被复制，使游戏中的变更不影响编辑器中的关卡，每个对象（包括 GameInstance）均有每个 PIE 实例的单独副本。在 UWorld 类中游戏进程开始时，编辑器路径和 Standalone 路径再次结合。两种模式的游戏流程如图 6.2 所示。

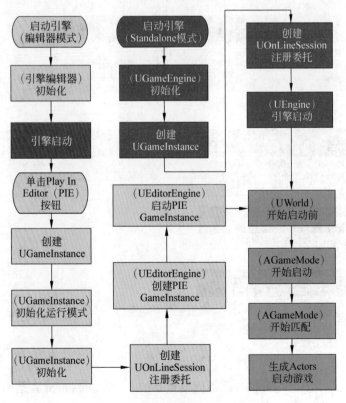

图 6.2　两种模式的游戏流程

6.2 基 础 类

1. Actor 和 Component

1）Actor

所有可以放入关卡的对象都是 Actor，Actor 无疑是 UE 中最重要的角色之一，组织庞大，最常见的有 StaticMeshActor、CameraActor 和 PlayerStartActor 等。

继承自 Object 的 Actor 也多了一些功能：Replication（网络复制）。Actor 之间还可以互相"嵌套"，拥有相对的"父子"关系，具备接收处理 Input 事件的能力。

2）Component

Actor 只提供一些通用的基本能力，UE 把众多的"技能"抽象成了一个个组件（Component）并提供封装的接口，如图 6.3 所示。

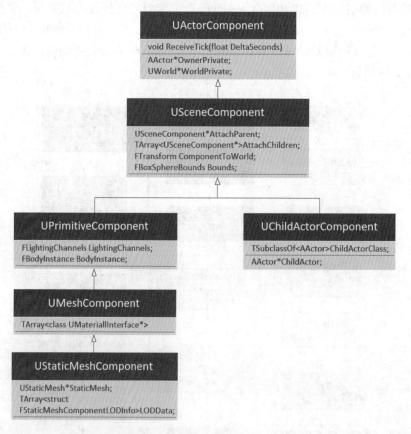

图 6.3　UActor 相关类之间的关系

如图 6.4 所示，Actor Component 下面最重要的一个 Component 就是 Scene Component。Scene Component 提供了两大能力：一是 Transform，二是 Scene Component 的互相嵌套。

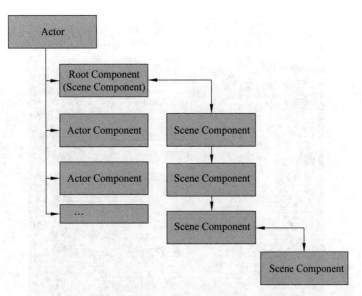

图 6.4　Actor 下 Component 的关系

2. Level 和 World

1）Level

（1）*.map 文件为 ULevel 类，ULevel 类继承自 UObject 类。

（2）ULevel 相关类之间的关系如图 6.5 所示。

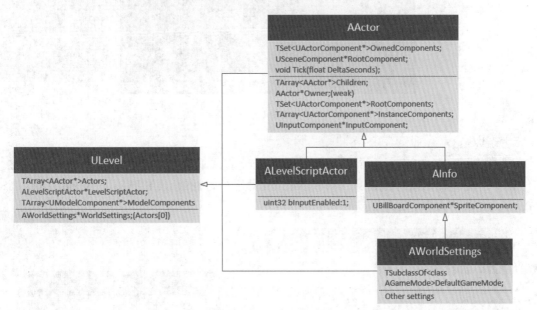

图 6.5　ULevel 相关类之间的关系

ULevel 类自带了一个 ALevelScriptActor 类，即关卡蓝图，关卡蓝图里可以编写脚本。

（3）ULevel 里有一个继承自 AInfo 的类 AWorldSettings，AWorldSettings 记录着 ULevel 的各种规则属性，如 GameMode、光照信息等，如图 6.6 所示。

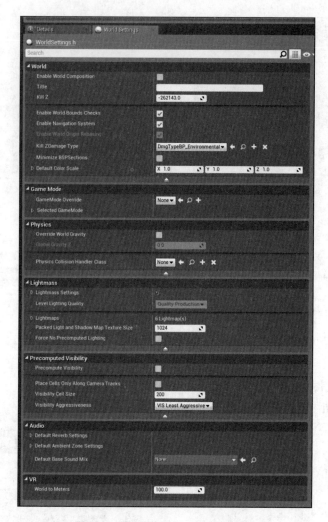

图 6.6　AWorldSettings 的规则属性

2）World

（1）一个 World 里有多个 Level，如图 6.7 所示。开发者可以控制这些 Level 在什么位置，是在一开始就加载进来，还是 Streaming 运行时加载。UE 里每个 World 支持一个 PersistentLevel 和多个其他 Level。

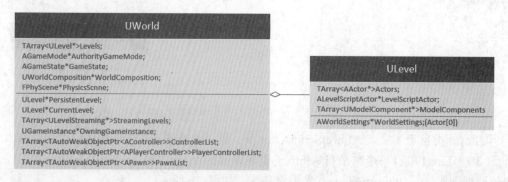

图 6.7　UWorld 相关类之间的关系

（2）Persistent 指的是一开始就加载进 World，Streaming 则是后续动态加载。UWorld 的数组 Levels 中保存着所有当前已经加载的 Level，StreamingLevels 保存整个 World 的 Levels 配置列表。PersistentLevel 和 CurrentLevel 只是快速引用。在编辑器里编辑时，CurrentLevel 可以指向其他 Level，但运行时 CurrentLevel 只能是指向 PersistentLevel。

（3）同一个 UWorld 里的不同 Level 共享同一个 PhysicsScene（物理场景），如碰撞等。

（4）同一个 UWorld 里的不同 Level 分别保存了各自的 Actors，而非由 World 统一管理，这样做的坏处是无法整体处理 Actors 的作用范围和判定问题，多了拼接导航等步骤；好处是动态加载和释放 Level 时，不会产生较大的计算损耗。UE 设置的方法是尽量地把损耗平摊，不会因为产生比较大的帧率波动而让玩家感觉到卡顿。

3）WorldContext

（1）UE 用来管理和跟踪 World 的工具就是 WorldContext。一般来说，对于独立运行的游戏，WorldContext 只有单独一个。而对于编辑器模式，则是一个 WorldContext 给编辑器，一个 WorldContext 给 PIE（Play In Editor）的 World。

（2）UE 里的 World 可以有多个，如编辑器本身也是一个 World，里面显示的游戏场景也是一个 World，这两个 World 互相协作构成了用户的编辑体验。然后单击播放时，UE 又可以生成新的类型 World 来测试。

（3）UE 里 World 的类型。

```
namespace EworldType{
    enum Type{
        None,          //一个未定型的世界
        Game,          //游戏世界
        Editor,        //在编辑中编辑的世界
        PIE,           //在 PIE 模式下
        preview,       //编辑器工具的预览世界
        Inactive       //已加载但当前未在关卡编辑器编辑的编辑世界
    };
}
```

6.3 GameInstance 和 Engine 类

1. GameInstance

（1）GameInstance 是比 World 更高的层次，GameInstance 里会保存着当前的 World Conext 和其他整个游戏的信息，如图 6.8 所示。

（2）独立于 Level 的逻辑或数据要在 GameInstance 中存储。

（3）UE 还不支持同时运行多个 World（当前只能有 World 在运行一个，但可以在不同的 World 之间切换），所以 GameInstance 其实也是唯一的。不管 Level 怎么切换，Game Instance 都是存在的。

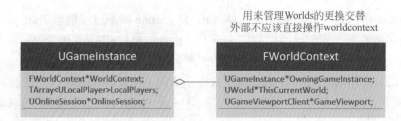

图 6.8　GameInstance 类的关系

2. Engine

（1）UEngine 分化出了两个子类：UGameEngine 和 UEditorEngine，如图 6.9 所示。

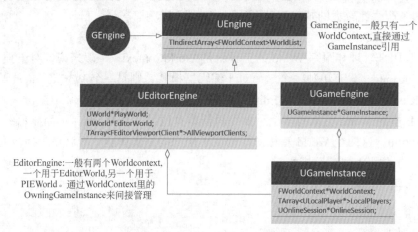

图 6.9　UEngine 两个子类关系

（2）Standlone Game：会使用 UGameEngine 来创建唯一的 GameWorld，因为 GameWorld 也只有一个，所以为了方便起见，直接保存 GameInstance 指针。

（3）而对于编辑器来说，EditorWorld 其实只是用来预览，所以并不拥有OwningGameInstance，而 PlayWorld 里的 OwningGameInstance 才间接保存了 GameInstance。

3. GameplayStatics

（1）这个类比较简单，相当于一个 C++ 的静态类，只为蓝图暴露提供了一些静态方法。

（2）在蓝图里见到的 GetPlayerController、SpawActor 和 OpenLevel 等都是来自这个类的接口。

6.4　Pawn 和 Character

1. Pawn

Pawn 是可由玩家或 AI 控制的所有 Actor 的基类，是玩家或 AI 实体在游戏场景中的具化体现。Pawn 继承自 Actor，并在 Actor 的基础上新定义了 3 个基本的模板方法接口。

Pawn 实现的是"可被控制"的概念。

（1）可被 Controller 控制，即可以加入 AIController，通过行为树来控制 Actor。

（2）PhysicsCollision，碰撞设置的物理表示。

（3）MovementInput 的基本响应接口。

2. Charactor

Pawn 派生出的 3 个重要类 DefaultPawn、SpectatorPawn、Character，如图 6.10 所示。

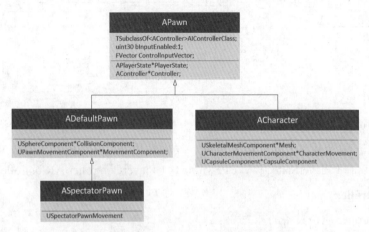

图 6.10　Pawn 派生出的 3 个类的关系

1）DefaultPawn

DefaultPawn 里默认带 Pawn 移动组件（DefaultPawnMovementComponent）、球形碰撞组件（Spherical CollisionComponent）和静态网格组件（StaticMeshComponent）。

2）SpectatorPawn

SpectatorPawn 提供了一个基本的 USpectatorPawnMovement（不带重力漫游），并关闭了 StaticMesh 的显示，碰撞也设置到了 Spectator 通道；用来提供某些游戏里的解说视角，即可以不显示玩家角色，但玩家可以通过控制摄像机观察整个游戏世界。

3）Character

Character 可以理解为一个人形的 Pawn，在 Pawn 的基础上新增了像人一样行走的 CharacterMovementComponent（移动组件）、CapsuleComponent（胶囊体组件），以及 mesh（骨骼上蒙皮的网格）。一般来说，如果控制的角色是人形且带骨骼的，那就选择 Character。

6.5　Controller

1. MVC 模式

M 即 model（模型），是指模型表示业务规则。模型与数据格式无关，模型能为多个视图提供数据，由于应用于模型的代码只需写一次就可以被多个视图重用，所以减少了代码的重复性。

V 即 View（视图），是指用户看到并与之交互的界面。MVC 的好处之一在于它能为应用程序处理很多不同的视图。

C 即 controller（控制器），是指控制器接受用户的输入并调用模型和视图去完成用户的需求。它只是接收请求并决定调用哪个模型构件去处理请求，然后再确定用哪个视图来显示返回的数据，三者的关系如图 6.11 所示。

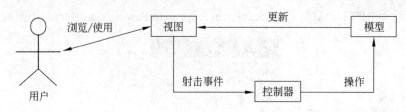

图 6.11　MVC 模式

对于简单的游戏或 UE 来说，有时并不需要把这三者分得很清。只有当项目功能变得复杂后，将这三者分开才会让代码更清晰，复用性更好。在 UE 中，根据 MVC 模式将角色的功能分开：M（PlayerState）、V（Pawn）、C（PlayerController/AIController）。

2. AController

1）AController 应该具备的能力

（1）能够和 Pawn 对应起来，需要一个和 Pawn 关联的机制。

（2）具备多个控制实例，在需要时，可以克隆出多个实例；具备多个运行实例，彼此算法一样，但互不干扰。

（3）可挂载释放，可以选择控制当前的 PawnA，也可以选择之后把它释放掉不再控制，然后再控制 PawnB，拥有灵活的运行时增删控制 Pawn 的能力。

（4）能够脱离 Pawn 而存在。就算当前没有任何 Pawn 可控制，也可以继续存在，这样就可以延时动态地选择 Pawn 对象。

（5）操纵 Pawn 生成和释放的能力。当世界里没有 Pawn 可控制时，可以自己造一个出来。如果控制实体不在了，可以选择是否释放 Pawn。

（6）根据配置自动生成。

（7）事件响应。游戏事件中，一些控制器关心的事件应该能够传到控制器那里。控制器可以酌情选择是否对这些事件进行处理。同样，Pawn 也可以向控制器发送事件。

（8）拥有一定的扩展继承组合能力，能够通过继承或添加组件来扩展功能。

（9）可同步，能适应网络环境。位于服务器或客户端上也必须有能力将自己同步到其他客户端上，让其他客户端的行动步伐一致。

基于以上需求，在 UE 中，AController 继承了 Actor，如图 6.12 所示。

2）写在 Controller 里面的逻辑

（1）从概念上，Pawn 本身表示的是一个"能动"的概念，重点在于"能"。而 Controller 代表的是动到"哪里"的概念，重点在于"方向"。所以，如果涉及的是一些 Pawn 本身固有的能力逻辑，如前进后退、播放动画、碰撞检测之类的，就完全可以在 Pawn 内实现。而对于一些可替换的逻辑，或者智能决策的，就应该归 Controller 管。

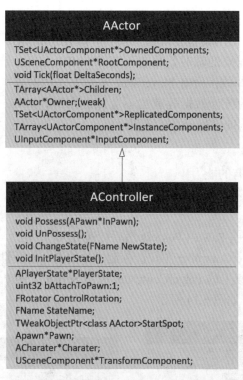

图 6.12 AController 继承自 Actor 的关系图

（2）从对应关系上来说，如果一个逻辑只属于某一类 Pawn，那么其实放进 Pawn 内也挺好。而如果一个逻辑可以应用于多个 Pawn，那么放进 Controller 就可以组合应用了。举个例子，在战争游戏中，假设有坦克和卡车两种战车（Pawn），只有坦克可以开炮，那么开炮这个功能就可以直接实现在坦克 Pawn 上。而这两辆战车都有的自动寻找攻击目标的功能，就可以在一个 Controller 里实现。

（3）从存在性来说，Controller 的生命期比 Pawn 要长一些，比如游戏中常用的玩家死亡后又复活的功能。Pawn 死亡后，这个 Pawn 就被摧毁了，即使之后再创建出来一个新的，但是 Pawn 身上保存的变量状态都已经被重置了。所以对于那些需要在 Pawn 之外还要持续存在的逻辑和状态，放进 Controller 中是更好的选择。

3. APlayerState

PlayerState 表示的是玩家的游戏数据，其继承体系如图 6.13 所示。

（1）APlayerState 是派生自 AActor 的 AInfo 的子类，可以通过在 GameMode 中配置的 PlayerStateClass 自动生成。

（2）APlayerState 跟 Pawn 和 Controller 是平级关系，Controller 只不过保存了一个指针引用。PlayerState 只为玩家存在，不为 NPC 生成，当前游戏有多少个真正的玩家，就会有多少个 PlayerState，AI 控制的 NPC 因为不是真正的玩家，所以没有 PlayerState。

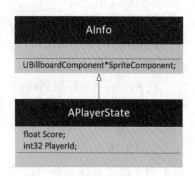

图 6.13 PlayerState 的继承体系

（3）应该放在 PlayerState 里面的数据。从应用范围来说，PlayerState 表示的是玩家的游戏数据，所以那些关卡内的其他游戏数据就不应该放进来（GameState 是个好选择）。另外，Controller 本身运行需要的临时数据也不应该归 PlayerState 管理。当玩家在切换关卡时，APlayerState 也会被释放，所有 PlayerState 实际上表达的是当前关卡的玩家得分等数据。所以，那些跨关卡的统计数据等就也不应该放在 PlayerState 中了，应该放在外面的GameInstance 中，然后用 SaveGame 保存起来。

4. APlayerController

1）Controller 应该拥有的能力

（1）需要能看见（拥有 Camera 和位置）。

（2）必须能响应输入。

（3）根据输入操控一些 Pawn（Possess 然后传递 Input）。

（4）网络游戏中 PlayerController 不仅能控制本地的 Pawn，而且能"控制"远程的 Pawn（实际上，这是通过 Server 上的 PlayerController 控制 Server 上的 Pawn，然后再复制到远程机器上的 Pawn 实现的），如图 6.14 所示。

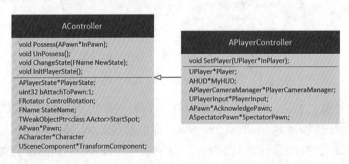

图 6.14　PlayerController 与 Controller 的关系

2）Camera 管理

Camera 的管理，目的都是为了控制玩家的视角，所以有了 PlayerCameraManager 这一个关联很紧密的摄像机管理类，用来方便切换摄像机。PlayerController 的 ControlRotation、ViewTarget 等也都是为了更新 Camera 的位置。因为跟 Camera 的关系紧密，而 Camera 最后输出的是屏幕坐标里的图像，所以为了方便，拾取的 HitResult 函数也都是实现在这里面。

3）Input 系统

包括构建 InputStack 用来路由输入事件，也包括了自己对输入事件的处理。所以包含了 UPlayerInput 来委托处理。

4）UPlayer 关联

既然顾名思义是 PlayerController，那么自然要和 Player 对应起来，这也是 PlayerController 最核心的部分。一个 UPlayer 可以是本地的 LocalPlayer，也可以是一个网络控制 UNetConnection。PlayerController 只有在 SetPlayer 之后，才可以开始正常工作。

5）HUD 显示

用于在当前控制器的摄像机面前一直显示一些 UI，这是从 UE3 迁移过来的组件。现在用 UMG 的比较多，等介绍 UI 模块的时候再详细介绍。

6）Level 切换

World 的切换更加合适可以通过重载 GameMode 和 PlayerController 的 GetSeamlessTravelActorList 方法和 GetSeamlessTravelActorList，来指定哪些 Actors 不被释放而进入下一个 World 的 Level。

7）Voice

Voice 是为了方便网络中语音聊天的一些控制函数。

5. AAIController

AI 和 Player 的区别是它不需要接收玩家的控制，可以自行决策行动。

（1）同 PlayerController 对比，少了 Camera、Input、UPlayer 关联、HUD 显示、Voice、Level 切换接口，但也增加了一些 AI 需要的组件。

① Navigation，用于智能根据导航寻路，其中常用的 MoveTo 接口就是做这件事情的。而在移动的过程中，因为少了玩家控制的来转向，所以多了一个 SetFocus 来控制当前的 Pawn 视角朝向哪个位置。

② AI 组件，运行启动行为树，使用黑板数据，探索周围环境。

③ Task 系统，让 AI 去完成一些任务。

（2）AIController 也只存在于 Server 上（单机游戏也可看作 Server）。游戏里必须有玩家参与，而 AI 可以没有，所以 AIController 并不一定会存在。可以在 Pawn 上配置 AIControllerClass，在该 Pawn 产生的时候自动为它分配一个 AIController，之后自动释放。

6. Component-Actor-Pawn-Controller 的关系

Component-Actor-Pawn-Controller 的关系，如图 6.15 所示。

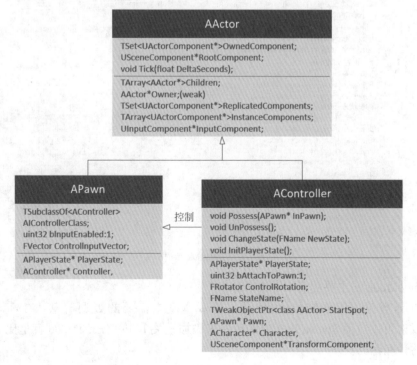

图 6.15　Component-Actor-Pawn-Controller 的关系

UE 采用了分化 Actor 的思维创建出 AController 来控制多个 APawn，因为玩家玩游戏也都是通过控制游戏里的一个化身来行动的，所以 UE 抽象总结分化了一 APlayerController 来上接 Player 的输入，下承 Pawn 的控制。对于那些自治的 AI 实体，UE 给予了同样的尊重，创建出 AIController，包含了一些方便的 AI 组件来实现游戏逻辑。并利用 PlayerState 来存储状态数据，支持在网络间同步。

6.6　GameMode 和 GameState

1. GameMode

1）GameMode 体系

游戏是由一个个 World 组成的，World 又是由 Level 组成的，World 层面也采用类似 MVC 的思想：M(GameState)、V（Level）、C（GameMode）。一个 World 就是一个 Game，一种玩法就是一个 GameMode。GameMode 的体系如图 6.16 所示。

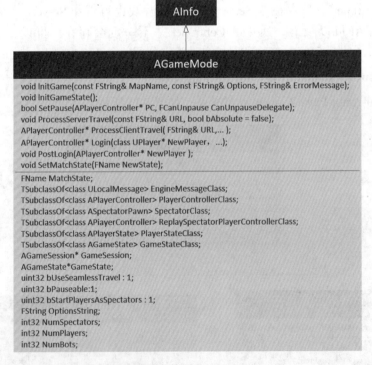

图 6.16　GameMode 体系

2）GameMode 的主要功能

（1）Class 登记。GameMode 中登记了游戏里基本需要的类型信息，在需要时通过 UClass 的反射可以自动 Spawn 出相应的对象来添加进关卡中。GameMode 就是比 Controller 更高一级的管理者。

（2）游戏内实体的 Spawn。它包括玩家 Pawn 和 PlayerController，AIController 也都由 GameMode 负责。最主要的 SpawnDefaultPawnFor、SpawnPlayerController、ShouldSpawnAtStartSpot 这一系列函数都是在接管玩家实体的生成和释放。玩家进入该游戏的过程叫作 Login（和服务器统一）。这些函数也负责玩家进来后在什么位置等实体管理的工作。GameMode 也控制着本场游戏支持的玩家、旁观者和 AI 实体的数目。

（3）游戏的进度。游戏是否支持暂停、怎样重启等这些涉及游戏内状态的操作也都由 GameMode 负责处理，通过 SetPause、ResartPlayer 等函数可以控制相应的逻辑。

（4）Level 的切换。或者更恰当地说，是 World 的切换。GameMode 也决定了刚进入一场游戏的时候是否应该开始播放开场动画（cinematic），也决定了当要切换到下一个关卡时是否要无缝过渡（bUseSeamlessTrave），一旦开启后，可以重载 GameMode 和 PlayerController 的 GetSeamlessTravelActorList 方法和 GetSeamlessTravelActorList 来指定哪些 Actors 不被释放而进入下一个 World 的 Level。

（5）多人游戏的步调同步。在多人游戏的时候，常常需要等所有加入的玩家连上之后，载入地图完毕后才能一起开始执行游戏逻辑。因此，UE 提供了一个 MatchState 来指定一场游戏运行的状态，就是用了一个状态机来标记开始和结束的状态，并触发各种回调。

3）放在 GameMode 中的逻辑

（1）Level 是表示，World 是逻辑，一个 World 如果有很多个 Level 拼在一起，那么也就有了很多个 LevelScriptActor。我们无法想象在那么多个地方写一个完整的游戏逻辑。所以 GameMode 应该专注于逻辑的实现，而 LevelScriptActor 应该专注于本 Level 的表示逻辑，如改变 Level 内某些 Actor 的运动轨迹，或者某一个区域的重力，或者触发一段特效或动画。而 GameMode 应该专注于玩法，如胜利条件、怪物刷新等。

（2）和 Controller 应用到 Pawn 一样，因为 GameMode 是可以应用在不同的 Level 的，所以通用的玩法应该放在 GameMode 中。

（3）跟下层的 PlayerController 比较，GameMode 关心的是构建一个游戏本身的玩法，PlayerController 关心的是玩家的行为。

（4）跟上层的 GameInstance 比较。GameInstance 关注的是更高层的不同 World 之间的逻辑。因此可以把不同 GameMode 之间协调的工作交给 GameInstance，而 GameMode 只专注自己的玩法世界。

2. GameState

对于一场游戏，也需要一个 State 来保存当前游戏的状态数据，如任务数据等。跟 APlayerState 一样，GameState 也选择继承 AInfo（见图 6.17）。这样在网络环境中，GameState 就可以被复制到多个客户端上面。

开发者可以自定义 GameState 子类来存储本 GameMode 运行过程中产生的数据，即那些想要复制的数据。如果想要存储 GameMode 游戏运行

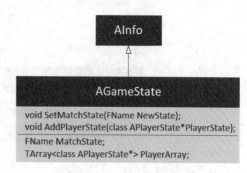

图 6.17　GameState 的内容

的一些数据，又不希望被所有客户端看到，则也可以将数据写在 GameMode 的成员变量中。

3. 总结

关于怎样协调好整个场景的表现（LevelBlueprint）和游戏玩法的编写（GameMode），UE 再次用 Actor 分化派生的思想，如图 6.18 所示。用同样套路的 AGameMode 和 AGameState 支持了玩法和表现的解耦分离和自由组合，并很好地实现了网络间状态的同步。同时，UE 提供了一个逻辑的实体来负责创建关系内那些关键的 Pawn 和 Controller，在关卡切换（World）的时候，由一个对象来处理一些本游戏的特定情况。

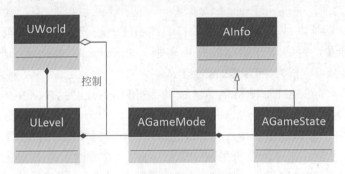

图 6.18　UE 中各类的关系

6.7　GameInstance

1. GameInstance

UE 提供了一个 GameInstance 类。为了获得 UObject 的反射创建能力，直接继承了 UObject（见图 6.19），这样就可以依据一个 Class 直接动态创建出具体的 GameInstance 子类。

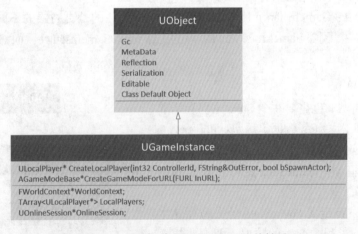

图 6.19　UObject 与 GameInstance 的关系

1）GameInstance 的主要功能

GameInstance 是在 World 上层的类，主要具有以下功能。

（1）UE 的初始化加载，Init 和 ShutDown 等。

（2）Player 的创建，如 CreateLocalPlayer、GetLocalPlayers 等的创建。

（3）GameMode 的重载修改，从 UE4.14 引入，到现在依然保留此功能，本来只能为特定的某个 Map 配置好 GameModeClass，但是现在 GameInstance 允许重载它的 PreloadContentForURL、CreateGameModeForURL 和 OverrideGameModeClass 方法来改变这一流程。

（4）OnlineSession 的管理。这部分逻辑与网络的机制有关（稍后再详细介绍），目前可以将它简单理解为有一个网络会话的管理辅助控制类。

2）应该放在 GameInstance 中的逻辑

（1）Worlds。Level 切换的实际发生地是 Engine，GameInstance 也可以代为管理 World 的切换等。可以在 GameInstance 里实现各种逻辑，最后调用 Engine 的 OpenLevel 等接口。

（2）Players。虽然一般来说直接控制 Players 的机会不多，都是事先配置好的。但在需要时，GameInstance 也实现了许多的接口，可以动态地添加删除 Players。

（3）UI。UE 的 UI 是 World 之外的另一套系统，虽然同属于 Viewport 的显示之下，但是控制结构跟 Actor 并不一样，所以常常会需要控制 UI 各种切换的业务逻辑。虽然在 Widget 的 Graph 中也可以简单地切换，但要想复用某些切换逻辑，在特定的 Widget 里就不合适了。而 GameMode 一方面局限于 Level，另一方面又只存在于 Server；PlayerController 也是会切换的，同时又只存在于 World 中，所以最后比较合适的就剩下 GameInstance 了，当然以后有可能会扩展出 UI 的业务逻辑 Manger 类。

（4）全局的配置。根据不同平台的需要，可能常常会改变一些游戏的配置，执行一些控制台命令。GameInstance 也是这些命令的存放地。

（5）游戏的额外第三方逻辑。游戏可能需要其他一些控制，如自己写的网络通信、自定义的配置文件或者自己的一些程序算法等。如果简单，可以放 GameInstance，而一旦复杂起来了，也可以把 GameInstance 当作一个模块容器，可以在其中再扩展其他子逻辑模块。当然，如果是插件，最好还是在自己的插件模块里面自行管理逻辑，然后把协调工作交给 GameInstance 来做。

2. SaveGame

UE 中的 SaveGame 主要用于处理玩家存档工作。得益于 UObject 的序列化机制，只需要继承 USaveGame，并添加需要的属性字段，这个结构就可以序列化保存下来。玩家存档也是游戏中的一个常见功能。UE 在蓝图里提供了 SaveGame 的统一接口。

SaveGame 类的声明如下。

```
UCLASS(abstract, Blueprintable, BlueprintType)
class ENGINE_API USaveGame : public uobject{
/*
*@see UGameplayStatics::createSaveGameObject
*@see UGameplayStatics::SaveGameToslot
*@see UGameplayStatics::DoesSaveGameExist
*@see UGameplayStatics::LoadGameFromSlot
*@see UGameplayStatics::DeleteGameInSlot
```

```
*/
GENERATED_UCLASS_BODY()
};
```

UGameplayStatics 作为暴露给蓝图的接口实现部分，内部的实现如图 6.20 所示。

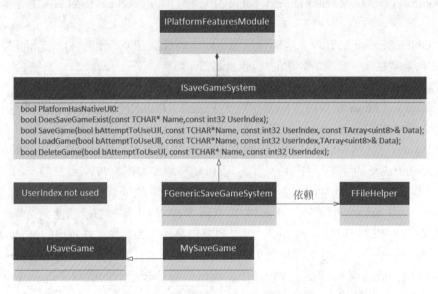

图 6.20　UGameplayStatics 暴露的接口

6.8　Gameplay 框架总结

1. 游戏世界

（1）在游戏世界中，万物皆为 Actor。Actor 再通过 Component 组装功能。Actor 还可以通过 UChildActorComponent 实现 Actor 之间的父子嵌套，如图 6.4 所示。

（2）众多的各种 Actor 子类又组装成了 Level，如图 6.21 所示。

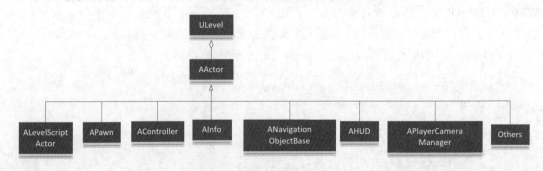

图 6.21　Actor 与 Level 的关系

（3）一个个 Level 又进一步组装成了 World，如图 6.22 所示。

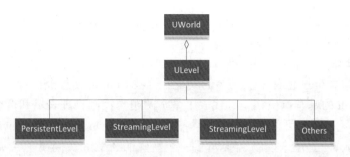

图 6.22　World 与 Level 的关系

（4）World 允许多个 Level 以静态的方式，通过位置摆放在游戏世界中，也允许运行时动态加载关卡。对于 World 之间的切换，UE 用了一个 WorldContext 来保存切换的过程信息。玩家在切换 PersistentLevel 时，实际上就相当于切换了一个 World。而再往上，就是整个游戏唯一的 GameInstance，由 Engine 对象管理，如图 6.23 所示。

2. 数据和逻辑

说完游戏世界的结构组成，那么对于一个 Gameplay 框架而言，自然需要与其配套的业务逻辑架构。Gameplay 架构的后半部分就自底向上地逐一分析了各个层次的逻辑载体，按照 MVC 的思想，可以把整个游戏的 Gameplay 分为三大部分：数据（Model）、表现（View）、逻辑（Controller），如图 6.24 所示。

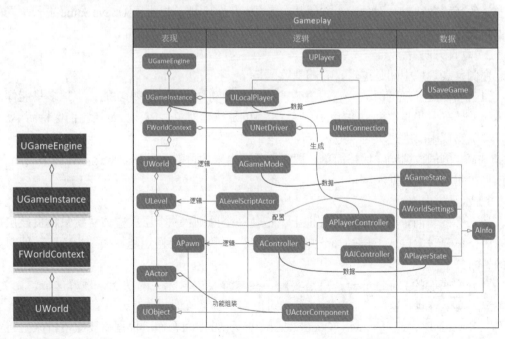

图 6.23　World 之上的
层级关系

图 6.24　Gameplay 的三个部分

1）类图左侧

最左侧的是已经讨论过的游戏世界表现部分，从最根源的 UObject 和 Actor，一直到 UGameEngine，不断地组合，形成丰富的游戏世界的各种对象。

（1）从 UObject 派生的 AActor，拥有了 UObject 的反射序列化网络同步等功能，同时又通过各种 Component 来组装不同组件。

（2）AActor 中一些需要逻辑控制的成员分化出了 APawn。Pawn 就像是棋盘上的棋子，或者是战场中的兵卒。它有 3 个基本的功能：可被 Controller 控制、PhysicsCollision 表示和 MovementInput 的基本响应接口，代表了基本的逻辑控制物理表示和行走功能。根据这 3 个功能的定制化不同，可以派生出不同功能的 DefaultPawn、SpectatorPawn 和 Character。

（3）AController 是用来控制 APawn 的一个特殊的 AActor。同属于 AActor 的设计，可以让 Controller 获得 AActor 的基本能力，而和 APawn 分离又可以通过组合来获得更大的灵活性，把表示和逻辑分开，独立变化。而 AController 又根据用法和适用对象的不同，分化出了 APlayerController 来充当本地玩家的控制器，AAIController 就充当了 NPC 的 AI 智能。数据配套的就是 APlayerState，可以充当 AController 的可网络复制的状态。

（4）到了 Level 这一层，UE 提供了 ALevelScriptActor（关卡蓝图），当作关卡静态性的逻辑载体。而对于一场游戏或世界的规则，UE 提供的 AGameMode 就只是一个虚拟的逻辑载体，可以通过 PersistentLevel 上的 AWorldSettings 上的配置创建出具体的 AGameMode 子类。AGameMode 同时也负责在具体的 Level 中创建其他 Pawn 和 PlayerController。在 Level 的切换时，AGameMode 也负责协调 Actor 的迁移。AGameMode 配套的数据对象是 AGameState。

（5）所有表示和逻辑汇集到一起，形成了全局唯一的 UGameInstance 对象，代表着整个游戏的开始和结束。同时为了方便开发者进行玩家存档，提供了 USaveGame 进行全局的数据配套。

2）垂直方向看

左侧是表现，中间是逻辑，右侧是数据。

（1）当谈到表现的时候，它可以带一些基本的动画，再多一些功能，但顶多只能像一个木偶，具有一些非常机械原始的行为。左侧的那一串对象，应该尽量让它们保持简单。

（2）实现中间的逻辑时，应该专注于逻辑本身。

（3）右侧的数据同样保持简单。把它们分离出来的目的就是独立变化和在网络间同步，应该只在此放置纯数据。

3）水平方向看

从水平的切面上看，依次自底向上，记住一个原则：一个层次应该尽量只负责该层次的东西，不要对上层或下层的细节知道得太多，也尽量不要逾矩越权去"指挥"其他对象里的"内务事"。

（1）最底层的 Component，只是实现一些与游戏逻辑无关的功能。理解这个"无关"是关键。换个游戏，这些 Component 依然可以用，就是所谓的游戏无关。

（2）Actor 层，通过 Pawn、Controller 和 PlayerState 的合作，根据需要旗下再派生特定的 Character、PlayerController、AIController。这一层所做的事，就是为了让 Actor 显得更加智能。换句话说，这些智能的 Actor 组合，理论上可以在任何一个 Level 中使用。

（3）Level 和 World 层。制定好游戏规则，赋予这一场游戏的意义，是 GameMode 最重要的职责。注意两点：一是一旦开始联机环境了，GameMode 就升职到 Server 里去了，Client 就没有了，所以 GameMode 一般是处理客户端的重要事务；二是 GameState 表示的是

一场游戏的数据，而 PlayerState 是表示 Controller 的数据，对象和范围都不同，不要混淆。

（4）GameInstance 层。 GameInstance 作为全局的唯一逻辑对象，GameInstance 应该只尽量做一些 Level 之间的协调工作。而 SaveGame 也应该尽量只保存游戏持久的数据。

3. 整体类图

整体类图如图 6.25 所示。

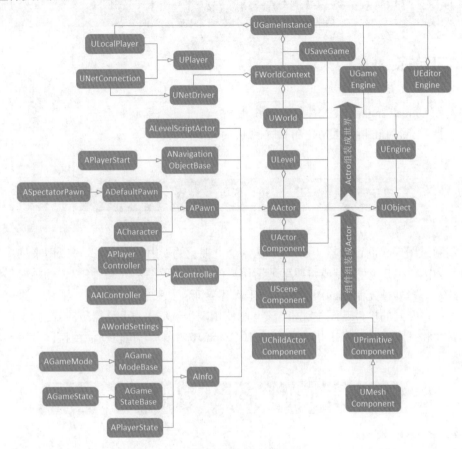

图 6.25　整体类图

6.9　本章小结

Gameplay 框架是 UE 提供的逻辑层面的框架，帮用户设计好了很多类与类之间的联系，用户通过 Gameplay 框架可以逻辑清晰地构建出游戏的开发过程。本章对 Gameplay 框架进行了较为详细的介绍，建议读者在阅读本章时多多结合图表，更容易厘清类与类之间的联系。

本章的知识看似繁杂，但大部分都是对类的介绍，建议读者最好联系起来理解。理解了 Gameplay 框架之后，游戏开发的思路就会很清晰，设计的类也会更加合理，从而使各个类之间的工作更加协调合理。

第 7 章

图形用户界面基础

📝 学习目标

- 掌握 Unreal Engine 5 UMG 设计器模块。
- 掌握 Unreal Engine 5 UMG 和 C++ 之间的交互。

7.1　基础知识：基本概念

虚幻示意图形界面设计器（UMG）是一个可视化的 UI 创作工具，可以用来创建 UI 元素，如游戏中的 HUD、菜单，或希望呈现给用户的其他相关图形界面。UMG 的核心是控件，这些控件是一系列预先制作的函数，可用于构建界面，如按钮、复选框、滑块、进度条等。这些控件可在专门的控件蓝图中编辑，该蓝图使用两个选项卡：设计器（Designer）选项卡，它允许界面和基本函数的可视化布局；图表（Graph）选项卡，它提供所使用控件背后的功能。

7.2　基础知识：基本控件类型参考

控件蓝图编辑器中的面板（Palette）窗口下存在多种类别的控件，每个类别中都包含不同的控件类型，可以将这些控件类型拖放到视觉效果设计器中。通过混合和搭配这些控件类型，可以在设计器选项卡上设计 UI 布局，通过每个控件的细节（Details）面板中的设置以及图表选项卡为控件添加功能。

1. 插槽

插槽（Slots）就是将各个控件绑定在一起的隐形"黏合剂"。更确切地说，在面板中，首先必须创建一个插槽，然后选择要在这个插槽中放置哪些控件。但在 UMG 中，当向面板控件添加子控件时，面板控件会自动使用正确类型的插槽。

此外，每个插槽都各不相同。例如，如果将某个控件放在网格上，那么可能希望能够设置诸如"行"和"列"之类的设置。但放置在画布上的控件没有这些属性。这就是插槽的意义所在。网格插槽只能理解"行"和"列"，而画布插槽则完全理解如何通过锚点来对内容进行布局。

按照惯例，所有与插槽相关的属性都位于细节面板中的布局类别下，如图 7.1 所示。控件所用的插槽类型会显示在括号中。

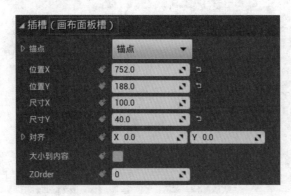

图 7.1 插槽（画布面板槽）

目前在蓝图中，只显示了 SETTER 节点。如果需要获取布局中的属性，可能要创建变量来存储属性，并在 Event Construct 节点上，通过变量设置布局属性，以便能够建立布局的引用并在稍后进行访问。

2. 锚点

锚点（Anchor）用来定义 UI 控件在画布面板上的预期位置，并在不同的屏幕尺寸下维持这一位置。锚点在正常情况下以 Min(0,0) 和 Max(0,0) 表示左上角，以 Min(1,1) 和 Max(1,1) 表示右下角。

创建画布面板并向其中添加其他 UI 控件后，既可以从一系列预设的锚点位置中进行选择（通常情况下，这些选择足以确定控件的具体位置），也可以手动设置锚点位置和 Min/Max 设置以及应用偏移。

1）锚点的工作原理

图 7.2 中的黄框内就是锚点图案，它表示画布面板上锚点的位置。

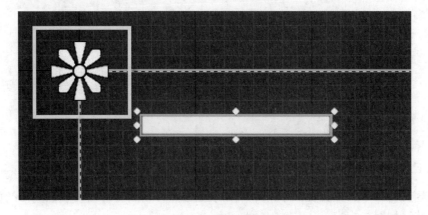

图 7.2 锚点图案

在图 7.3 中，在画布面板上放置了一个按钮，并将锚点放在默认位置（左上角）。

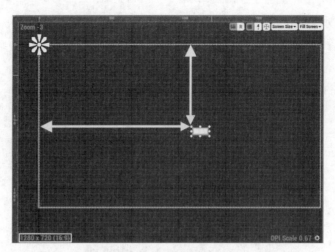

图 7.3　添加按钮

图 7.3 中的垂直黄线表示按钮基于画布尺寸而沿 Y 轴从锚点移动的距离，起始点为窗口左上角。同样，水平黄线表示按钮基于画布尺寸沿 X 轴从锚点移动的距离，起始点为窗口左上角。在窗口的左下角（黄框内）可以看到当前画布的屏幕尺寸。

> **小提示**
>
> 单击图表中的屏幕尺寸按钮以更改当前使用的尺寸。最好检查 UI 控件在不同屏幕尺寸或高宽比之下的显示情况，并进行相应地调整。

根据窗口尺寸，在游戏中可能会看到图 7.4 中的情况（黄框表示锚点）。

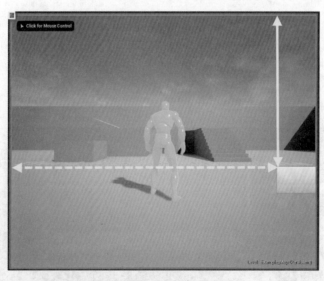

图 7.4　游戏中效果展示 -1

在该窗口尺寸下，按钮偏离了屏幕。如果把锚点移动到右下角并且在同样的窗口尺寸下进行游戏，如图 7.5 所示。

根据窗口尺寸，在游戏中可能会看到图 7.6 中的情况。

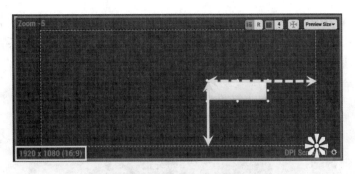

图 7.5　改变窗口尺寸

图 7.6　游戏中效果展示 -2

由于锚点位于右下角（黄框），按钮的位置发生变化，以避免被屏幕割裂的情况。

2）预设锚点

当画布面板中放有 UI 控件时，可以从控件的细节面板中选择一个预设锚点，如图 7.7 所示。

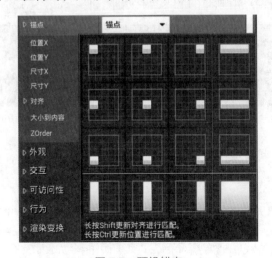

图 7.7　预设锚点

这可能是为控件设置锚点的最常用的方法，并且应该能够满足大多数需求。银色框表示锚点，选择后，将会使锚点图案移动到该位置。举例来说，如果想使某物始终保持在屏幕中央，则可以将控件放置在画布面板的中央，然后选择锚点选项中如图7.8所示的选项。

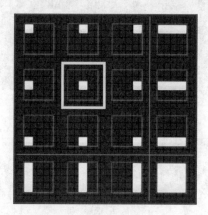

图 7.8　设置锚点

　　也可以从预设拉伸方案中进行选择，如图7.9~图7.11所示。

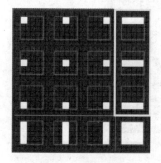　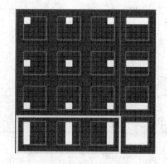　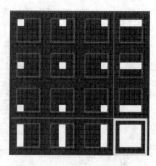

图 7.9　水平拉伸　　　　　　图 7.10　垂直拉伸　　　　　　图 7.11　双向拉伸

　　这些有助于将某物随窗口尺寸进行拉伸，如图7.11所示。

　　在此，我们选择将锚点沿画布的底部进行水平拉伸，如图7.12所示。

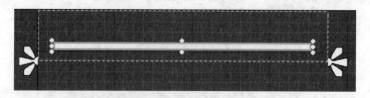

图 7.12　底部水平拉伸

　　原来完整的锚图案将分成两部分，表示已拉伸。

　　小提示

　　　可以通过拉动针脚使图案分开。

　　（1）如果现在测试游戏，通常情况下，进度条可能会如图7.13所示。

图 7.13　游戏效果展示 -3

（2）使用不同的窗口尺寸，则效果可能如图 7.14 所示。

图 7.14　不同的窗口尺寸效果展示 -1

（3）再使用不同的窗口尺寸，效果可能如图 7.15 所示。

图 7.15　不同的窗口尺寸效果展示 -2

3）手动放置锚点

除了使用预设，也可以手动任意放置锚点图案以锚定控件，这可以使一个控件根据另一个控件的位置进行锚定，如图 7.16 所示。

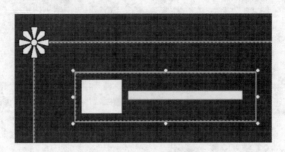

图 7.16　手动放置锚点

如图 7.16 所示，在其中一个画布面板中，有一个进度条控件和一个图像控件，而该画布面板放置在另一个画布面板上面。包含图像和进度条的画布面板应锚定在屏幕的左上角。一般来说，这可以用来表示一个玩家角色的头像和旁边的一个体力条。

如图 7.17 所示，进度条锚定在了它所处画布面板的左上角（图像也一样，但是未显示出来）。

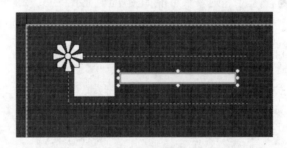

图 7.17　锚定位置变换

假设想要拉伸进度条，同时使其与右侧保持一个固定的距离，并且向外延展一段距离。为此，可以拉动锚图案的左半部分使其分开，如图 7.18 所示。

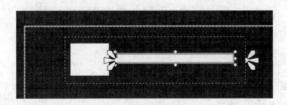

图 7.18　拉伸固定进度条

现在可以在图 7.19 中观察到，当拉伸画布面板的右侧时，进度条也会拉伸，但与右侧保持一定的距离，同时会向中央延展。

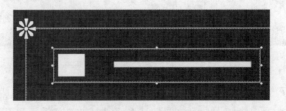

图 7.19　画布延伸效果

现在的问题是当调整画布面板的尺寸时，图像控件不会保持在最初设置的位置，也不会像预期一样随进度条移动。此时，可以将图像的锚点手动移动到新的锚点，而不是使其保持在画布面板的左上角，如图 7.20 所示。

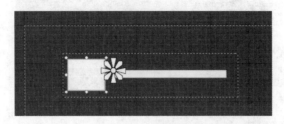

图 7.20 移动图像锚点

在图 7.20 中，将图像锚点移动到了进度条本身的左上角。如果现在调整包含这两个控件的画布面板的尺寸，将会出现图 7.21 所示效果。

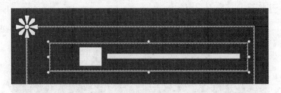

图 7.21 调整画布面板尺寸效果

图像控件将与进度条保持一个固定距离。这里有另一个问题，如果将画布面板向左移动。由于没有设置使图像与左侧保持固定的距离，图像会伸出屏幕从而被切断，如图 7.22 所示。可以通过分开锚图案解决这一问题，如图 7.23 所示。

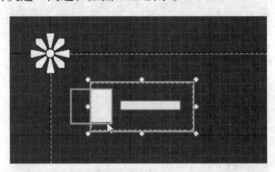

图 7.22 移动后效果

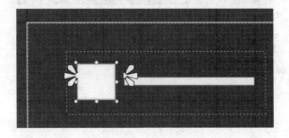

图 7.23 分开锚图案

在图 7.23 中，设定了锚点、图像与进度条的距离和左侧的边距，如果调整控件尺寸，则会如图 7.24 所示。

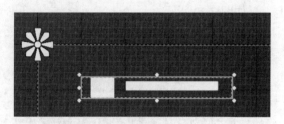

图 7.24　调整控件尺寸

图像左侧、右侧的空间将保持不变。但向下拉伸画布面板时，顶部和底部图像将不会与进度条对齐，如图 7.25 所示。

可以对锚点图案再进行一个调整以解决该问题。在此设置想要使图像根据进度条的位置在顶部和底部缩进的距离，如图 7.26 所示。

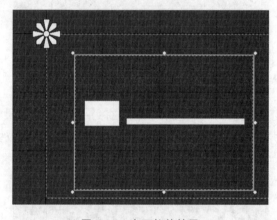

图 7.25　向下拉伸效果

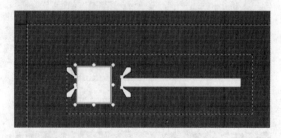

图 7.26　锚点图案调整

现在随意在任何方向调整画布面板的尺寸，则进度条会拉伸，并且图像会在调整尺寸的同时保持与进度条的相对位置。

3. 边框控件

边框（border）是容器控件，可以包含一个子控件，可使用边框图像和可调节的填补将控件包围起来。

4. 按钮控件

按钮（button）是单子项、可单击的 Primitive 控件，它可实现基本交互。可将任何其他控件放入按钮控件中，以在 UI 中创建一个更复杂且有趣的可单击元素。

可以为按钮控件添加一个子节点。

按钮的属性包括 Slot、Appearance、Interaction、Behavior、Render Transform、Clipping，具体内容可以查询前面的介绍。

值得注意的是，按钮有 Normal、Hovered、Pressed 和 Disabled 4 种状态，在开发时至少需要为前 3 种设置资源，如图 7.27 所示。

图 7.27 按钮控件面板

5. 图像控件

借助图像（Image）控件，可在 UI 中显示 Slate 笔刷、纹理、Sprite 或材质。

图片不支持添加子节点。

图片的属性包括 Slot、Appearance、Behavior、Render Transform、Clipping 等，如图 7.28 所示，具体内容可以查看前面的介绍。

由于 image 的原始资源就是一个白色块，因此任何纯色块资源都不需要额外的资源，只需对 image 进行染色即可。

> 📌 **注意**
>
> image 不仅可以引用图片资源，还可以添加材质资源，也可以通过材质来制作粒子、模型、特效等丰富的效果。

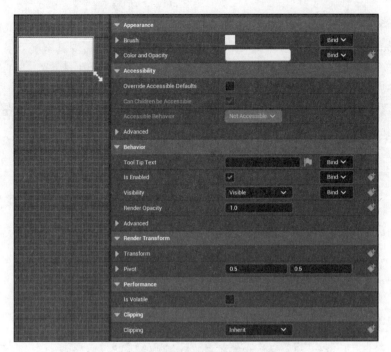

图7.28　图片控件面板

6. 进度条控件

进度条（Progress Bar）控件是可以逐渐填充的简单条形，可以重新设计样式以实现各种用途，如经验值、生命值、分数等，进度条控件的设置面板如图 7.29 所示。

进度条不支持添加子节点。

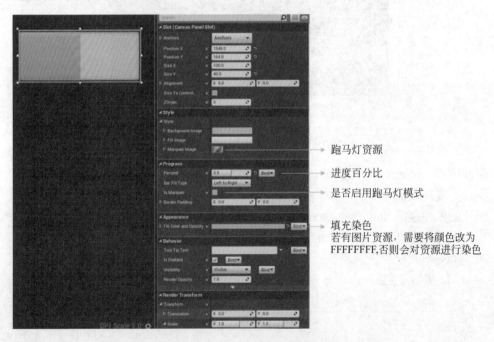

跑马灯资源

进度百分比

是否启用跑马灯模式

填充染色
若有图片资源，需要将颜色改为
FFFFFFFF,否则会对资源进行染色

图 7.29　进度条控件细节面板

7. 文本控件

使用文本控件（Text Block）在屏幕上显示文本的基本方法，可以用于选项或其他 UI 元素的文本说明。

文本不支持添加子节点。文本的属性包括 Slot、Font、Behavior、Warpping、Render Transform、Clipping，如图 7.30 所示，具体内容可以查看前面的介绍。在 Content 内输入内容，可以通过按 Shift+Enter 组合键进行换行。

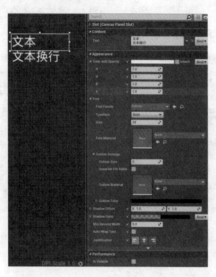

图 7.30　文本控件细节面板

8. 文本框控件

文本框控件（Text Box）允许用户输入自定义文本。仅允许输入单行文本，文本框控件的设置面板如图 7.31 所示。输入框不支持添加子节点。

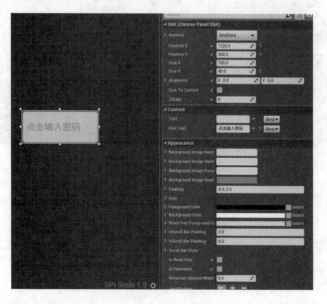

图 7.31　文本框控件细节面板

9. 画布面板控件

画布面板（Canvas Panel）是一种对开发人员友好的面板，其允许在任意位置布局、固定控件，并将这些控件与画布的其他子项按 Z 序排序。请注意，虽然 Z 序可以手动更改，但控件按列出顺序渲染，所以首选方法是在列表中对它们正确排序，而不是依靠 Z 序排序。画布面板是非常适用于手动布局的控件，但如果想要系统地生成控件并放置在容器中，则用处不大，除非需要绝对布局。

如图 7.32 所示，只有画布面板可以这么随意的摆放控件位置，但也更难对齐。因此一般有较强栅格系统的设计排版不建议采用它。

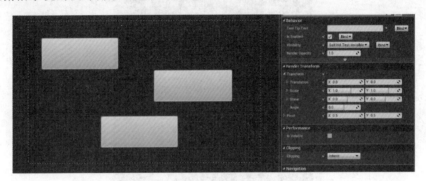

图 7.32　画布面板细节

10. 水平框控件

水平框控件（Horizontal Box）是布局面板，用于将子控件水平排布成一行，如图 7.33 中右侧所示。

图 7.33　水平框与纵向框控件

11. 纵向框控件

纵向框控件（Vertical Box）是布局面板，用于自动纵向排布子控件，如图 7.33 中左侧所示。当需要将控件上下堆叠并使控件保持纵向对齐时，此控件很有用。水平框和纵向框的内容基本一致，因此在这里一并介绍。

值得注意的是，子控件的 Slot 属性发生了变化，如图 7.34 所示。

此外，还有两个需要重点关注的地方：通过 Padding 设置子控件之间的间距，如图 7.35

所示。如果是数量确定，内容确定的列表，可以手动设置 Padding。

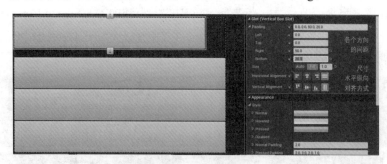

图 7.34　slot 子控件

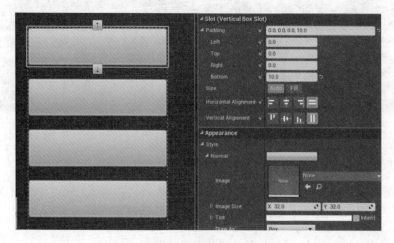

图 7.35　Slot 中的 Padding 设置

　　如果数量不确定或内容不确定，需要程序动态添加的列表，则需要把间距如图 7.35 所示提前设计好放在 node 中，如图 7.36 所示。此处的 node 为 Vertical Box，将设置好 Padding 的按钮放入 Vertical Box 中，即可达到图 7.35 中一样的效果。

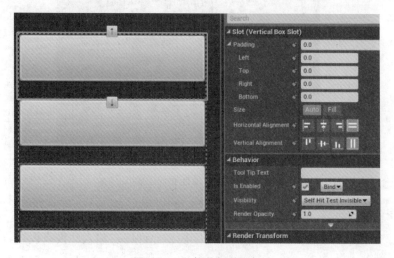

图 7.36　子控件细节面板

子控件的尺寸不再能够自由定义。这里提供了两种调节尺寸的方式：

（1）Auto 代表自动调节尺寸，与之前 Slot 中的大小到内容（Size to Content）一致；

（2）Fill 代表自动填满剩余空间。

不同设置的效果如图 7.37 所示。

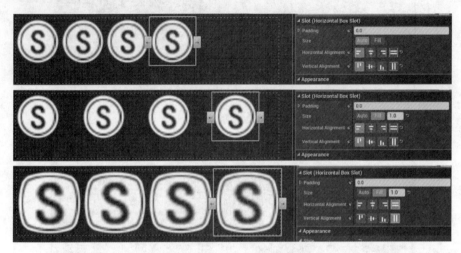

图 7.37　子控件尺寸的不同设置

12. 滚动框控件

滚动框控件（Scroll Box）是一组可任意滚动的控件。当需要在一个列表中显示 10~100 个控件时非常有用。该控件不支持虚拟化。滚动框容器使得内容过多时，可以在限定范围内对内容进行滚动显示，如图 7.38 所示。

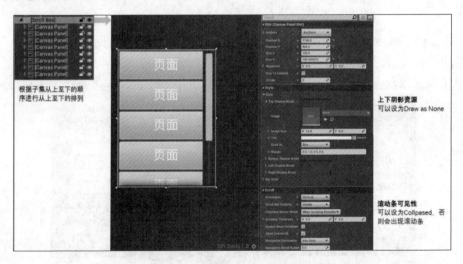

图 7.38　滚动框控件面板

13. 可编辑文本控件

可编辑文本控件（Editable Text）的文本字段，允许用户输入，没有设置背景。该控件仅支持单行可编辑文本。

7.3 UMG 与 C++ 交互案例

1. 设置 UMG 的模块依赖性

（1）创建一个 C++ 空项目，并将其命名为 UMG-AndC。

（2）使用 Visual Studio 打开项目工程，UMG 依赖于模块，因此需将此模块添加到 UMGAndC.Build.cs 中，如图 7.39 所示。

（3）在 UMGAndC.Build.cs 中，需将 UMG 添加到包含的公共模块列表中。

UMG 与 C++ 交互案例

图 7.39 项目文件层级关系

```
public UMGAndC(ReadOnlyTargetRules Target):base(Target){
PCHUsage = PCHUsageMode.UseExplicitOrSharedPCHs;
//加入 UMG 模组，否则无法通过编译
PublicDependencyModuleNames.AddRange(new string[] {"Core","CoreUObject",
"Engine","InputCore ","UMG"});
    PrivateDependencyModuleNames.AddRange(new string[] { });
    }
```

2. 创建蓝图控件界面

1）创建和显示菜单

创建 MyHUD，继承于 AHUD，并存放于 Source/UI 目录下，如图 7.40 所示。

创建 HUDWidget，继承于 UserWidget，并将其存放在 Source/UI/Widgets 目录下，作为 HUD 下的根 Widget。

创建 TestWidget，继承于 UserWidget，并将其存放在 Source/UI/Widgets 目录下，用于容纳界面上的各种控件，如图 7.41 所示。

图 7.40 文件层级关系 -1

图 7.41 文件层级关系 -2

2）创建并编辑界面

创建 UHUDWidget 的控件蓝图界面，在 Blueprints/UI 目录中，右击，在用户界面中选择控件蓝图，创建 BP_HUDWidget 和 BP_TestWidget。

3）编辑 BP_TestWidget 界面

由于 BP_TestWidget 是停靠在 BP_HUDWidget 上的一个 Widget，因此将填充屏幕修改为自定义，如图 7.42 所示将宽、高修改为 600 × 400。

图 7.42　编辑 BP_TestWidget 界面

将界面排版好，如图 7.43 所示。

图 7.43　界面排版

在"图表"→"类设置"→"细节面板"中将 BP_TestWidget 的父类设置为 UHUD
Widget。

4）编辑 BP_HUDWidget 界面

将 BP_TestWidget 拖到 BP_HUDWidget 中，调整大小，并将 BP_HUDWidget 的父类设
置为 UHUDWidget，如图 7.44 和图 7.45 所示。

图 7.44　拖入 BP_TestWidget　　　　　　图 7.45　设置成父类

3. 扩展游戏模式

创建一个 GameMode，将其命名为 UMGGameMode, 创建继承 UMGGameMode 的蓝图类 BP_UMGGameMode，在"世界场景设置"→"游戏模式"中将游戏模式设置为 BP_UMGGameMode，如图 7.46 所示。

4. 在 MyHUD 中创建 HUDWidget 实例

（1）创建继承 MyHUD 的蓝图 BP_MyHUD。

（2）在世界场景设置中将默认 HUD 设置为 BP_MyHUD，如图 7.47 所示。

图 7.46 设置游戏模式

图 7.47 设置 HUD 类

（3）在 MyHUD 中声明 BP_HUDWidget 类，并在 BP_MyHUD 中指定，如图 7.48 所示。

```cpp
public:
    //可以在蓝图中指定 HUDWidgetClass 为 BP_HUDWidget
    UPROPERTF(EditAnywhere,Category ="UMG")
    TSubclassOf<class UHUDWidget> HUDWidgetClass;
```

图 7.48 指定 BP_MyHUD

（4）创建 BP_HUDWidget 实例，并将其添加到视口中。

重写 AMyHUD 类的生命周期函数 BeginPlay，并在 BeginPlay() 中创建 BP_HUDWidget 实例。

```cpp
void AMyHUD::BeginPlay(){
    Super::BeginPlay ()
```

```
//通过定制的 Widget 类，创建该 widget 类对应的实例
    UHUDWidget* HUDWidget = CreateWidget<UHUDWidget>(GetWorld(),HUDWidge
tClass);//添加到视口
    HUDWidget->AddToViewport();
    }
```

5. 获取控件并给控件添加事件

1）获取控件的方法

一般获取控件的方法是反射绑定。在 TestWidget.h 中添加如下代码，要注意的是成员变量的名字必须跟蓝图中控件的名字一致。

```
class UMGANDC_API UTestWidget : public UUserWidget{
   GENERATEDBODY()
public:
   //获取控件的方法1：反射绑定
   UPROPERTY(meta = (BindWidget))UButton* BtnStart;
   UPROPERTY(meta = (BindWidget))UButton* BtnSetting;
   UPROPERTY(meta = (BindWidget))UButton* BtnExit;
}
```

通过 GetWidgetFromName 函数获取控件指针，并进行类型转换，重写 Initialize 生命周期函数。

```
bool UTestWidget : : Initialize(){
    if (!Super : : Initialize()){
    return false;
    }
    //获取控件方法2：通过 GetWidgetFromName 获取，并进行类型转换
    UButton* BtnStart = Cast<UButton>(GetWidgetFromName(TEXT("BtnStart")));
    UButton* BtnSetting = Cast<UButton>(GetWidgetFromName(TEXT("BtnSetti
ng")));
     UButton* BtnExit = Cast<UButton>(GetWidgetFromName(TEXT("BtnEx
it")));
    return true;
    }
```

2）给按钮添加事件

（1）定义响应函数，并将其声明为 UFUNCTION(BlueprintCallable, Category = "UMG")，在蓝图的按钮属性面板中单击 OnClick 来添加事件，并让该事件调用 C++ 中写的响应函数，在 UTestWidget 类中定义函数。

```
//按钮事件绑定方法1:UFUNCTION(BlueprintCallable,Category = "UMG")，在蓝图中
   调用该函数
UFUNCTION(BlueprintCallable,Category = "UMG")
void OnBtnStart();
UFUNCTION(BlueprintCallable,Category = "UMG")
void OnBtnSetting();
UFUNCTION(BlueprintCallable,Category = "UMG")
```

```
void OnBtnExit();
//函数实现
void UTestWidget::OnBtnStart(){
    UE_LOG(LogTemp, Warning,TEXT("BtnStart is clicked!"));
}
void UTestWidget::OnBtnSetting(){
    UE_LOG(LogTemp,Warning,TEXT("BtnSetting is clicked!"));
}
void UTestWidget::OnBtnExit(){
    UE_LOG(LogTemp, Warning,TEXT("BtnExit is clicked!"));
}
```

打开 BP_TestWidget 蓝图，按图 7.49~图 7.51 所示进行编辑调用。

图 7.49 调用事件

图 7.50 添加 On Btn Start 事件

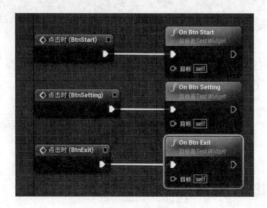

图 7.51 蓝图实例

（2）通过 AddDynamic 添加事件。

```
BtnStart = Cast<UButton>(GetWidgetFromName(TEXT("BtnStart")));
if(BtnStart){
    BtnStart->OnClicked.AddDynamic(this,&UTestWidget::OnBtnStart);
}
BtnSetting = Cast<UButton>(GetWidgetFromName(TEXT("BtnSetting")));
if(BtnSetting){
    BtnSetting->OnClicked.AddDynamic(this,&UTestwidget::OnBtnSetting);
}
BtnExit = Cast<UButton>(GetWidgetFromName(TEXT("BtnExit")));
if(BtnExit){
    BtnExit->OnClicked.AddDynamic(this,&UTestwidget::OnBtnExit);
}
```

（3）通过 FScriptDelegate 代理类来添加事件。

```
BtnStart = Cast<UButton>(GetWidgetFromName(TEXT("BtnStart")));
if(BtnStart){
    FScriptDelegate delegate;
    delegate.BindUFunction(this,"OnBtnStart");
    BtnStart->OnReleased.Add(delegate);
}
BtnSetting = Cast<UButton>(GetwidgetFromName(TEXT("BtnSetting")));
if(BtnSetting){
    FScriptDelegate delegate;
    delegate.BindUFunction(this,"BtnSetting");
    BtnSetting->OnReleased.Add(delegate);
}
BtnExit = Cast<UButton>(GetWidgetFromName(TEXT("BtnExit")));
if(BtnExit){
    FScriptDelegate delegate;
    delegate.BindUFunction(this,"BtnExit");
    BtnSetting->OnReleased.Add(delegate);
}
```

7.4　本 章 小 结

　　本章介绍的主要内容为图形界面的设计与制作。图形界面在游戏中也是很常见且很重要的一项工作内容。玩家们要在这一部分进行很多游戏之外的设计，如游戏设置和游戏存档等界面。本章 7.2 节介绍了图形界面中的控件，因为图形界面的核心是控件，界面是由一个一个控件构成的。读者在学习的时候，建议边操作边学习，方便跟随本书动手实践。

　　本章最后一部分以案例的形式介绍了 UMG 与 C++ 交互方式。建议读者跟随本书一步一步将案例制作成功，再进行深入地思考和理解，这样学习起来会更加容易。读者在完成之后可以自行尝试实现其他功能。

第 **8** 章

3D 游戏开发常用技术

学习目标

- 掌握 Unreal Engine 5 天空盒与笔刷的使用。
- 掌握 Unreal Engine 5 音频系统的使用。

8.1　天空盒及其应用

天空盒在 UE 中被称为 SkySphereBlueprint，简称 BP_Sky_Sphere，也叫天空球，用来模拟基本的遵循物理变化的天空效果。

天空盒是基于物理学定律的，是根据太阳的高度变化而变化。天空盒提供了一系列的可编辑参数，开发者可以通过手动修改太阳高度、太阳颜色等一系列参数来得到一个想要的天空效果，同时也可以使用一个定向光源（Light Source）来绑定天空盒，用定向光源的朝向角度及其变化来控制太阳的高度及颜色等显示效果。

1. 天空盒常用参数介绍

选中场景中的天空盒蓝图，在细节面板中，首先是组件面板（见图 8.1），它只包含了一个根组件和一个静态网格体组件（这个静态网格体是无碰撞的）。

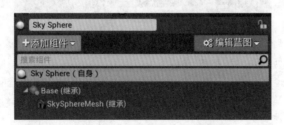

图 8.1　Sky Sphere 组件面板

然后是调整参数（见图 8.2），和其他 Actor 一样，用来控制天空盒的位置、旋转和大小。

接着是默认面板，选择是否以定向光源（Light Source）来绑定太阳光，同时提供了调节太阳的亮度、云彩的速度、透明度，以及星星的亮度的参数，如图 8.3 所示。

- Refresh Material：刷新材质。

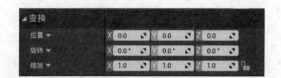

图 8.2　Sky Sphere 变换参数

- Directional Light Actor：选择定向光源用于控制太阳。
- Colors Determined By Sun Position：根据太阳的位置来决定其颜色。取消勾选后可自定义天空颜色。
- Sun Brightness：太阳亮度。
- Cloud Speed：云彩速度。
- Cloud Opacity：云彩不透明度。
- Stars Brightness：星星亮度。

图 8.3　Sky Sphere 的默认参数

　　然后是重载设置，重载设置生效的前提是在上述默认面板中 Directional Light Actor 没有选取任何灯光的同时，取消勾选"Colors Determined By Sun Position"。只有取消了这两项设置，之后在重载设置中调整天空的颜色、云彩的颜色、地平线的颜色，以及控制所有颜色的亮度才能生效（见图 8.4）。

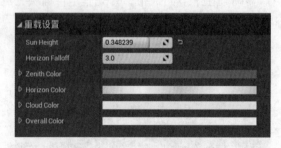

图 8.4　Sky Sphere 重载参数

- Sun Height：太阳高度，影响天空的颜色，0 代表日出或日落的颜色。
- Horizon Falloff：地平线高度。
- Zenith Color：穹顶颜色。
- Horizon Color：地平线颜色。
- Cloud Color：云彩颜色。
- Overall Color：覆盖所有颜色以及亮度。

不妨来调节这些参数看看显示效果。按照图 8.5 和图 8.6 所示步骤新建一个关卡,选择"默认值"(Default)。

图 8.5 新建关卡 图 8.6 Default 关卡

在默认面板中将 Directional Light Actor 设置为"无",其他参数保持默认不变,如图 8.7 所示。

在重载设置中手动将 Sun Height 从 −1 拖动至 1(见图 8.8),在视口中可以看见随着太阳高度变化,天空从夜晚到日出再到白昼的变化。

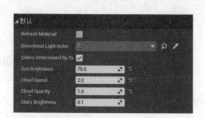

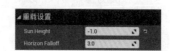

图 8.7 默认面板设置 图 8.8 手动调整重载设置

2. 昼夜变换案例制作

在熟悉了天空盒的基本操作后,通过一个实现昼夜变换的案例来使用它。

新建一个 C++ 类继承 Actor 类,命名为 SkyControlActor,如图 8.9 所示。

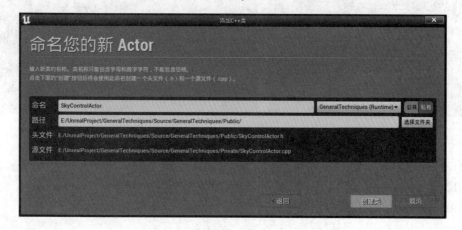

图 8.9 新建 SkyControlActor 类

在头文件中声明对定向光源的引用 DirectionalLight、控制太阳速度的浮点变量 SunSpeed、控制太阳旋转的旋转向量 SunRotation。

```
UPROPERTY(EditAnywhere,BlueprintReadWrite,Category="DirectionalLight")
class ADirectionalLight * DirectionalLight;
    UPROPERTY(EditAnywhere,BlueprintReadWrite,Category="DirectionalLight")
float SunSpeed=1.0f;
    UPROPERTY(VisibleDefaultsOnly,BlueprintReadOnly,Category="Directiona
lLight")
    FRotator SunRotation;
```

在源文件中引入定向光源的头文件。

```
#include "Runtime/Engine/Classes/Engine/DirectionalLight.h"
```

并在 Tick 函数中实现定向光源的旋转。

```
void ASkyControlActor::Tick(float DeltaTime){
    Super::Tick(DeltaTime);
    SunRotation.Yaw=SunSpeed+DeltaTime;
    if (DirectionalLight){
    DirectionalLight->AddActorLocalRotation(SunRotation);
    }
}
```

编译生成解决方案，并将该类蓝图化，将其命名 BP_SkyControlActor，放入 Blueprint 文件夹中。

打开该蓝图，变量命名为 Sky，变量类型为 BP Sky Sphere，勾选"可编辑实例"，如图 8.10 所示。

将该变量拖入事件图标，调用函数 Update Sun Direction，编译并保存该蓝图，如图 8.11 所示。

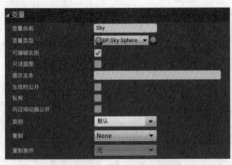
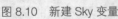
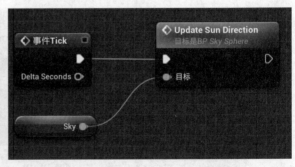

图 8.10　新建 Sky 变量　　　　　　　图 8.11　调用 Update Sun Direction 函数

将该蓝图拖入关卡中，将 Sky 变量和 Directional Light 变量选中为关卡中默认的 Actor，如图 8.12 所示。

将 Light Source 的可移动性设置为可移动，如图 8.13 所示。

运行该关卡，可以看到昼夜变换的效果，如图 8.14 所示，昼夜变化速度可以通过改变

SunSpeed 实现。

图 8.12 设置蓝图参数

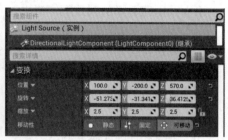

图 8.13 将 Light Source 设置为可移动

图 8.14 昼夜变换最终效果

8.2 几何体笔刷 Actor

1. 几何体笔刷 Actor 概述

几何体笔刷是虚幻引擎编辑器的基本关卡构建工具。理论上说，建议将几何体笔刷用于关卡中填充、雕刻空间体积。之前，几何体笔刷一直作为关卡设计的主要模块。现在这个任务已交给静态网格体，其效率远高于几何体笔刷。但在产品的早期阶段，几何体笔刷依旧有用，它可以快速设置关卡和对象的原型，也可用于无法使用 3D 建模工具的关卡构建。本节将介绍几何体笔刷的用途及用法。

通常，可把几何体笔刷看作关卡设计阶段中用于创建基本形状的方法。它可以作为始终存在的工具，也可作为美术师测试用的临时工具。

2. 几何体笔刷的用途

尽管现在主要使用静态网格体来填充关卡，但几何体笔刷仍有用武之地。

1）规划关卡

下面是创建关卡的大致工作流程。

（1）规划关卡和设计关卡路径。

（2）游戏玩法测试流程。

（3）修改布局并重复测试。

（4）初始建模阶段。

（5）初始光照阶段。

（6）碰撞和性能问题的测试。

（7）完善阶段。

在使用静态网格体和其他成品美术资源填充关卡前，通常先规划关卡以确定布局和流程，此时往往会使用几何体笔刷创建关卡的轮廓（见图8.15），然后通过测试和迭代，完成最终布局（见图8.16）。由于无须美术团队加入，因此这一步最适宜采用几何体笔刷。关卡设计师可直接使用虚幻引擎编辑器中的内置工具创建和修改几何体笔刷，以达到满意的关卡布局和效果。

图 8.15　笔刷规划／草拟

图 8.16　最终关卡

测试结束后便开始建模，几何体笔刷将逐渐被静态网格体取代。此过程可加快初始迭代，同时也为美术团队的建模工作提供了良好参考。

2）简单填充几何体

关卡设计师创建关卡时，经常需要使用较为简单的几何体填充间隙或空间。假如暂时没有用于填充控件的现成静态网格体，设计师可直接使用几何体笔刷进行填充，而无须美术团队创建自定义静态网格体。尽管静态网格体性能更好，但对于简单几何体而言，偶尔使用几何体笔刷也不会造成严重影响。

3. 创建笔刷

使用模式（Mode）面板中的几何体（Geometry）选项卡来创建笔刷。

（1）使用该面板底部的单选按钮选择笔刷类型（Add 为叠加型，Subtract 为删减型），如图 8.17 所示。

（2）将列表中的一个几何体类型拖放到视口（Viewport）中，如图 8.18 所示。

（3）修改笔刷设置（Brush Settings）。使用变换工具，或激活几何体编辑模式（Geometry Editing Mode）来重新设置笔刷形状和大小。

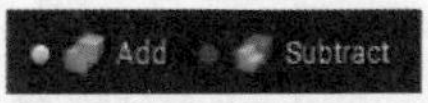

图8.17　笔刷类型

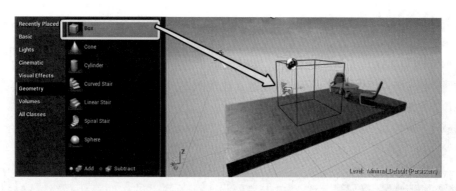

图 8.18　笔刷几何体拖动操作展示

4. 笔刷几何体

以盒体 Actor 笔刷为例，创建盒体形状的笔刷几何体 Actor，之后可在细节面板中自定义。选项如表 8.1 所示。此外还有椎体、圆柱体、曲线楼梯、螺旋楼梯和球体等各种形状的笔刷。

表 8.1　盒体 Actor 选项

属　性	描　述
X	设置 X 轴上的大小
Y	设置 Y 轴上的大小
Z	设置 Z 轴上的大小
墙壁厚度（Wall Thickness）	若勾选"中空"，则设置笔刷内壁厚度
中空（Hollow）	勾选此框，笔刷内部将出现中空（用于快速创建房间），而非实心。若勾选，则启用墙壁厚度设置
曲面细分（Tessellated）	勾选此框会将盒体面曲面细分为三角形，而非保持四边形

5. 修改笔刷

1）几何体编辑模式

建议使用几何体编辑模式（Geometry Editing Mode）修改笔刷的实际形状。利用此编辑器模式可直接操作笔刷的顶点、边和面。这与极简的 3D 建模应用程序的工作方式极其类似。

2）变换控件

同时，可使用不同编辑器变换控件来修改笔刷。此类变换控件支持交互式平移、旋转和缩放，并可通过视口工具栏中的控件按钮进行访问。

6. 笔刷属性

选择笔刷，然后利用笔刷设置细节面板（见图 8.19）编辑现有笔刷。若选择整个笔刷，可看到笔刷设置（Brush Settings）类别。

1）笔刷类型

笔刷类型（Brush Type）下拉列表包括以下选项。

图 8.19　笔刷设置面板

（1）叠加（Additive）：将笔刷设置为 Additive。

（2）删减（Subtractive）：将笔刷设置为 Sub-tractive。

叠加笔刷与实体填充空间类似。此类型用于要添加到关卡中的笔刷几何体。通过房间的四面墙、地板和天花板便可了解叠加笔刷。在地图中，以上各项均为单独的盒状叠加笔刷，并匹配各角形成封闭空间。

删减笔刷为中空的空间。使用该笔刷可在之前创建的叠加笔刷中删除实心控件，以创建门窗等项目。删减空间是玩家可自由移动的唯一区域。

2）高级属性

图 8.20　高级笔刷属性

单击笔刷设置面板底部的按钮显示高级笔刷属性，如图 8.20 所示。

（1）多边形。多边形（Polygons）下拉列表包括以下选项。

① 合并（Merge）：合并笔刷上的平面。

② 分割（Separate）：反转合并的效果。

（2）实心度。实心度（Solidity）下拉列表包括以下选项。

① 实心（Solid）：将笔刷实心度设为实心。

② 半实心（Semi Solid）：将笔刷实心度设为半实心。

③ 非实心（Non Solid）：将笔刷实心度设为非实心。

（3）顺序。顺序（Order）下拉列表包括以下选项。

① 首先（To First）：首先计算选定笔刷。

② 最后（To Last）：最后计算选定笔刷。

（4）对齐和静态网格体按钮。展开笔刷设置（Brush Settings）类别下的属性，将显示以下按钮。

① 笔刷顶点对齐（Align Brush Vertices）：将笔刷顶点对齐到网格。

② 创建静态网格体（Create Static Mesh）：将当前笔刷转换为保存在指定位置的静态网格体 Actor。

7. 拖动网格

使用笔刷时，用于在场景中对齐对象的拖动网格是十分重要的项目。若笔刷的边或角未设在网格上，可能会发生错误，从而导致渲染瑕疵或其他问题。使用笔刷时，应务必确保启用拖动网格，并将笔刷顶点始终保持在该网格上。

8. 笔刷顺序

叠加或删减运算均按照笔刷的放置顺序进行，因此该顺序极为重要。即使是在放置删减笔刷的位置放置叠加笔刷，其效果也不同于放置叠加笔刷后放置删减笔刷的效果。由于无法删减空白，因此空白空间中的删减处进行叠加，将忽略删减笔刷的效果。若以相反顺序放置以上笔刷，将会在空白空间中叠加，并在该空间中的叠加处删减出镂空。

有时需打乱笔刷顺序，或添加需在现有笔刷前计算的新笔刷。正如在笔刷属性章节的内容所示，笔刷顺序可以进行修改。

9. 笔刷表面

若选择笔刷表面（按 Ctrl + Shift + 单击组合键选择表面而非笔刷），细节面板中将显示如图 8.21 所示中的类别。

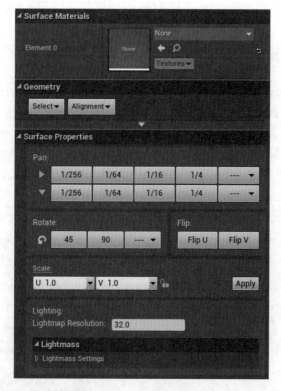

图 8.21　笔刷表面

1）几何体类别

几何体（Geometry）类别包含部分工具，可协助管理笔刷表面的材质应用。

几何体类别按钮包括以下两个。

① 选择（Select）：基于不同情况，协助选择笔刷表面。

② 对齐（Alignment）：根据所需设置，重新对齐表面的纹理坐标。在需要沿地板复杂排列的笔刷来对齐以显示为类似单个表面的情况下，该设置十分有用。

2）表面属性

表面属性（Surface Properties）区域包含多种工具，可协助控制表面上纹理的放置方式和光照贴图分辨率。

（1）表面属性类别包括下面几个。

① 平移（Pan）：此部分中的按钮可用于按给定单元数，水平或垂直平移材质的纹理。

② 旋转（Rotate）：按给定角度旋转笔刷表面材质上的纹理。

③ 翻转（Flip）：可水平或垂直翻转笔刷表面的纹理。

④ 缩放（Scale）：按给定数量调整笔刷表面的纹理大小。

（2）利用光照（Lighting）部分可修改笔刷表面各类以光源为中心的重要属性。

利用光照贴图分辨率（Lightmap Resolution）可本质上调整该表面的阴影。数字越小，阴影越紧密。

（3）下面是 Lightmass 的一些设置。

① 使用双面光照（Use Two Sided Lighting）：若勾选，此表面将在各多边形的正反面接收光线。

② 仅间接阴影（Shadow Indirect Only）：勾选此框，此表面可利用间接光照产生阴影。

③ 使用静态光照的自发光（Use Emissive for Static Lighting）：勾选此框，表面的自发光颜色将影响静态对象的光照。

④ 使用半球体收集的顶点法线（Use Vertex Normal for Hemisphere Gather）：勾选此框，将使用顶点法线，而非阻止自投影的默认三角形法线。

⑤ 自发光增强（Emissive Boost）：调整自发光颜色对间接光照的影响程度。

⑥ 漫反射增强（Diffuse Boost）：衡量漫反射颜色对间接光照产生的影响程度。

⑦ 完全遮蔽样本部分（Fully Occluded Samples Fraction）：在间接光照计算中遮蔽前，必须遮蔽该表面上的样本部分。

10. 笔刷实心度

笔刷可为实心（Solid）、半实心（Semi-solid）或非实心（Non-solid）。笔刷的实心度表示的是其是否与场景中的对象发生碰撞，以及在构建几何体时，其是否会在周围笔刷中创建 BSP 剪切。

创建笔刷后，可在细节面板中更改笔刷的实心度，如图 8.22 所示。

图8.22　笔刷实心度

笔刷的实心度类型有以下三种。

1）实心

实心笔刷为默认笔刷类型。新建叠加或删减笔刷时将使用该类型。它具有以下属性。

（1）在游戏中阻挡玩家和发射物。

（2）可为叠加或删减。

（3）在周围笔刷上创建剪切。

2）半实心

半实心笔刷为碰撞笔刷，可放置在关卡中而不会剪切场景周围的几何体。该类型笔刷可用于创建如柱子和支撑梁等结构，其具有以下属性。

（1）与实心笔刷类似，会阻挡玩家和发射物。

（2）仅可为叠加，不可删减。

（3）不会在周围笔刷中创建剪切。

3）非实心

非实心笔刷为非碰撞笔刷，不会在场景周围中创建剪切。其效果可见，但无法与之交互。其具有以下属性。

（1）不会阻挡玩家或发射物。

（2）仅可为叠加，不可为删减。

（3）不会在周围笔刷中创建剪切。

8.3 雾 效

1. 指数高度雾

指数高度雾在地图上较低位置处密度较大,而在较高位置处密度较小。其过渡十分平滑,随着海拔升高,也不会出现明显切换。指数高度雾有两个雾色,一个用于面朝主定向光源(如不存在,则为直上光源)的半球体,另一个用于相反方向的半球体。

指数高度雾 Actor 的位置将决定雾的高度。可使用雾高度衰减(Fog Height Falloff)进一步调整高度。

下面是指数高度雾的相关参数介绍。

"指数高度雾组件"可以调节雾密度、雾高度衰减、雾内散射颜色、雾最大不透明度、起始距离和切断距离,如图 8.23 所示。

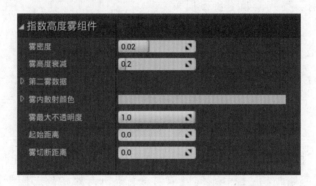

图 8.23 设置"指数高度雾组件"参数

- 雾密度:用于控制雾气的整体密度,可视雾层的厚度。
- 雾高度衰减:也称高度密度系数,控制雾随高度变化时密度的变化程度。值越小,过渡越大。
- 第二雾数据:控制第二雾层,设置为雾密度 0 时不会对主雾层产生影响。
- 雾内散射颜色:设置雾的主要颜色。
- 雾最大不透明度:控制雾的最大不透明度,设置为 1 时完全不透明,设置为 0 时,雾基本上不透明度不可见。
- 起始距离:控制雾产生的位置与摄像机的距离。
- 雾切断距离:超过此距离的场景元素将不会受到雾的影响。

"内散射纹理"面板用于设置指数高度雾的内散射颜色立方体贴图及用于影响内散射纹理立方体贴图的一系列参数,如图 8.24 所示。

- 内散射颜色立方体贴图:设置内散射颜色立方体贴图资源,使用该资源时,雾内散射颜色将不会生效,并禁用定向内散射。
- 内散射颜色立方体贴图角度:内散射颜色立方体贴图绕 Z 轴旋转的角度。

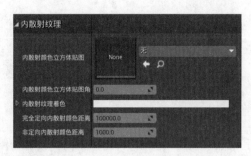

图 8.24　设置"内散射纹理"参数

- 内散射纹理着色：内散射颜色立方体贴图时使用的颜色，在无须重新导入内散射颜立方体贴图指定的立方体贴图时，有助于快速编辑。
- 完全定向内散射颜色距离：直接对内散射颜色使用的内散射颜色立方体贴图距离。
- 非定向内散射颜色距离：仅将内散射颜色立方体贴图的平均颜色用作内散射颜色的距离。

"指向性内散射"参数，如图 8.25 所示。

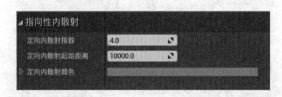

图 8.25　设置"指向性内散射"参数

- 定向性内散射指数：控制定向内散射椎体大小，用于估算定向光源的内散射。
- 定向内散射起始距离：控制定向内散射查看器的开始距离，用于估算定向光源的内散射。
- 定向内散射颜色：设置定向内散射颜色，用于估算定向光源的内散射。此设置与定向光源模拟颜色的调整类似。

使用"体积雾"能轻松创建非常逼真的雾效，但这也意味着较大的性能开销，体积雾设置如图 8.26 所示。

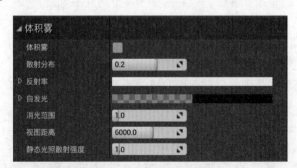

图 8.26　设置"体积雾"参数

- 体积雾：勾选是否使用体积雾。
- 散射分布：控制散射相函数，即进入光线在各个方向的散射量。分布值为 0 时均匀散射到各方向，而值为 0.9 时主要以光照方向散射。为在侧面设置可见体积雾光束，值需更接近于 0。

- 反射率：体积雾使用的高度雾粒子反射度。雾的效果偏白，霾的效果偏灰。
- 自发光：使得体积雾会自发光，数值越大，光强度越高。
- 消光范围：控制参与媒介阻挡光线的程度，值越大阻挡能力越强。
- 视图距离：距离摄像机的距离，如果大于此距离则开始计算体积雾，值越大，效果延伸得越长，会暴露更多的采样瑕疵。
- 静态光照散射强度：控制体积雾中散射静态光照的强度。

2. 雾效切换案例

制作一个案例，实现雾效的实时变化。

1）案例效果

在第三人称模版关卡中放入一个碰撞盒体，当玩家没有与盒体碰撞，天空雾气等一切正常，如图 8.27 所示。

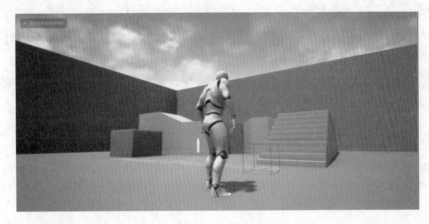

图 8.27 碰撞前

与关卡中盒体碰撞后，天空中的雾气变红，如图 8.28 所示。

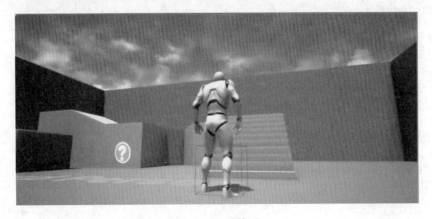

图 8.28 碰撞后

当碰撞结束后，天空雾气颜色复原，如图 8.29 所示。

图 8.29　离开碰撞

2）制作流程

新建 C++ 类，将其命名为 FogChangeActor 类，继承于 Actor 类。

在头文件中声明对指数高度雾的引用和对盒体组件的引用，并为这个盒体组件声明重叠开始函数和重叠结束函数。

```
UPROPERTY(EditAnywhere,BlueprintReadWrite,Category="Fog")
class AExponentialHeightFog * ExponentialHeightFog;
UPROPERTY(VisibleAnywhere, BlueprintReadOnly)
class UBoxComponent* ChangeBox;
UFUNCTION()
void OnChangeBoxOverlapBegin(UPrimitiveComponent* OverlappedComponent,
    AActor* OtherActor, UPrimitiveComponent* OtherComp,
     int32 OtherBodyIndex, bool bFromSweep, const FHitResult&
SweepResult);
UFUNCTION()
void OnChangeBoxOverlapEnd(UPrimitiveComponent* OverlappedComponent,
    AActor* OtherActor, UPrimitiveComponent* OtherComp, int32
OtherBodyIndex);
```

在源文件中引入指数高度雾头文件、组件头文件及盒体组件头文件。

```
#include "Engine/ExponentialHeightFog.h"
#include "Components/BoxComponent.h"
#include "Components/ExponentialHeightFogComponent.h"
```

在构造函数中定义盒体组件并将其设置为游戏内可视。

```
ChangeBox = CreateDefaultSubobject<UBoxComponent>(TEXT("CombatBox"));
    ChangeBox->SetupAttachment(RootComponent);
    ChangeBox->bHiddenInGame=0;
```

分别定义重叠开始函数和重叠结束函数，使其重叠开始时将雾颜色改为红色，重叠结束后恢复原色。

```
   void AFogChangeActor::OnChangeBoxOverlapBegin(UPrimitiveComponent*
OverlappedComponent, AActor* OtherActor,UPrimitiveComponent* OtherComp,
int32 OtherBodyIndex, bool bFromSweep, const FHitResult& SweepResult){
    if(OtherActor){
       ExponentialHeightFog->GetComponent()->SetFogInscatteringColor(FLin
earColor(1,0,0));
    }
   }
   void AFogChangeActor::OnChangeBoxOverlapEnd(UPrimitiveComponent*
OverlappedComponent, AActor* OtherActor,UPrimitiveComponent* OtherComp,
int32 OtherBodyIndex){
    if(OtherActor){
       ExponentialHeightFog->GetComponent()->SetFogInscatteringColor(FLin
earColor(0,0,0));
    }
   }
```

最后，在头文件中启用碰撞。

```
   void AFogChangeActor::BeginPlay(){
    Super::BeginPlay();
    ChangeBox->OnComponentBeginOverlap.AddDynamic
    (this,&AFogChangeActor::OnChangeBoxOverlapBegin);
    ChangeBox->OnComponentEndOverlap.AddDynamic(this,&AFogChangeActor::O
nChangeBoxOverlapEnd);
   }
```

编译生成解决方案。将该类蓝图化，将其命名为 BP_FogChangeActor，放入 Blueprint 文件夹。将 BP_FogChangeActor 拖入关卡中，并在细节面板中将 Fog 板块下的 ExponentialHeightFog 设置为关卡中的指数高度雾 Actor，如图 8.30 所示。

图 8.30 设置指数高度雾

再使用玩家 Character 与该 Actor 碰撞，即可实现上述雾颜色变换效果。

8.4　虚　拟　摇　杆

1. 虚拟摇杆的创建

（1）创建空白项目 JoystickDemo。

（2）创建虚拟摇杆。

① 右击→其他→触摸界面设置，创建"触摸界面设置"，将其重命名为 Joystick。

② 编辑→项目设置→输入→移动平台，将默认触控界选项设置为 Joystick。

2. 编辑设置 Joystick

（1）打开 Joystick 界面，在"控制"中添加元素。

（2）设置 Joystick 各个参数，如图 8.31 所示。

（3）其他设置，如图 8.32 所示。

将"默认视口鼠标捕获模式"设置为无捕获（注意：如果不将这项设置为无捕获，在 Edit 模式下，摇杆可用，打包后摇杆不可用），如图 8.32 所示。鼠标属性设置如图 8.33 所示。

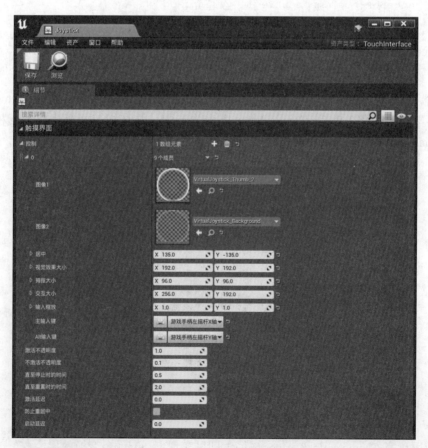

图 8.31　设置 Joystick 的各个参数

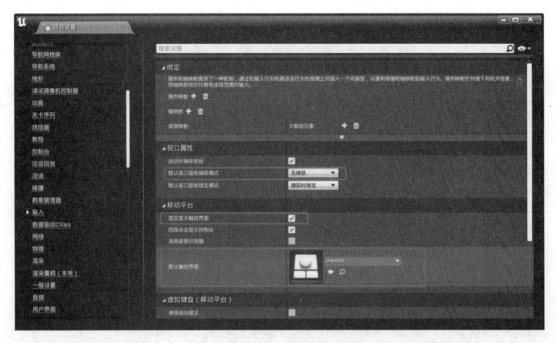

图 8.32 其他设置

图 8.33 设置鼠标属性

3. 最终效果

这样就可以在游戏中使用虚拟摇杆进行场景漫游了，如图 8.34 所示。

图 8.34 游戏场景漫游

8.5 音 频 文 件

1. 单文件导入

（1）在内容浏览器中单击"导入"（Import）按钮，如图 8.35 所示。

图 8.35 Import 按钮

（2）选择需要导入的 .WAV 文件，可以在 Windows 文件浏览器窗口中选择音效文件，或者单击并将其拖入虚幻引擎编辑器中的"内容浏览器"（Content Browser）。

2. 多通道导入

（1）在内容浏览器中单击"导入"（Import）按钮。

（2）选择将构成音效资源的文件。检查它们是否拥有正确的命名规范，如 Surround_fl.wav、Surround_fr.wav、Surround_sl.wav、Surround_sr.wav。

（3）此操作将创建一个命名为 Surround 的四通道资源。

在 Windows 文件浏览器窗口中选择所有音效文件，或者单击并将其拖入 UE 中的内容浏览器。

8.6 UE 中的 Sound Cue

UE 中的音频播放行为是在 Sound Cue 中定义的。Sound Cue 编辑器是一个用来处理音频的节点式编辑器。

1. Sound Cue

（1）Sound Cue 编辑器中创建的节点组合的音频输出保存为 Sound Cue。

（2）默认情况下，每个 Sound Cue 的音频图表节点包含一个输出节点，该节点上有一个扬声器图标。音量乘数的输出节点默认值是 0.75，音高乘数是 1.00。可以在细节面板中修改这些值。

（3）音量和音高设置用于管理相对 Sound Cue 音量。这影响 Sound Cue 中包含的所有音频的输出。如果将多个音波与混音器或随机节点一起使用，可以通过添加调制器节点来单独控制它们的音量和音高。

2. 音波

（1）音波是对 Sound Cue 编辑器中导入的音频文件的表示。可以在内容浏览器中选择音波资源，然后将它添加到正在编辑的 Sound Cue 中。具体操作方法是在 Sound Cue 编辑器中的任意位置右击，并从弹出的快捷菜单中的"从选中项"（From Selected）类别中选择音波。

（2）由于其他 Sound Cue 可能会使用同一个音波，因此无法在 Sound Cue 编辑器中修改音波的音量和音高值。但是，可以在导入时修改音波的属性，或者在内容浏览器中双击以将其打开。

3. 创建 Sound Cue

（1）在内容浏览器中，单击"添加 / 导入"（Add New），或在内容浏览器的空白处右击以调出"新建资源"（New Asset）菜单。

（2）在"其他资源"（Other Assets）下面，单击声音（Sounds），然后单击 Sound Cue；

（3）输入新 Sound Cue 的名称。

4. 音频节点图表

（1）音频节点图表位于视口面板中。它从左到右显示音频信号路径，相互连接的节点分别表示各个音频控制模块和音频文件。输出（Output）节点上有一个扬声器图像，表示在游戏中听到的最终音频输出，始终在信号路径的最右侧。源音频文件（音波）始终在信号路径的最左侧。节点之间使用引线连接，如图 8.36 所示。

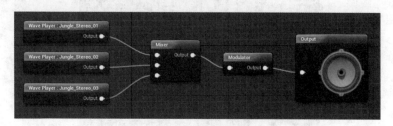

图 8.36　音频节点图表

要播放预览，使用 Sound Cue 编辑器窗口顶部的工具栏中的播放按钮。

（2）播放 Cue（Play Cue）按钮播放整个 Sound Cue，播放节点（Play Node）按钮从所选节点播放声音。如果选择了多个节点，播放节点按钮将显示为灰色，不可使用在 Sound Cue 播放期间，为了帮助调试，当前活跃节点的引线将变为红色。这样方便实时跟踪 Sound Cue 的构造，如图 8.37 所示。

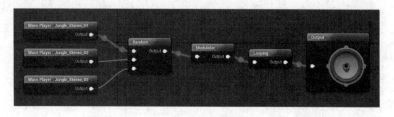

图 8.37　音频蓝图调试图示

（3）可以通过将音频节点从"控制板"（Palette）拖到图表来进行添加，如图 8.38 所示。

图 8.38　拖出 Looping 节点

（4）还可以在图表中右击，从显示的快捷菜单中选择节点来添加节点，如图 8.39 所示。

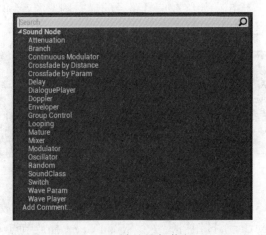

图 8.39　右击添加节点

对于虚幻引擎编辑器中其他基于节点的编辑器，可以在搜索框中输入文字，动态筛选快捷菜单中显示的节点列表，如图 8.40 所示。

图 8.40　右击搜索节点

（5）如果图表中有节点，可以从现有节点的引脚拖出引线，然后从弹出的快捷菜单中选择新节点来添加新节点，如图 8.41 所示。

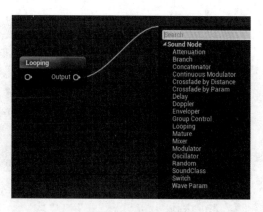

图 8.41　引脚搜索节点

8.7　C++ 播放音频

声音播放涉及两种方式，一种是直接播放音频文件，一种是通过 Cue 进行播放。

1. 直接播放音频文件

引用音频资源，可参考如下代码。

```
private:
    USoundWave* fireSound
    //加载音频资源
    auto FireSoundAsset = ConstructorHelpers::FObjectFinder<USoundWave>
(TEXT("SoundWave/Game/BP/fireSound.fireSound"));
    if(FireSoundAsset.Succeeded()){
        fireSound = FireSoundAsset.Object;
    }
```

播放声音文件需要通过 UGameplayStatics::PlaySound() 或者 UGameplayStatics::PlaySoundAtLocation() 方法实现。

游戏中武器开火时实现声音的播放，需要输入的参数分别为：在哪里播放，声音文件是什么和播放声音文件的具体位置，代码如下。

```
void AmainPlayer::Fire()
{
    UGameplayStatics::PlaySoundAtLocation(GetWorld(),FireSound,this-
>GetActorLocation());
}
```

2. 通过 Cue 播放

（1）新建一个 SoundCue 文件，如图 8.42 所示。

（2）选择 WavePlayer，并为之选择一个 Wave 音频文件，如图 8.43 所示。

图 8.42　SoundCue 文件

图 8.43　编辑 WavePlayer

（3）声明一个 USoundCue 的对象指针，并与之前一样，加载资源。

（4）播放 SoundCue 文件需要通过 UGameplayStatics::SpawnSoundAttached 方法实现。播放 SoundCue 时，需要指定一个 Attach 对象，该对象要么是一个 Pawn，要么是一个 Location，代码如下。

```
private:
    USoundWave* FireSound;
    USoundCue* SoundCue;
void AMainPlayer::Fire()
{
    //方法 1
    UGameplayStatics::PlaySoundAtLocation(GetWorld(),FireSound,this->
    GetActorLocation());
    //方法 2
    UAudioComponent* ac = UGameplayStatics::SpawnSoundAttached(SoundCue,
this);
    ac->Activate(true);
}
```

8.8　本章小结

　　本章选取了一些游戏中常用的开发技术进行介绍，天空盒是游戏场景中几乎必不可少的一个组件，控制整个场景的光照，本章还有一个昼夜变换的案例展示，读者可以实现后自行修改，更好地掌握天空盒的设置。

　　笔刷是本章的重点内容之一。场景中的很多事物如常见的建筑、家具等事物，都可以通过笔刷来构建。通过对笔刷几何体的操作，可以搭建出想要的效果。雾效的添加会让场景变得更加真实，本章这部分也提供了一个雾气变化的案例供读者学习理解。雾不仅能当作雾气，而且很多特殊效果都能使用雾气来实现。

　　然后介绍了虚拟摇杆的创建与使用，使得游戏可以通过摇杆控制，最后还介绍了游戏中的音频文件的使用，以及如何用 C++ 控制音频文件。还有很多常见的技术书中未介绍，读者可以自行去了解。

材质编辑器

- 掌握 Unreal Engine 5 材质的基本知识。
- 掌握 Unreal Engine 5 材质的使用。

9.1 材质基础

材质是决定游戏中对象和关卡外观的重要因素之一，UE 包含一个完整的基于物理的材质系统，开发者可以直接使用该工具对材质进行全面的编辑，以达到自己想要的视觉效果。UE 中使用的是 PBR 材质，本章将通过一种快速且高质量的方法来创建材质。

在所有常用材质类型中，UE 材质类资源大体可分为：材质、材质参数集、材质函数、材质实例、材质图层和立方体渲染目标等，如图 9.1 所示。

UE 包含了多种类型的材质资源，本书将以标准材质为例来介绍材质在 UE 中的编辑和使用。

1. 材质基本概念

在 UE 中，材质通过可视化的脚本节点（材质表达式）进行编辑。这种可视化的编辑方式相较于传统的代码来说更加生动。但每个节点的背后仍是一串代码，这是一种被称为"高级着色语言"（High Level Shader Language，HLSL）的专用编码语言，也就是说材质的创建过程其实是一个可视化编程的过程。

对于材质来说，最重要的属性就是颜色。在 UE 的材质编辑器中，数字表示颜色，它们由 4 个通道组成：R（红色）、G（绿色）、B（蓝色）、A（阿尔法）。对于所有材质的每一个像素而言，它们都可以由一组数字来表示。材质处理的大部分工作不过是对这些数字的处理。

图 9.1　材质资源类型

下面举例来了解这些数字产生的颜色变化。

新建一个材质，双击进入材质编辑器界面。按住键盘上数字键 3 然后单击图表空白部分即可添加一个三通道（R、G、B）的颜色节点。同理，按住键盘上数字键4然后单击图表空白部分，创建一个四通道（R、G、B、A）节点；按住键盘上数字键2然后单击图表空白部分，创建一个二通道（R、G）节点；按住键盘上数字键1然后单击图表空白部分，则会创建一个常量节点。

创建两个三通道的颜色节点，分别设置为红色（将R通道值设置为1，其余为0）和绿色（将G通道值设置为1，其余为0)，再使用Add节点将它们相加，将相加后的结果连接到主材质节点的基础颜色属性并保存，红色加绿色变成了黄色，如图9.2所示。

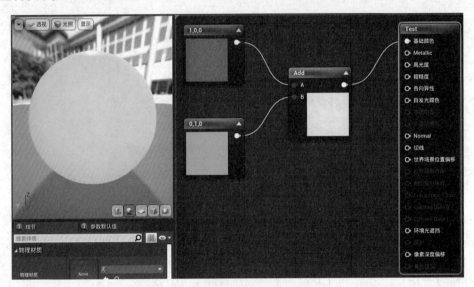

图 9.2　Add 节点

再创建一个三通道颜色节点，将R和G通道的值都设为1，B通道为0，也实现了和图9.2相同的黄色，如图9.3所示。

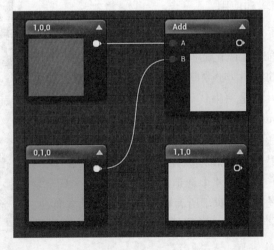

图 9.3　颜色对比

执行单通道操作的节点一般需要具有相同通道数目的输入。例如上述，可以将一个三通道颜色与另一个三通道颜色使用 Add 节点相加，但不能将 RGBA（四通道）颜色与 RGB（三通道）颜色相加，这是因为 RGB 颜色没有阿尔法通道。这会产生错误并导致材质无法编译。此规则有一个例外情况，即其中一个输入是单通道（标量）值。在这种情况下，该标量的值将直接应用于所有其他通道。

UE 中材质的颜色信息以浮点值形式储存，所以每个通道的值范围并不是常用的 0 到 255，而是 0.0 到 1.0。但可以使用超过 1.0 的值，当在"自发光"（Emissive）输入时，大于 1.0 的值会增加发光强度。

2. 材质的应用

应用材质的方式非常多，但同样都非常简单。

对于静态网格体，最简单直接的方式就是将材质直接拖到物体表面即可应用，如图 9.4 所示。

也可以选择场景中的 Actor，在细节面板中找到材质一栏，单击下拉栏，选择或者搜索资源管理器中的资源即可应用，如图 9.5 所示。

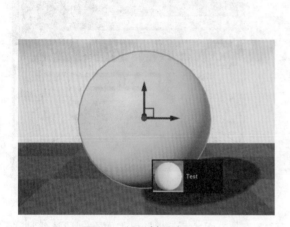

图 9.4 设置材质资源 -1

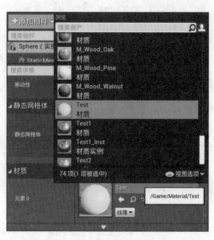

图 9.5 设置材质资源 -2

也可从资源管理器中将材质直接拖到材质栏上即可应用，如图 9.6 所示。

还可以在资源管理器中选中所需的材质资源后，在材质一栏中单击向左的箭头按钮，直接应用选中的材质资源，如图 9.7 所示。

图 9.6 设置材质资源 -3

图 9.7 设置材质资源 -4

对于笔刷资源，需要将材质资源拖到其具体的表面以应用到对应的表面上，如图 9.8 所示。

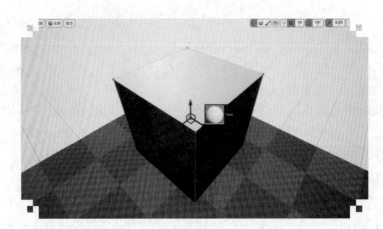

图 9.8　设置材质资源 -5

也可以先选中需要赋予材质的面，在细节面板中即可找到表面材质属性进行设置，如图 9.9 和图 9.10 所示。

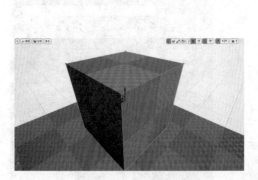

图 9.9　设置材质资源 -6

图 9.10　设置材质资源 -7

若要将该笔刷的所有面都应用该材质，不必一个个面去手动刷。只需要在创建该笔刷前，在资源管理器中选中需要使用的材质资源，再创建笔刷，即可创建一个所有面都使用目标材质的笔刷，如图 9.11 所示。

图 9.11　设置材质资源 -8

9.2 材质表达式

材质表达式就是材质编辑器中的每个节点（见图 9.12），包括之前介绍的二、三、四通道颜色节点和常量节点。

（1）评论气泡：所有材质表达式均拥有的一个属性。在此属性中输入的文本将显示在材质编辑器中工作区表达式的上方，其用途广泛，主要作用是简单介绍表达式的作用，如图 9.13 所示。

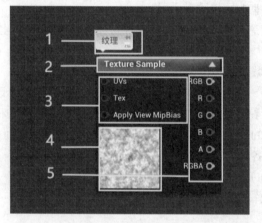

图 9.12　材质表达式

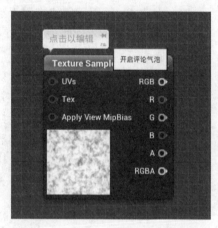

图 9.13　评论气泡

（2）标题栏：显示材质表达式属性的命名和 / 或相关信息，如图 9.14 所示。

（3）输入：接收材质表达式所用值的链接，如图 9.15 所示。

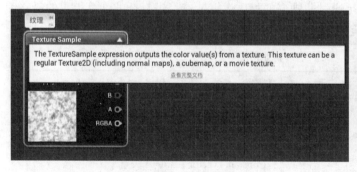

图 9.14　标题栏

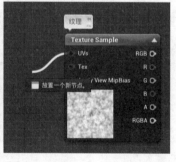

图 9.15　输入

（4）预览：显示材质表达式所输出值的预览。实时更新启用时自动进行更新。可使用空格键手动更新。

（5）输出：输出材质表达式运算结果的链接。

下面是常用的材质表达式。

- 光照半透明：对半透明表面施以光照，并投射包括自身阴影在内的阴影。
- 大气表达式：影响雾和其他大气效果的表达式。
- 颜色表达式：对颜色输入执行操作的表达式。
- 常量表达式：输出值在编辑器中设置后或在游戏开始时设置后，通常保持不变的表达式。
- 坐标表达式：对纹理坐标、可用作纹理坐标的输出值或者用来修改纹理坐标的输出值执行操作的表达式。
- 自定义表达式：允许使用自定义普通着色器代码的表达式。
- 深度表达式：处理所渲染像素深度的表达式。
- 字体表达式：对字体资源进行取样和输出的表达式。
- 材质函数表达式：用来创建或执行材质函数的表达式。
- 地形表达式：可用于创建应用于地形地貌的材质表达式。
- 材质属性表达式：这些表达式节点使您能够分隔或组合各种材质属性，这在创建分层材质时特别有用。
- 数学表达式：对一个或多个输入执行数学运算的表达式。
- 参数表达式：这类表达式向材质实例公开属性，以便在子实例中覆盖或在运行时修改。
- 粒子表达式：用于创建要应用于粒子系统中的发射器的材质表达式。
- 纹理表达式：对纹理进行取样和输出的表达式。
- 实用表达式：对一个或多个输入执行各种实用运算的表达式。
- 矢量表达式：输出位置、法线等矢量的表达式。
- 矢量操作表达式：对矢量输入执行操作的表达式。

9.3 常用材质运算节点

一个精美的材质资源往往是通过非常多的材质运算节点经过复杂的计算得出的最终编译视觉效果，其中常用的材质运算节点，如表 9.1 所示。

表 9.1 材质运算节点

属　　性	描　　述
Constants（常量）	• Constant（常量） • Constant2Vector（常量 2 矢量） • Constant3Vector（常量 3 矢量） • Constant4Vector（常量 4 矢量） • VertexColor（顶点颜色） • ViewProperty（视图属性）
Functions（函数）	• FunctionInput（函数输入） • FunctionOutput（函数输出） • MaterialFunctionCall（材质函数调用）

续表

属　　性	描　　述
MaterialAttributes（材质属性）	• BreakMaterialAttributes（打破材质属性） • MakeMaterialAttributes（建立材质属性）
Custom（自定义）	Custom（自定义）
Math（数学）	• Abs（绝对值） • Add（加） • Ceil（向上取整） • Divide（除） • Floor（向下取整） • Multiply（乘） • Power（幂） • Round（四舍五入） • SquareRoot（平方根） • Subtract（减）

其中 Custom 节点为定制表达式节点，节点的本质就是被称为 HLSL 的专用编码语言。其中 Custom 节点的属性可由用户自己编写代码，其语法与 HLSL 语法一致。

节点的输出是代码中的返回值，返回值类型可在 Output Type 属性中修改，如选择 CMOT Float3，代码写入 return float3(0,0,0)。这种简单的表达式也可以不使用 return，直接写成 float3(0,0,0)。，将该节点连接到主材质节点的 BaseColor 属性上，输出显示的材质颜色为黑色。Custom 节点还有可以添加任意数量的输入，实现更复杂的功能。

例如，官方文档中对模糊平滑处理实例的说明。

```
float3 blur = Texture2Dsample(Tex, TexSampler, uV);
for (int i = o; i < r; i++){
    blur += Texture2DSample(Tex, TexSampler, Uv + float2(i * dist, 0));
    blur += Texture2DSample( Tex, TexSampler, uv - float2(i * dist,0));
}
for (int j = o; j < r; j++){
    blur += Texture2DSample(Tex, Texsampler, Uv + float2(e, j * dist));
    blur += Texture2DSample( Tex, TexSampler, uv - float2(0, j * dist));
}
    blur /= 2*(2*r)+1;return blur;
```

9.4　材　质　输　入

主材质节点负责显示所有输入到其中的材质表达式节点的结果。主材质节点的每个输入都会对材质的外观和行为产生独特的影响。

其主要参数为：基础颜色（Base Color）、金属度（Metallic）、高光度（Specular）、粗

糙度（Roughness）、自发光颜色（Emissive Color）、不透明度（Opacity）、不透明蒙板（Opacity Mask）、法线（Normal）、世界位置偏移（World Position Offset）、世界位移（World Displacement）、多边形细分乘数（Tessellation Multiplier）、次表面颜色（Subsurface Color）、透明涂层（Clear Coat）、透明涂层粗糙度（Clear Coat Roughness）、环境遮挡（Ambient Occlusion）、折射（Refraction）、像素深度偏移（Pixel Depth Offset）。

下面通过一个具体的案例来了解材质基础节点的使用。

一个材质的建立分为三步，第一步确定基础颜色，第二步确定是否是自发光或者是外界光，第三步确定是否有遮罩蒙板。

（1）通过按住键盘上的数字键 3 单击，可以在创建的材质中建立需要的三通道颜色输入，并将其命名为 blackhole。

（2）双击颜色模块，可以拖动光标设置颜色，如图 9.16 所示。

（3）将其从输出口连接到材质基础面板的基础颜色，就设置好了颜色。

（4）确定材质域。材质的常用设置为表面、光照函数、用户界面。单击下拉列表框选择表面，如图 9.17 所示。

材质输入

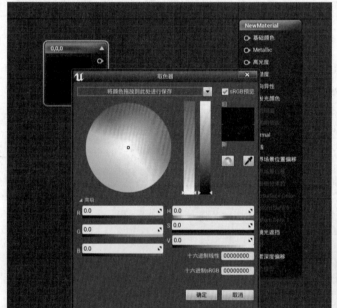

图 9.16　设置基础颜色

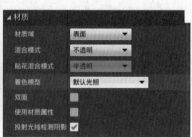

图 9.17　选择表面

（5）设置混合模式：选择不透明模式。

（6）应用快捷键 P，设置基础色为紫色，如图 9.18 所示。

（7）快捷键 M 设置 multiply 函数，按图 9.19 所示进行连接。

（8）再次建立 multiply 函数将上一步的函数输出连接到本函数的输入，使两个函数相乘。

（9）右击查找 Fresnel_function 函数乘以 power 系数（具体参照上文），设置为 base 系数。输出到第 8 步的 multiply 函数。

（10）将该 multiply 函数输出到自发光颜色。至此一个简易的黑洞材质就制作完成了。

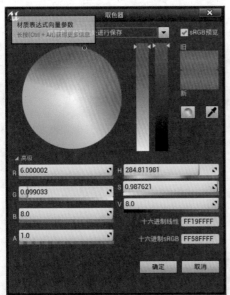

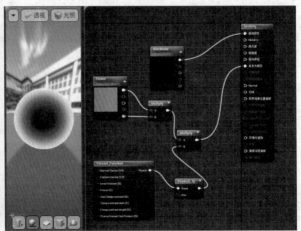

图 9.18　设置颜色

图 9.19　总节点图

9.5　本章小结

　　本章介绍了 UE 中材质的基本概念与使用。材质在游戏呈现上十分重要，效果好的材质能让玩家更乐于沉浸在游戏之中。第一节中简单介绍了材质的概念与应用，大部分情况下，只需掌握材质的使用即可，读者可以在互联网上找到很多材质包，导入自己的项目中。

　　本章前两节对材质进行了深入的讲解。学习完材质表达式，读者就可以在材质编辑器中编辑材质的各个属性，设计制作出所要的材质。当然，这需要大量的测试与试验，还需要很多其他方面的知识。

第 10 章

光影效果

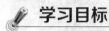 **学习目标**

- 掌握 Unreal Engine 5 光源类型、贴图相关内容。
- 掌握 Unreal Engine 5 光照贴图、反射环境。

10.1 光 源 类 型

UE 中有 5 种光源类型：定向光源（Directional Light）、点光源（Point Light）、聚光源（Spot Light）、矩形光源（Rect Light）以及天空光照（Sky Light）。每种光源都可在 Transform 区块设置其移动性（Mobility）。三种移动性分别为静态、固定和可移动。

（1）静态光源（Static）。

- 不能动态实时地添加，只能预先烘焙好效果，但是不能和动态物体进行集成。
- 性能消耗最低，一个光源和 1000 个光源的效果是一样的，只会影响烘焙时间。
- 影子可以根据光照贴图的分辨率来调整锐利清晰程度。

（2）固定光源（Stationary）。

- 位置不变，但是亮度颜色可以发生变化，只不过间接反射光线的影响不会发生变化，是预先烘焙好的。
- 性能消耗中等。
- 会将阴影信息存储到阴影贴图中，所以只能同时允许 4 个固定光源产生重叠，如果超过 4 个，多余的光源将会转换使用动态阴影，增大消耗，可以通过 ViewMode 中的 Stationary Light Overlap 视图进行查看。
- 固定光源中的动态物体需要创建两套阴影，一套是来自其他物体投射到动态上的引用，一套是动态物体本身产生的阴影，所以如果动态的物体数目不多，适合固定光源，如果固态物体足够多，可以考虑使用移动光源。

（3）移动光源（Moveable）。

- 可以动态添加，实时变化。
- 性能消耗高，取决于受该光源影响的网格数量和三角形数量。
- 不过照射的影子比较锐利，而且光线不能够进行反射。

1. 点光源

点光源的工作原理很像一个真实的灯泡，从灯泡的钨丝向四面八方发出光。然而，为了性能考虑，点光源被简化为从空间中的一个点均匀地向各个方向发射光。

下面是放置在关卡内的点光源的两个例子，图 10.1 是一个显示其半径的点光源，而图 10.2 是没有显示半径的同一光源，这给人一种光源将照亮世界的良好印象。

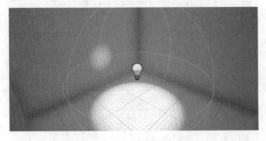 

图 10.1 显示半径的点光源　　　　　　图 10.2 不显示半径的点光源

虽然点光源只从空间中的点发出，没有形状，但 UE 可以给点光源一个半径和长度，用于反射和高光，如图 10.3 所示，让点光源更加真实。

图 10.3 不同点光源效果

点光源的属性分为 4 类：光源、点光源描述文件、Lightmass 和光源函数。

（1）光源。点光源的光源属性如表 10.1 所示。

表 10.1 点光源的光源属性

属　性	说　明
强度（Intensity）	光源发出的总能量
光源颜色（Light Color）	光源发出的颜色
衰减半径（Attenuation Radius）	限制光的可见影响
光源半径（Source Radius）	光源形状的半径
光源长度（Source Length）	光源形状的长度
影响世界（Affects World）	完全禁用光源。无法在运行时设置。要在运行时禁用光源的效果，更改其可视性（Visibility）属性
投射阴影（Casts Shadows）	光源是否投射阴影
间接照明强度（Indirect Lighting Intensity）	缩放光源的间接照明贡献
使用平方反比衰减（Use Inverse Squared Falloff）	是否使用基于物理的平方反比距离衰减，其中，衰减半径只是用于限制光源的影响范围

续表

属　　性	说　　明
光源衰减指数（Light Falloff Exponent）	禁用 UseInverseSquaredFalloff 时，控制光源的径向衰减
反射乘数（Specular Scale）	反射高光的乘数。必须谨慎使用，除 1 之外的任何值都是违反物理规则的！可以用于艺术化地移除高光以模仿偏振滤镜或照片润色
阴影偏差（Shadow Bias）	控制光源的阴影的精确程度
阴影过滤锐化（Shadow Filter Sharpen）	将光源的阴影过滤锐化多少
接触阴影长度（Contact Shadow Length）	屏幕空间到锐化接触阴影的光线追踪的长度。值为 0 表示禁用此选项
投射半透明阴影（Cast Translucent Shadows）	是否允许光源通过半透明对象投射动态阴影
影响动态间接照明（Affect Dynamic Indirect Lighting）	是否应将光源注入光传播体积
投射静态阴影（Cast Static Shadows）	光源是否会投射静态阴影
投射动态阴影（Cast Dynamic Shadows）	光源是否会投射动态阴影
影响半透明光照（Affect Translucent Lighting）	光源是否会影响半透明度

（2）点光源描述文件。点光源描述文件属性如表 10.2 所示。

表 10.2　点光源描述文件属性

属　　性	说　　明
IES 纹理（IES Texture）	用于光源描述文件的 IES"纹理"。IES 文件是 ASCII 格式的，但 UE 将它们表示为纹理，而不是图像文件
使用 IES 亮度（Use IES Brightness）	如果值为 false，它将利用光源的亮度来决定要产生多少光。如果值为 true，它将使用 IES 文件的亮度（以流明计）通常比 UE 中光源的默认值大得多
IES 亮度比例（IES Brightness Scale）	IES 亮度贡献比例，因为它们能明显让场景变暗

（3）Lightmass。点光源 Lightmass 属性如表 10.3 所示。

表 10.3　点光源 Lightmass 属性

属　　性	说　　明
间接照明饱和度（Indirect Lighting Saturation）	值为 0 将使该光源在 Lightmass 中完全去饱和，值为 1 则饱和度不变
阴影指数（Shadow Exponent）	控制阴影半影的衰减

（4）光源函数。点光源光源函数属性如表 10.4 所示。

表 10.4　点光源光源函数属性

属　　性	说　　明
光源函数材质（Light Function Material）	应用于光源的光源函数材质
光源函数缩放（Light Function Scale）	缩放光源函数投射
光源函数淡出距离（Light Function Fade Distance）	光源函数在该距离处会完全淡出至禁用亮度（Disabled Brightness）中设置的值

续表

属 性	说 明
禁用亮度（Disabled Brightness）	以上面的光源函数淡出距离（Light Function Fade Distance）属性为例，就是指当光源函数已指定但被禁用时，应用于光源的亮度因子

2. 定向光源

定向光源（Directional Light）将模拟从无限远的源头处发出的光线。这意味着此光源投射出的阴影均为平行的，因此适用于模拟太阳光。图10.4展示了从开放屋顶照射进来的太阳光。

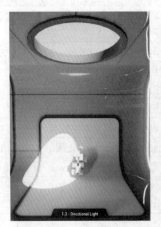

图10.4　阴影视锥的有无

左图只显示了光照，右图则启用了阴影视锥，展示了定向光源发出的平行光线。

定向光源的属性分为以下6类：光源、光束、Lightmass、光照函数、级联阴影贴图以及大气和云层。

（1）光源。定向光源光源属性如表10.5所示。

表10.5　定向光源光源属性

属 性	说 明
强度（Intensity）	光源发出的总能量
光源颜色（Light Color）	光源发出的颜色
用作大气阳光（Used As Atmosphere Sun Light）	使用此定向光源来定义太阳在天空中的位置
影响世界（Affects World）	完全禁用光源。无法在运行时设置。要在运行时禁用光源的效果，更改其可视性（Visibility）属性
投射阴影（Casts Shadows）	光源是否投射阴影
间接照明强度（Indirect Lighting Intensity）	缩放光源的间接照明贡献
最小粗糙度（Min Roughness）	对此光照产生作用的最小粗糙度，用于柔化反射高光
阴影偏差（Shadow Bias）	控制该光源阴影的精确程度
阴影过滤锐化（Shadow Filter Sharpen）	将该光源的阴影过滤锐化多少
投射半透明阴影（Cast Translucent Shadows）	是否允许该光源通过半透明对象投射动态阴影

续表

属　性	说　明
影响动态间接照明（Affect Dynamic Indirect Lighting）	是否应将光源注入光传播体积
投射静态阴影（Cast Static Shadows）	该光源是否会投射静态阴影
投射动态阴影（Cast Dynamic Shadows）	该光源是否会投射动态阴影
影响半透明光照（Affect Translucent Lighting）	光源是否会影响半透明度

（2）光束。定向光源光束属性如表 10.6 所示。

表 10.6　定向光源光束属性

属　性	说　明
启用光束遮挡（Enable Light Shaft Occlusion）	确定光源是否会对雾气和大气之间的散射形成屏幕空间模糊遮挡
遮挡遮罩暗度（Occlusion Mask Darkness）	控制遮挡遮罩的暗度，值为 1 则无暗度
遮挡深度范围（Occlusion Depth Range）	和相机之间的距离小于此距离的物体均会对光束构成遮挡
启用光束泛光（Enable Light Shaft Bloom）	确定是否渲染此光源的光束泛光
泛光缩放（Bloom Scale）	缩放叠加的泛光颜色
泛光阈值（Bloom Threshold）	场景颜色必须大于此阈值，方可在光束中形成泛光
泛光着色（Bloom Tint）	对光束发出的泛光效果进行着色时所使用的颜色
光束覆盖方向（Light Shaft Override Direction）	可使光束从另一处发出，而非从该光源的实际方向发出

（3）Lightmass。定向光源 Lightmass 属性如表 10.7 所示。

表 10.7　定向光源 Lightmass 属性

属　性	说　明
光源角度（Light Source Angle）	定向光源的自发光表面相对于接收物而延展的角度，影响阴影半影尺寸
间接照明饱和度（Indirect Lighting Saturation）	值为 0 将使光源在 Lightmass 中完全去饱和，值为 1 则饱和度不变
阴影指数（Shadow Exponent）	控制阴影半影的衰减

（4）光照函数。定向光源光照函数属性如表 10.8 所示。

表 10.8　定向光源光照函数属性

属　性	说　明
光照函数材质（Light Function Material）	应用到该光源的光照函数材质
光照函数缩放（Light Function Scale）	缩放光照函数投射
光照函数淡化距离（Light Function Fade Distance）	在此距离中，光照函数将完全淡化为已禁用亮度（Disabled Brightness）中的值
已禁用亮度（Disabled Brightness）	以上面的光照函数淡化距离（Light Function Fade Distance）属性为例，就是指光照函数已指定但被禁用时应用到光源的亮度因子

（5）级联阴影贴图。定向光源级联阴影贴图属性如表 10.9 所示。

表 10.9 定向光源级联阴影贴图属性

属 性	说 明
动态阴影距离可移动光照（Dynamic Shadow Distance MovableLight）	可移动光照、联级阴影贴图、动态阴影将覆盖的距离，从相机位置开始测量
静态阴影距离可移动光照（Dynamic Shadow Distance StationaryLight）	静态光照、联级阴影贴图、动态阴影将覆盖的距离，从相机位置开始测量
数字动态阴影级联（Num Dynamic Shadow Cascades）	将整个场景阴影视锥拆分为的联级数量。
级联分布指数（Cascade Distribution Exponent）	控制联级分布靠近相机（指数较小）或远离相机（指数较大）
级联过渡部分（Cascade Transition Fraction）	联级之间淡化区域的比例
阴影距离淡出部分（Shadow Distance Fadeout Fraction）	控制动态阴影影响远端淡出区域的大小
使用可移动对象的内嵌阴影（Use Inset Shadows for Movable Objects）	（仅限静态光照）是否将逐对象内嵌阴影用于可移动组件，即使在联级阴影贴图已启用时同样如此。

（6）大气和云层。定向光源大气和云层属性如表 10.10 所示。

表 10.10 定向光源大气和云层属性

属 性	说 明
大气日光（Atmosphere Sun Light）	定向光源是否能够与大气及云层相互作用并生成视觉上的日轮——这些共同组成了视觉上的天空
在云层上投射阴影（Cast Shadows on Clouds）	光源是否应该将不透明对象的阴影投射在云层上。如果场景中存在第二个定向光源（如太阳或月亮），并且启用了大气日光（Atmosphere Sun Light）以及将大气日常索引（Atmosphere Sun Light Index）设置为 1，则该选项会被禁用
在大气上投射阴影（Cast Shadows on Atmosphere）	使用 SkyAtmosphere 时，光源是否应该将不透明网格体的阴影投射到大气中
投射云层阴影（Cast Cloud Shadows）	是否应该将云层的阴影投射到大气和其他场景元素上
云层散射亮度比例（Cloud Scattering Luminance Scale）	调整光线散射在云测参与介质（Cloud Participating Media）中的光线贡献。有助于修正当前多重散射方案只是一种近似效果的问题

3. 聚光源

聚光源（Spot Light）从圆锥形中的单个点发出光照。使用者可通过两个圆锥形来塑造光源的形状：内圆锥角和外圆锥角。在内圆锥角中，光照将达到完整亮度。光照从内半径的范围进入外圆锥角的范围中时将发生衰减，形成一个半影，或在聚光源照明圆的周围形成柔化效果。光照的半径将定义圆锥的长度。简单而言，它的工作原理类似于手电筒或舞台照明灯。

图 10.5 显示的是放置在关卡中的聚光源，展示了光源范围和椎体效应器的决定方式。

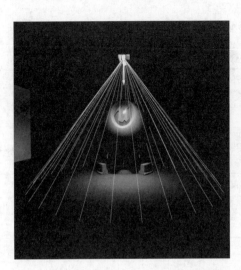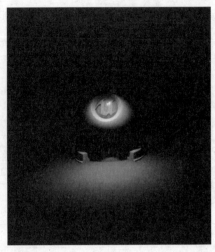

图 10.5　有无范围的聚光源

　　左侧的聚光源未利用椎体显示光源范围，而右侧的相同聚光源则利用椎体效应器显示了自身范围。

　　聚光源的属性分为以下 4 类：光源、光源描述文件、Lightmass 以及光照函数。这些属性和点光源的同名属性差异不大，这里就不详细介绍了，读者可以自行查看。

4. 矩形光源

　　矩形光源（Rect Light）从一个定义好宽度和高度的矩形平面向场景发出光线。可以用它来模拟任意类型的矩形光源，如电视或显示器屏幕、吊顶灯或壁灯。

　　每个矩形光源都有两个关键设置——源宽度（Source Width）和源高度（Source Height），用于沿局部 Y 轴和 Z 轴确定矩形尺寸，如图 10.6 所示。

图 10.6　矩形光源

　　矩形光源拥有球形衰减半径，就像点光源或聚光源一样。在图 10.6 中，矩形光源仅在沿着局部 X 轴正向的球形衰减范围内发射光线，类似于将聚光源的锥形设置为 180°。但是，矩形光源的高光区会显示光源矩形面积的宽度和高度。不过，矩形光源的行为并非在所有情况下都与真实面积光源一样。

不同移动性设置会明显影响矩形光源向场景投射光线的方式。

（1）如果将矩形光源设置为静态或静止，则 Lightmass 在计算来自光源的光线投射时，会考虑光源的宽度和高度。

例如，在图 10.7 左侧图中，来自矩形左右范围的光线到达模型下面，照亮了大部分地面。在此情况下，从矩形光源发射出来的光线是在其矩形表面的多个点处进行的采样。每个采样光线发射出一小部分光强度，所以可以将矩形光源理解为，对分布在矩形表面的许多微弱点光源的模拟。样本数量随着照明构建质量而增加。构建预览使用少量样本，因此阴影看起来浓淡不均。但是，提高质量设置最终会产生更均匀的结果。

图 10.7　不同设置的光源效果

> **注意**
>
> 如果将矩形光源的移动性设置为静止，同时启用对静止光源使用面积阴影设置，则可以实现质量更好的阴影效果。

（2）如果将矩形光源设置为可移动，则高光反射仅使用矩形的宽度和高度。实际光线是从矩形光源中心向外发射的，类似于点光源。例如，在图 10.7 右侧图中，投射在地板上的边缘鲜明的阴影表明，光线是从矩形中心发射出来的。

（3）设置为静止或可移动的矩形光源的渲染成本，通常高于具有相同移动性设置的点光源或聚光源。具体成本范围取决于平台，但总的来说，可移动光源成本高于静止光源。产生成本的部分原因是投射阴影，因此可以关闭投射阴影选项来尽量减少额外成本。或者，可以选择将光源移动性设置为静态，该设置对运行时渲染性能毫无影响。

> **注意**
>
> 目前矩形光源还无法使用向前渲染功能。如果需要在项目中使用向前渲染，可以使用聚光源或点光源。

矩形光源（Rect Light）的属性分为以下 4 类：光源、光源描述文件、Lightmass 以及光照函数。这些属性和点光源的同名属性差异不大，这里就不详细介绍了，读者可以自行查看。

5. 天空光照

天空光照（Sky Light）捕获关卡的远处部分并将其作为光源应用于场景。这意味着，

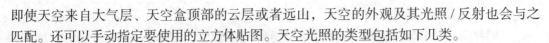

即使天空来自大气层、天空盒顶部的云层或者远山，天空的外观及其光照/反射也会与之匹配。还可以手动指定要使用的立方体贴图。天空光照的类型包括如下几类。

1）场景捕获

天空光照仅会在某些情况下捕获场景。

（1）对于"静态天空光照"（Static Sky Lights），构建光照时会自动进行更新。

（2）对于固定或"可移动天空光照"（Movable Sky Lights），在加载时更新一次，只有调用"重新捕获"（Recapture）时才会进一步更新。这两种天空光照都可通过细节面板访问，也可以通过游戏内蓝图调用重新捕获，如图 10.8 所示。

图 10.8　细节面板中的天空光照重新捕获按钮

应使用天空光照而不是环境立方体贴图来表示天空的光照，因为天空光照支持局部阴影，局部阴影可以防止室内区域被天空照亮。如果更改了天空盒使用的纹理，天空盒不会自动进行更新。需要使用上述方法之一为其进行更新。

2）静态天空光照

设置为静态的天空光照将被完全烘焙到关卡中静态对象的光照图中，因此不需要任何成本。在对该光源的属性进行编辑后，所做的更改将不可见，直至为关卡重新构建光照。使用静态天空光照时，将仅捕获关卡中移动性设置为静态或固定的演算体和光源，并且将仅用于照明。此外，为了避免反馈循环，使用静态天空光照时，只能捕获材质的自发光贡献部分。因此，请确保任何天空盒具有设置为无光照的材质。

（1）固定天空光照。具有"固定移动性"（Stationary Mobility）的天空光照从 Lightmass 获得烘焙阴影。当在关卡中放置了固定天空光照后，必须至少重新构建一次光照，才能获得烘焙阴影。然后，可以根据需要更改天空光照，而无须重新构建。Lightmass 烘焙的天空光照阴影将方向遮蔽信息存储在环境法线中。

与所有类型的固定光源一样，在运行时可通过蓝图或 Sequencer 更改直接光照的颜色。然而，间接光照将被烘焙到光照图中，并且无法在运行时进行修改。间接光照量可以使用 Indirect Lighting Intensity 来控制。只有具有静态或固定移动性的组件和光源才能被捕获并用于采用固定天空光照的照明。

① 仅直接光照，如图 10.9 所示。

② 直接光照和固定天空光照计算的漫反射（Global Illumination，GI），如图 10.10 所示。

（2）可移动天空光照。设置为可移动的天空光照不使用任何形式的预计算。当被设置为捕获场景时，它捕获具有任何移动性的组件和光源。

距离场环境光遮蔽（Distance Field Ambient Occlusion），此属性要求在项目设置中启用网格体距离场。可移动天空光照的阴影由距离场环境光遮蔽从每个刚性对象周围生成的有向距离场体积获得，效果如图 10.11 所示。距离场环境光遮蔽支持刚性网格体可以移动或隐藏的动态场景变化，同时会影响遮蔽。

图 10.9　仅直接光照

图 10.10　固定光照漫反射

图 10.11　距离场环境光遮蔽

10.2　光照贴图 UV

1. 导入选项设置

在导入过程中，在启用"生成光照贴图 UV"
（Generate Lightmap UVs）时，默认情况下将为任何
静态网格体生成一个光照贴图 UV，如图 10.12 所示。
该光照贴图 UV 将根据静态网格体的 UV 索引 1 生成
（UE 中的 UV 通道 0），并被分配到索引 1（Lightmap
Coordinate Index）1。

2. 光照贴图生成设置

静态网格体编辑器的"构建设置"（Build Settings）
包含用于生成和重新包装光照贴图 UV 的设置，如
图 10.13 所示。这些选项能够生成光照贴图 UV，而
不必在导入期间或导入后这样做（如果想要完善生成
的光照贴图 UV）。

图 10.12　启用"生成光照贴图 UV"-1

启用"生成光照贴图 UV"（Generate Lightmap
UVs），如图 10.14 所示，以使用表 10.11 中详述的 UV 生成选项控制生成和重新打包光照
贴图 UV 的方法。

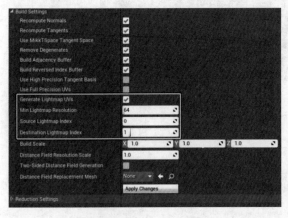

图 10.13　构建设置

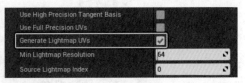

图 10.14　启用"生成光照贴图 UV"-2

表 **10.11**　光照贴图属性

属　　　性	说　　　明
最小光照贴图分辨率（Min Lightmap Resolution）	规定包装 UV 时 UV 图表所需的最小填充量。该目标值确保包装的纹素精确到使用的最小光照贴图分辨率。当光照贴图分辨率（Lightmap Resolution）低于此值时，它将限制可能发生的光源和阴影渗透

属　　性	说　　明
源光照贴图索引（Source Lightmap Index）	选择用于生成光照贴图 UV 的 UV 通道
目标光照贴图索引（Destination Lightmap Index）	设置将存储生成的光照贴图 UV 的 UV 通道

3. 生成光照贴图 UV

以下步骤将演示如何从静态网格体编辑器生成一个新的光照贴图 UV。

（1）打开"静态网格体编辑器"（Static Mesh Editor），并在"细节"（Details）面板中导航到 LOD0 的"构建设置"（Build Settings），如图 10.15 所示。

图 10.15　静态网格体编辑器

（2）使用图 10.16 中的设置生成光照贴图 UV。

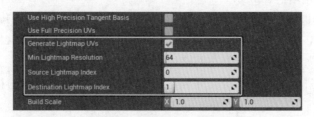

图 10.16　设置生成光照贴图 UV

① 启用"生成光照贴图 UV"（Generate Lightmap UVs）。

② 将"最小光照贴图分辨率"（Min Lightmap Resolution）设置为理想的 2 的幂。这应是该网格体使用过的最低光照贴图分辨率。这样设置能确保减少可能影响 UV 图表的光源和阴影瑕疵。

③ 通常，"源光照贴图索引"（Source Lightmap Index）应保持默认值 0，或设置为生成该光照贴图 UV 的现有 UV 通道可用的一个 UV 通道。

④ "目标光照贴图索引"（Destination Lightmap Index）设置用于创建或存储光照贴图 UV 的 UV 通道。它可以是任何值（其中，值表示该静态网格体当前 UV 通道的实际数量）加 1。

（3）单击"应用更改"（Apply Changes）。

（4）在细节面板中的"一般设置"（General Settings）下，进行图 10.17 所示设置。

① 输入一个"光照贴图分辨率"（Lightmap Resolution），默认情况下，该静态网格体对放置

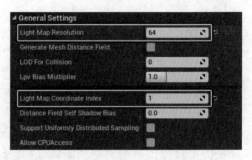

图 10.17　编辑"一般设置"

在关卡中的任何实例都应使用该分辨率。输入的分辨率应高于"构建设置"（Build Settings）中用于生成光照贴图 UV 的"最小光照贴图分辨率"（Min Lightmap Resolution）。

② 将"光照贴图坐标索引"（Lightmap Coordinate Index）设置为当前用于光照贴图 UV 的 UV 通道。通常，这应该与"构建设置"（Build Settings）中用于"生成光照贴图 UV"（Generate Lightmap UVs）的"目标光照贴图索引"（Destination Lightmap Index）匹配。该 UV 通道规定在光照构建过程中生成光照贴图纹理时，使用哪个 UV 通道。

生成光照贴图 UV 时，将其缩放到具有相同的密度（标准化），然后将其包装到 UV 空间中，并使各个 UV 图表之间有足够的填充，避免光源构建时产生光源和阴影瑕疵。这里，读者可能会注意到生成的光照贴图 UV 中有一些浪费的空间，但这可以忽略不计，不需要在自定义工具中重新调整该 UV 来利用这些空间。

4. 重新生成现有的光照贴图 UV

可以使用静态网格体编辑器的构建设置重新生成（或重新打包）现有光照贴图 UV。为静态网格体重新生成光照贴图 UV 有以下好处。

（1）它能够更改 UV 图表之间的填充，以使用更高或更低的最小光照贴图分辨率，而无须重新导入网格体。当拥有大量单独的 UV 图表时，这是最理想的处理方法，可以获得一个更紧密的光照贴图 UV 包装。

（2）它让能够根据任何源光照贴图索引重新打包任何现有的光照贴图 UV，包括之前生成的光照贴图 UV 通道。

以下步骤演示如何从导入的静态网格体重新生成自定义 UV。

（1）打开静态网格体编辑器，并在细节面板中导航到 LOD0 的构建设置，以设置图 10.18 中的选项。

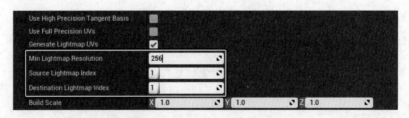

图 10.18　编辑"构建设置"

① 可选将"最小光照贴图分辨率"（Min Lightmap Resolution）设置为一个较高或较低

的新值。这会调整 UV 图表之间的填充量。

②将"源光照贴图索引"（Source Lightmap Index）设置为要重新打包的 UV 通道。

③将"目标光照贴图索引"（Destination Lightmap Index）设置为与源光照贴图索引相同的 UV 通道。

（2）单击"应用更改"（Apply Changes）。

图 10.19 是初始导入的自定义光照贴图 UV 与静态网格体的对比。

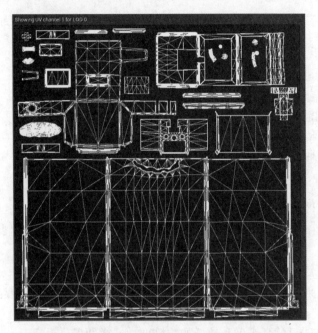

图 10.19　自定义光照贴图 UV 与静态网格体的对比

读者会注意到 UV 图表之间被不成比例地缩放，但完全可以接受它们作为光照贴图 UV，因为它们符合无重叠 UV 的标准。重新生成 UV 将对所有 UV 图表执行标准化，得到均匀分布的光源和阴影烘焙结果。此外，还将为各个 UV 图表之间提供适当的填充量，以确保减少阴影和光源泄露瑕疵。

注意

　　自定义光照贴图 UV 更关注的是覆盖玩家将在较近距离查看的部分。通过增加某些部分的覆盖率，可以降低光照贴图分辨率，从而获得与重新打包的光照贴图分辨率相同的结果。如果这是应该在 UE 之外为特定资源解决的问题，可以进行判断。

5. 警告和注意事项

默认情况下，自动生成的光照贴图 UV 将从静态网格体的第一个 UV（UE 中的 UV 通道 0）重新打包现有的 UV 图表。该 UV 通常用作纹理 UV，因此 UV 图表的布局或设置可能不适用于光照贴图 UV，即使使用 UE 中的自动生成工具也是如此。

在创建自动生成的光照贴图 UV 时，请考虑以下几点。

（1）生成的光照贴图 UV 需要一个现有的源 UV 来重新打包，而这个过程只取决于所

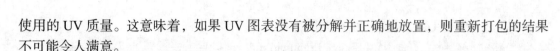

使用的 UV 质量。这意味着，如果 UV 图表没有被分解并正确地放置，则重新打包的结果不可能令人满意。

（2）重新打包期间，UE 不会分割 UV 图表边缘来创建单独的 UV 群。它仅根据源 UV 索引重新打包现有的 UV 图表。

（3）UV 图表在生成时就被标准化，并使用独立缩放或拉伸的图表最大限度地覆盖 UV 空间。

10.3　反射环境

反射环境功能能在关卡的每个区域提供有效的光线反射效果。金属之类的诸多重要材质均依赖于反射环境提供的各方向反射。其针对的目标是游戏主机和中等配置的 PC，因此运行速度极快。支持动态对象或尖锐反射，但需要额外的内存开销。

1. 快速反射环境设置

执行以下操作即可在项目关卡中快速搭建反射环境。

（1）将数个光源添加到关卡并构建光照，因为显示反射环境需要一些间接漫反射光照。

（2）在"视觉效果"（Visual Effects）选项卡的"放置 Actor"（Place Actors）面板中选择并将一个球体反射采集 Actor 拖入关卡。如果关卡中未出现反射，或反射强度未达到期望效果，可尝试执行以下操作。

① 使材质拥有明显的高光度和较低的粗糙度，这样便于显示反射。

② 使用反射覆盖视图模式显示正在被采集的内容，以便更好地确认材质中的哪些值需要进行调整。

2. 设置关卡使用反射环境

构建良好反射的第一步是使用光照图来设置包含间接光照的漫反射光照。如不熟悉用法，可参见 Lightmass 中的详细介绍。如果构建光照后 Lightmass 间接光照无法正常工作，其中常见原因可能包括但不限于以下几种。

（1）投射阴影的天空盒。

（2）Lightmass Importance Volume 缺失。

（3）光照图 UV 缺失或未正确设置。

（4）在场景属性中将"强制无预计算光照"（Force No Precomputed Lighting）设为了 True。场景的漫反射颜色将通过反射环境进行反射，因此需要执行以下操作来达到最佳效果。

（1）确保直接光照和阴影区域之间拥有较高的对比度。

（2）禁用高光度显示标签，再使用光照视图模式查看关卡即可了解反射采集的效果。

同时需要牢记以下重要事项，以便设置关卡材质完美兼容反射环境。

（1）通过表面平滑的平面几何体，我们发现，将投射到简单形状上的立方体贴图组合起来，最终效果前不理想，如图 10.20 所示。

图 10.20　表面平滑的平面几何体：反射明显不匹配

（2）表面平滑的曲面几何体或表面粗糙的平面几何体均可弱化这些瑕疵，提供更准确的结果，如图 10.21 和图 10.22 所示。

 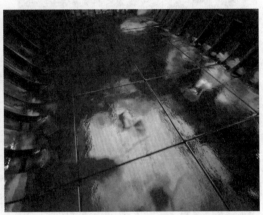

图 10.21　表面平滑的曲面几何体：高质量反射　　图 10.22　表面粗糙的平面几何体：高质量反射

（3）使用详细法线贴图非常重要。与此同时，在用于平坦区域的材质上增加一些粗糙度，有助于其更好地显示反射。

将反射采集放置在需要反射的区域。尝试对球体采集进行放置，使得需要反射的关卡部分刚好包含在其半径之中，因为关卡将被重新投射到该球形之上。避免让采集过于靠近关卡几何体，附近的几何体将因此占据主导，阻挡其后的重要细节。

3. 光泽间接高光度

用技术术语来讲，反射环境将提供间接高光度。可以从解析光源获得直接高光度，但这只会提供几个明亮的方向上的反射，如图 10.23 所示。也可以通过天空光照获取来自天空的光照度，但这并不会提供本地反射，因为天空光照立方体贴图所处位置必定很远，如图 10.24 所示。间接高光度使关卡的所有部分在所有其他部分上进行反射，这对没有漫反射反应的材质（如金属）而言尤其重要，如图 10.25 所示。

反射环境的工作原理是采集多个点处的静态关卡，并将其重新投射到反射中的简单形状上（如球形）。美术师放置 ReflectionCapture Actor 即可选择采集点。反射在编辑中实时更新，以协助放置，但在运行时为静态。将采集的关卡投射到简单形状上可构成反射的近似视差。每个像素在多个立方体贴图之间混合，以获得最终结果。较小的 ReflectionCapture Actor 将覆盖较大的 Actor，因此可根据需要提升区域中的反射视差准确度。

从采集立方体贴图生成模糊 mipmap 即可支持带不同光泽度的材质，如图 10.26 所示。

图 10.23　仅漫反射（Diffuse Only）

图 10.24　仅反射（Reflection Only）

图 10.25　完整光照

图 10.26　采集立方体贴图生成模糊 mipmap

然而，只在非常粗糙的表面上使用立方体贴图反射会造成过于明亮的反射，由于缺少本地遮挡，将出现重大泄漏。重新使用由 Lightmass 生成的光照贴图数据即可解决此问题。立方体贴图反射基于材质的粗糙度与光照贴图间接高光度进行混合。非常粗糙的材质（全漫反射）将在光照贴图结果上收敛。从根本上而言，此混合是将一套光照数据（立方体贴图）的高细节部分与另一套光照数据（光照贴图）的低频率部分进行组合，如图 10.27 所示。

为使此混合正常进行，光照贴图中只能拥有间接光照。这意味着只有来自静止光源的间接光照才能改善粗糙表面上的反射质量。静态光源类型不应与反射环境同用，因为静态光源类型会将直接光照放入光照贴图中。注意，和光照贴图的这个混合也意味着贴图必须含有有意义的间接漫反射光照，并且该光照已构建，才能显示结果，如图 10.28 所示。

图 10.27　没有阴影的粗糙表面上的反射

图 10.28　有阴影的粗糙表面上的反射

4. 反射采集光照贴图混合

使用反射采集 Actor 时，UE 将把来自反射采集的间接高光度与来自光照贴图的间接漫反射光照进行混合。这有助于减轻泄漏，因为反射立方体贴图只在空间中的一个点处进行采集，但光照贴图却是在所有接收者表面上执行计算，且包含本地阴影投射信息。

光照贴图混合在粗糙表面上效果极佳，但在平滑表面上却无用武之地，如图 10.29 和图 10.30 所示。因为来自反射采集 Actor 的反射与其他方法（如屏幕空间反射或平面反射）形成的反射并不匹配。因此，光照贴图混合无法应用到非常平滑的表面上。粗糙度值为 0.3 的表面将获得完整的光照贴图混合，而当粗糙度值为 0.1 或以下时，则淡化至无光照贴图混合。这也使得反射采集和屏幕空间反射更好地匹配，两者之间的过渡也更加自然。

图 10.29 减少平滑表面上的光照贴图混合　　图 10.30 减少平滑曲面上的光照贴图混合

光照贴图混合将被默认启用，意味着其将影响现有内容。在平滑表面上出现反射泄漏时，泄漏将更加明显。为解决此问题，可在关卡周围放置更多反射采集 Actor 来减轻泄漏；或切换为旧有光照贴图混合行为，方法为：依次选择"编辑"（Edit）→"项目设置"（Project Settings）→"渲染"（Rendering）→"反射"（Reflection），然后取消勾选"减弱平滑表面上的光照贴图混合"（Reduce lightmap mixing on smooth surfaces），如图 10.31 所示。

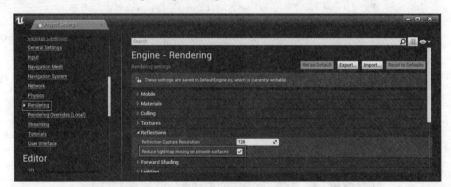

图 10.31 项目设置面板

通过 UE 控制台调整以下命令即可微调将发生的光照贴图混合量。

（1）r.ReflectionEnvironmentBeginMixingRoughness (default = 0.1)

（2）r.ReflectionEnvironmentEndMixingRoughness (default = 0.3)

（3）r.ReflectionEnvironmentLightmapMixBasedOnRoughness (default = 1)

（4）r.ReflectionEnvironmentLightmapMixLargestWeight (default = 1000)

5. 高质量反射

使用默认的反射质量设置可以在性能和视觉质量上达到良好平衡，但有些情况下也需要达到更高质量的反射。以下部分描述了达到高质量反射的可用方法。

（1）高精确度静态网格体顶点法线和切线编码。

达成高质量反射的重要因素是顶点法线和切线的呈现精确度。极高密度的网格体可能导致相邻顶点量化到相同的顶点法线和切线值。这可能会在法线朝向上形成块状跳跃。添加了将法线和切线编码为每通道矢量 16 位的选项，开发者就能够在更高质量和编码顶点缓冲内存使用率之间进行权衡。

启用"高精确度静态网格体顶点法线和切线编码"的方法如下。

① 在内容浏览器中双击静态网格体将其在静态网格体编辑器中打开。

② 在静态网格体编辑器中前往细节面板并展开 LOD0 选项，如图 10.32 所示。

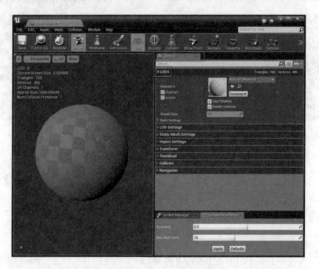

图 10.32　静态网格体编辑器 LOD0

③ LOD0 下方有一个名为"构建设置"（Build Settings）的模块。单击"构建设置"旁边的小三角形即可展开选项，如图 10.33 所示。

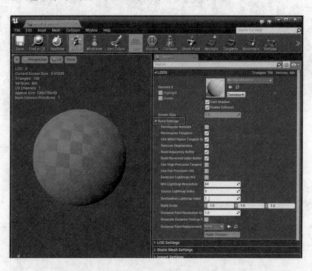

图 10.33　静态网格体编辑器构建设置

④ 勾选"使用高精确度切线基础"（Use High Precision Tangent Basis）选项旁边的复选框将其启用，然后单击"应用修改"（Apply Changes）按钮来应用新设置，如图 10.34 所示。视口将自动更新来显示修改。

图 10.34 应用修改

（2）高精确度 GBuffer 法线编码。

启用"高精确度 GBuffer 法线编码"选项将允许 GBuffer 使用更高精确度的法线编码。这个高精确度 GBuffer 法线编码将把法线矢量编码为 3 个通道，每个通道为 16 位。使用此高精确度编码后，屏幕空间反射（Screen Space Reflection，SSR）等技术将依赖于高精确度法线。

启用高精确度 GBuffer 法线编码的方法如下。

① 在主工具栏中选择"编辑"（Edit）→"项目设置"（Project Settings）打开项目设置，如图 10.35 所示。

图 10.35 打开"项目设置"

② 在"引擎"（Engine）的项目设置中，单击"渲染"（Rendering）选项，然后在"优

化"（Optimizations）部分下将"GBuffer 格式"（GBuffer Format）改为"高精确度法线"（High Precision Normal），如图 10.36 所示。

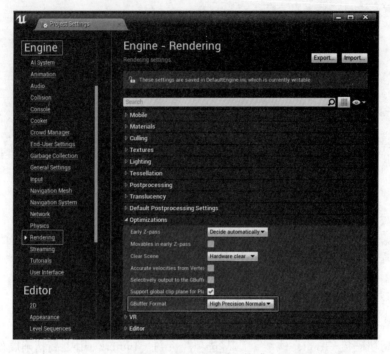

图 10.36　更改 Gbuffer 格式

修改 GBuffer 格式无须重启编辑器，因此可以在不同 GBuffer 格式之间快速切换，查看其对反射效果的影响。图 10.37 和图 10.38 展示了将 GBuffer 格式从默认改为高精确度法线后反射效果和质量的变化。

注意

此编码需要增加 GPU 内存，启用此选项将对项目的性能产生直接影响。

图 10.37　默认 GBuffer 格式

图 10.38　高精度 GBuffer 格式

6. 反射采样形状

当前有两个反射采集形状：球体和盒体。形状十分重要，因为它控制着场景的哪个部分将被采集到立方体贴图中、反射中关卡被重新投射到什么形状上,以及关卡的哪个部分可以接收来自该立方体贴图的反射(影响区域)。

1)球形

当前球形最为实用。它永远不会匹配被反射几何体的外形,但不含间断或角落,因此错误一致,如图 10.39 所示。

图 10.39 球形反射采集形状

球形拥有橙色的影响半径,如图 10.39 所示,控制会受立方体贴图影响的像素,以及关卡将被重新投射到的球体。较小的采集将覆盖较大的采集,因此在关卡周围放置较小的采集能够进行优化。

2)盒形

盒形的实用性十分有限,通常只用于走廊和矩形房间,如图 10.40 所示。其原因是只有盒体中的像素可看到反射。此外,盒体中的所有几何体将投射到盒体上,在很多情况下会出现重大瑕疵。

图 10.40 盒形反射采集形状

选中盒体后,投射形状将拥有一个橙色预览。它只采集此盒体外盒体过渡距离之内的关卡。此采集的影响也会在盒体中随过渡距离淡入。

7. 编辑反射探头

对反射探头进行编辑时,需要牢记几点才能得到想要的结果。下文将讲述这些要点以及使用者如何才能在项目中得到质量最佳的反射。

1)更新反射探头

特别需要注意的是:反射探头不会自动保持更新。只有以下操作才会自动更新放置在关卡中的反射探头。

（1）加载地图。

（2）直接编辑一项反射采集 Actor 属性。

（3）构建关卡光照。

如果要使对关卡的编辑达到修改光源明亮度或移动关卡几何体的效果，则需要选择一个反射采集 Actor 并单击图 10.41 中的"更新采集"（Update Captures）按钮来传播修改。

图 10.41　更新采集

2）在反射探头中使用一个自定义 HDRI 立方体贴图

反射探头不仅可以指定其将哪个立方体贴图用于反射数据，还可指定立方体贴图的大小。在之前的版本中，UE 对已烘焙立方体贴图反射探头使用的分辨率进行了硬编码。现在开发者可基于性能、内存和质量来选择最合适的分辨率。图 10.42 和图 10.43 显示了使用"采集场景"（Captured Scene）选项和"指定立方体贴图"（Specified Cubemap）选项之间的差异。

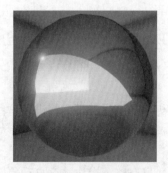

图 10.42　采集场景

图 10.43　指定立方体贴图

如要指定项目反射探头使用的自定义 HDRI 立方体贴图，需要执行以下步骤。

（1）先确保有可用的 HDRI 立方体贴图纹理，如图 10.44 所示。如果项目中没有 HDRI 立方体贴图纹理，可在初学者内容包中选择名为 HDRI_Epic_Courtyard_Daylight 的文件。

图 10.44　HDRI 立方体贴图纹理

┌─ 小 提 示 ───
│　　使用迁移功能即可将资源从一个项目移至另一个项目。
└──

（2）选择已放置在关卡中的反射探头 Actor，并在"反射采集"（Reflection Capture）模块下的细节面板中将"反射源类型"（Reflection Source Type）从"采集场景"（Captured Scene）改为"指定立方体贴图"（Specified Cubemap），如图 10.45 所示。

图 10.45　设置反射源类型

（3）在关卡中选中"反射探头"（Reflection Probe），前往内容浏览器并选择希望使用的 JDRI 纹理。然后在反射采集 Actor 中反射采集下，将 HDRI 纹理从内容浏览器拖至立方体贴图输入，如图 10.46 所示。

（4）按下"更新采集"（Update Capture）按钮，使反射采集 Actor 使用刚指定的新 HDRI 立方体贴图纹理，如图 10.47 所示。

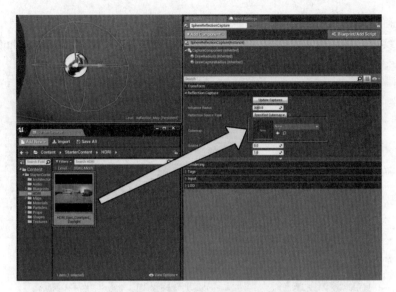

图 10.46　拖入 HDRI 纹理

图 10.47　更新采集

3）调整反射探头分辨率

执行以下操作即可整体调整用于反射采集 Actor 的 HDRI 立方体贴图分辨率。

（1）前往主工具栏并选择"编辑"（Edit）→"项目设置"（Project Settings）来打开项目设置，如图 10.48 所示。

（2）在项目设置菜单中，前往"引擎"（Engine）→"渲染"（Rendering）模块，然后查找"纹理"（Textures）选项，如图 10.49 所示。

（3）调整"反射采集分辨率"（Reflection Capture Resolution）选项即可调整指定的 HDRI 立方体贴图纹理的大小，如图 10.50 所示。

> **注意**
>
> 立方体贴图分辨率只能是 2 的幂，如 16、64、128、256、512 和 1024。在使用 2 的幂之外的数字时，会被四舍五入至最接近的可接受分辨率。同时，使用高分辨率时应极其小心，由于 GPU 对内存的要求，高分辨率可能对性能产生极大影响。

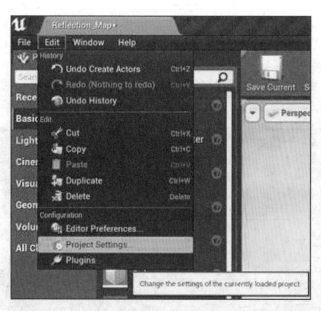

图 10.48　打开项目设置

图 10.49　编辑"纹理"选项

图 10.50　调整"反射采集分辨率"

4）调整天空光照反射分辨率

和反射探头一样，天空光照也可以定义并调整其用于反射的 HDRI 立方体贴图的分辨率。执行以下操作即可在 UE 项目中使用此功能。

（1）在光源模块下方的"放置 Actor"（Place Actors）面板中，选择并将一个天空光照拖入关卡，如图 10.51 所示。

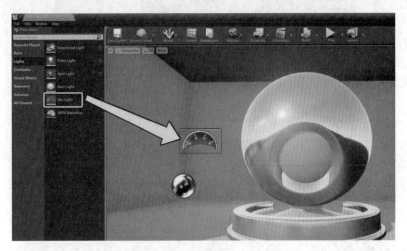

图 10.51　拖入天空光照

（2）选择天空光照，在"光源"（Light）模块的细节面板下将"源类型"（Source Type）从"SLS 采集场景"（SLS Captured Scene）改为"SLS 指定立方体贴图"（SLS Specified Cubemap），如图 10.52 所示。

图 10.52　改变源类型

（3）单击"立方体贴图"（Cubemap）模块中的下拉列表，并从下拉列表中选择一个 HDRI 立方体贴图，如图 10.53 所示。

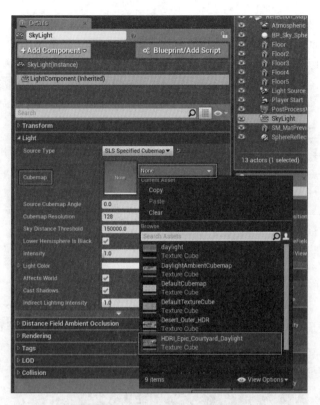

图 10.53 选择 HDRI 立方体贴图

（4）选中立方体贴图后，修改立方体贴图分辨率中输入的值即可调整其分辨率，如图 10.54 所示。

图 10.54 调整 HDRI 立方体贴图的分辨率

5）混合多个反射探头数据

为反射采集 Actor 提供不同的 HDRI 立方体贴图，即可在多个不同立方体贴图反射之间进行混合。执行以下步骤即可在 UE 项目中完成此操作。

（1）将至少一个反射探头添加至关卡，将"反射源类型"（Reflection Source Type）改为"特定立方体贴图"，并将 HDRI 纹理输入到立方体贴图，如图 10.55 所示。

图 10.55　修改"反射源类型"

（2）将一个新反射探头复制或添加到关卡，并放置 / 调整其影响半径，使其黄色影响半径的一部分与第一个反射探头相交，如图 10.56 所示。

图 10.56　调整反射探头影响半径

（3）选择新复制 / 创建的反射探头 Actor，在"立方体贴图"（Cubemap）模块下的细节面板中将"HDRI 立方体贴图"改为其他项，如图 10.57 所示。

图 10.57　修改细节面板

（4）保持选中添加 / 复制的反射探头，前往"反射采集"（Reflection Capture）模块中的细节面板，然后按下"更新采集"（Update Captures）按钮进行更新，如图 10.58 所示，使反射使用在立方体贴图输入中输入的内容。

图 10.58　更新采集

（5）选择并围绕关卡移动反射探头，即可了解两个 HDRI 立方体贴图的混合方式。

6）显示

添加反射覆盖查看模式，便于查看反射的设置效果。此查看模式将把所有法线覆盖为平滑的顶点法线，并使所有表面均拥有完整高光度且为纯平面（如同镜面）。反射环境的限制和瑕疵在此模式中同样清晰可见，如图 10.59 所示。因此必须定期切换至光照，确认反射在普通条件下的效果（凹凸法线、多种光泽度、模糊高光度）。

图 10.59　反射效果

8. 性能注意事项

反射环境开销只取决于影响屏幕上像素的采集数量。此原理与延迟光照十分相似。反射采集由其影响半径绑定，因此将被十分积极地剔除。光泽度通过立方体贴图 mipmap 实现，因此尖锐反射和粗糙反射之间的性能差异并不大。

9. 限制

（1）此方法通过近似模拟实现反射。具体而言，由于投射到简单形状上，物体的反射很少能与场景中的实际物体相匹配。此方法通常会在反射中创建物体的多个版本（因为多个立方体贴图将被混合在一起），从而导致镜面反射的平滑表面会将错误明确地显示出来。使用细节法线贴图和粗糙度有助于修正反射和消除这些瑕疵。

（2）将关卡采集到立方体贴图中是一个缓慢的进程，必须在游戏进程之外进行。这意味着动态物体无法被反射，但它们可接收来自静态关卡的反射。

（3）只采集关卡的漫反射来降低错误。纯高光度表面（金属）的高光度将应用，效果类似于采集中漫反射。

（4）一堵墙的两个面上拥有不同光照条件时可能出现重大泄漏。将一面设置为拥有正确的反射时，另一面必定会发生泄漏。

（5）由于 DiretX 11 硬件限制，拥有采集关卡的立方体贴图每面均为 128，场景可一次性启用最多 341 个反射采集。

10.4 环境法线贴图

在材质中使用环境法线有助于改善它们对照明和着色的反应。在本节中，读者将了解开始在 UE 项目中使用环境法线所需的所有信息。

1. 使用环境法线的好处

以下是使用环境法线的好处。

（1）环境法线的最大影响之一是有助于减少照明构建之后发生的漏光，如图 10.60 和图 10.61 所示的对比效果。

图 10.60　非环境法线　　　　　　　　　图 10.61　环境法线

（2）环境法线也可与环境光遮蔽（AO）结合使用，以改善漫反射间接照明。原理是使漫反射间接照明更接近于全局光照（GI），具体方法是使用环境法线代替非环境法线用于间接照明，图 10.62 和图 10.63 分别是两种方式的效果。

图 10.62　使用 AO 漫反射间接照明　　　　图 10.63　使用环境法线漫反射间接照明

2. 环境法线创建

为了获得最高质量的环境法线贴图，并且符合 UE 与环境法线贴图计算方式有关的假设，请确保在创建环境法线贴图时遵循以下说明。

（1）创建环境法线贴图时使用余弦分布。

（2）与生成标准法线贴图或 AO 贴图的方式相似，可以使 Substance Designer 6 来生成环境法线贴图。

（3）生成环境法线时，请确保将角色置于 T 姿势。

（4）环境法线和 AO 应使用相同的距离设置。

（5）环境法线应与法线贴图位于相同的空间中。请参阅图 10.64 获取更多信息。

场景空间类型	法线贴图类型	环境法线类型
场景	场景	场景
切线	切线	切线

图 10.64　创建环境法线贴图时应遵循的规则

3. 在 UE 中使用环境法线

在材质中使用环境法线贴图的流程与设置和使用法线贴图的过程非常相似。只需向材质图中添加环境法线（Bent Normal）自定义输出节点，然后将环境法线贴图连接到输入。此外，请确保有 AO 贴图输入到环境光遮蔽（Ambient Occlusion）中，如图 10.65 所示。

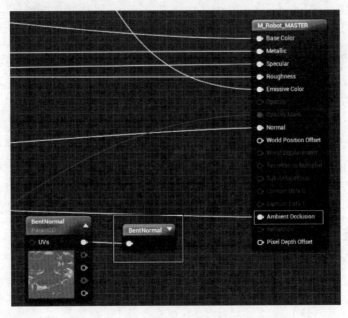

图 10.65　确保有 AO 贴图输入到环境光遮蔽

4. 反射遮蔽

也可通过不那么传统的强大方式将环境法线贴图用于反射遮蔽／高光度遮蔽。AO 贴图遮挡漫反射间接照明，反射遮蔽的概念与它相似，但是应用于高光度间接照明。反射遮蔽的工作原理是让高光叶片和可见锥体相交，可见锥体就是作为圆锥轴的环境法线和作为圆锥角的 AO 量所形成的半球体未被遮挡部分的圆锥体。这样可以显著减少高光度漏光，尤其是屏幕空间反射（SSR）数据不可用的时候。

也支持用于计算遮蔽的多次反射近似值。这意味着可以使用多次反射产生的近似值来取代仅为第一次反射投射阴影的 AO 或反射遮蔽。借助多次反射近似值，较亮的材质不会变得过暗，有色材质的饱和度将会更高，如图 10.66 和图 10.67 所示。

图 10.66　AO

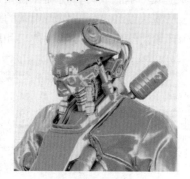

图 10.67　环境法线

10.5　本章小结

本章主要介绍了光影效果，首先介绍了 UE 中的五大光源——点光源、定向光源、聚光源、矩形光源以及天空光照。合理地使用这些光源可以达到很多光影效果。每种光源都有很多参数和设置，读者可以打开 UE，亲自尝试不同的设置产生的光影效果。

然后介绍了光照贴图。光照贴图的本质是一张采集了光影效果的图像，其中包含了场景中的光线效果，阴影效果，记录了颜色和纹理。读者可以先跟着教材创建和使用一次光照贴图。最后一部分介绍了反射与环境法线，这两部分都需要读者能够掌握具体的设置。具体的设置内容很复杂，因为光线本身就是很难处理的，所以需要读者一步步调节，多加练习才能设置出想要的效果。

第 **11** 章

地形与寻路技术

学习目标

- 掌握 Unreal Engine 地形编辑。
- 掌握 Unreal Engine AI 控制器。

11.1 地形的创建

在 UE 中创建地形的方式有两种，一种是通过 UE 地形工具手动编辑，另一种是通过导入高度图快速创建。

1. 地形的创建

以手动创建地形为例，来了解 UE 地形工具的使用方法。在引擎上方的工具栏中选择模式，选中地形模式，进入地形编辑工具，或者按 Shift+2 组合键进入地形编辑模式。

1）创建地形

在"新建地形"面板下，可以简单设置地形的位置、大小、地形使用的顶点数量、创建的组件总数等，如图 11.1 所示。可根据实际需要进行更改，这里直接使用默认参数，单击"创建"按钮。

2）地形模式

UE 中的地形模式面板如图 11.2 所示。三种模式功能如表 11.1 所示。

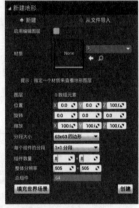

图 11.1 新建地形

图 11.2 地形模式面板

表 11.1 地形模式

模　式	说　明
管理模式（Managemode）	能够创建新的地形，并修改地形组件。也可在管理模式中使用地形小工具复制、粘贴、导入、导出部分地形

模　式	说　明
雕刻模式（Sculpt mode）	可以通过选择和使用特定的工具修改地形的形状
绘制模式（Paint mode）	可以基于在地形材质中定义的图层，通过在地形上绘画纹理来修改部分地形的外观

2. 地形的基本操作

1）使用管理模式

（1）新建。采用刚刚介绍的创建方式，可以在场景中同时创建多个地形，如图 11.3 所示。

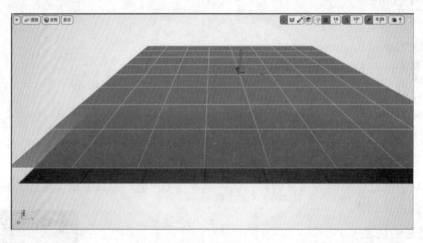

图 11.3　新建工具

（2）选择。单击选中，再次单击取消选中。被选中的部分显示为粉色高亮，鼠标停留的区域显示为橙色高亮。使用该工具选择地形组件，便于后续使用如删除组件或移动组件，如图 11.4 所示。

图 11.4　选择工具

（3）添加。鼠标所选位置显示绿色边框，单击可在绿色边框位置创建新组件，一次创建一个，如图 11.5 所示。

图 11.5　添加工具

（4）删除。鼠标所选位置显示橙色高亮，单击可删除所选组件。也可配合选择工具进行大面积删除或者特定区域删除，如图 11.6 所示。

图 11.6　删除工具

（5）移动。该工具将使用"选择"（Selection）工具选中的组件移至当前流送关卡。这样可以将地形分段移至流送关卡，便于它们随着关卡流入和流出，达到优化地形性能的目的。

（6）修改组建尺寸。修改当前组件尺寸，数据对应创建地形时的数据，如图 11.7 所示。

2）使用雕刻模式

（1）雕刻。在雕刻模式下就可以进一步的进行地形编辑了。单击雕刻工具，在左侧可以更改工具设定和笔刷设定，设定的参数如下。

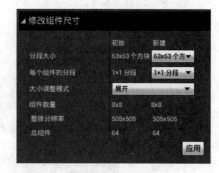

图 11.7　修改组建尺寸工具

- 工具强度：类似于力度，若使用带压感的笔 / 平板，所用压力将会影响工具强度。但因为鼠标是没有压感的，所以工具强度被设置为固定值。
- 笔刷尺寸：顾名思义，笔刷尺寸用于设置笔刷的大小。
- 笔刷衰减：用于控制笔刷的衰减半径，0 为无衰减，1 为完全衰减。

使用雕刻工具，单击地形，可使地形升高，按住 Shift 键 + 鼠标左键可使地形降低，如图 11.8 所示。

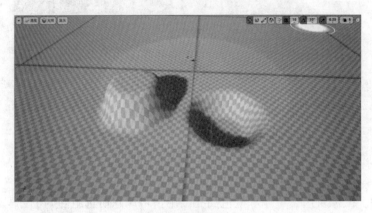

图 11.8　雕刻工具

（2）平滑。使用平滑工具可将地形表面变得光滑，消除地形的棱角，如图 11.9 所示。

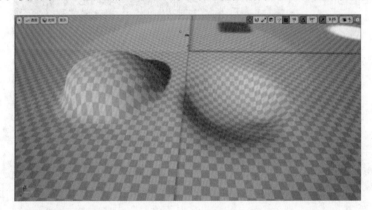

图 11.9　平滑工具

（3）平整。与平滑工具不同的是，平整工具带来的地形变化更加"暴力"，可以快速将一块区域的地形抹平，效果如图 11.10 和图 11.11 所示。

图 11.10　平整前

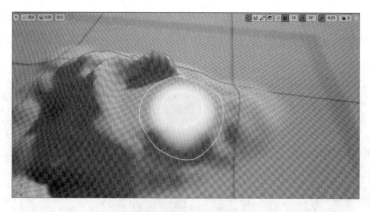

图 11.11　平整后

（4）斜坡。斜坡工具用于创建平整的斜坡。将该工具从起点拖动到终点即可在两点之间创建一条路径，起点和终点可以自由拖动调整位置。然后单击创建斜坡即可创建一条平整的路径，还可以更改斜坡宽度和侧衰减，如图 11.12 所示。

图 11.12　添加斜坡

（5）侵蚀。侵蚀工具可以模拟风化效果，在地形创建中使用该工具可以呈现地形外观受气候影响而形成的变化。该工具多用于创建山峰和山脊时的剥侵效果，如图 11.13 所示。

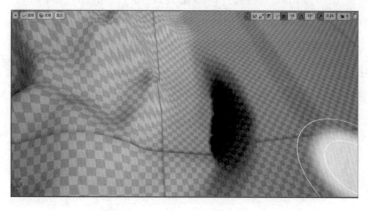

图 11.13　侵蚀工具

（6）水力。该工具用于模拟水随着时间侵蚀地形的细节效果，相比于侵蚀工具，水力工具形成的侵蚀效果更加注重细节,侵蚀集中于一点而不是一大片区域,有"水滴石穿"之感，如图 11.14 所示。

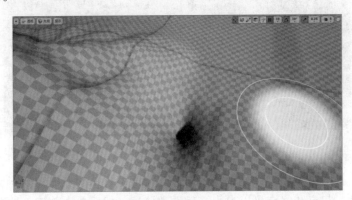

图 11.14　水力工具

（7）噪点。噪点工具可将随机噪点添加到地形表面，能够实现向地形中添加随机的向上 / 向下的地形效果。相比于之前的工具集，噪点工具更适用于添加破坏性的效果，图 11.15 所示。

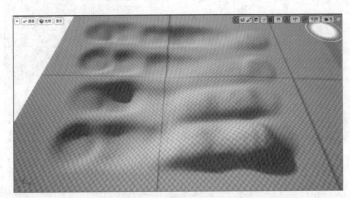

图 11.15　噪点工具

（8）重拓扑。使用重拓扑工具可拉伸并重新分布周边顶点，无须对扁平区域的工作进行大量修改，能减少出现的拉伸和锯齿边，如图 11.16 和图 11.17 所示。

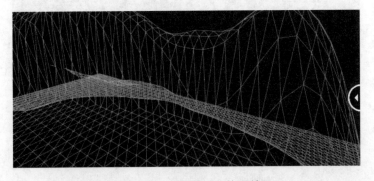

图 11.16　重拓扑工具使用前

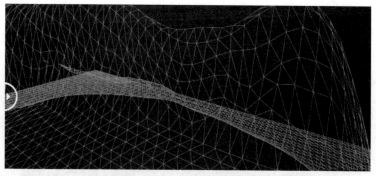

图 11.17　重拓扑工具使用后

（9）可视性。可视性工具需要结合地形材质使用，材质需要被设置为使用地形可视性遮罩。单击添加可视性遮罩，使地形不可见。按住 Shift 键 + 鼠标左键可移除可视性遮罩，使地形组件重新可见，如图 11.18 和图 11.19 所示。

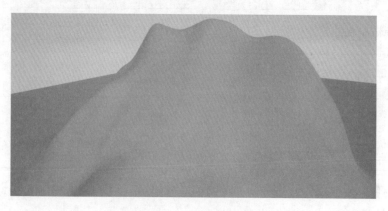

图 11.18　使用可视性工具前

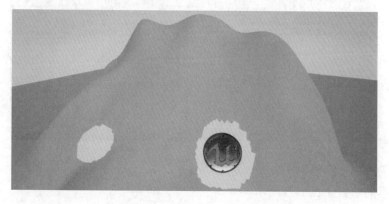

图 11.19　使用可视性工具后

（10）镜像。可以在工具面板中设置工具属性，实现镜像效果，如图 11.20 所示。可视性工具的参数如表 11.2 所示。

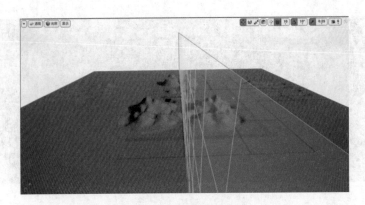

图 11.20　镜像工具

表 11.2　可视性工具参数

参　　数	描　　述
镜像点（Mirror Point）	设置镜像平面的位置。位置默认为所选地形的中央，通常情况下均无须进行修改
操作（Operation）	执行的镜像操作类型。举例而言，"−X to +X"将把地形 −X 的一半复制并翻转到 +X 的一半上
居中（Recenter）	此按钮将把镜像平面放置回所选地形的中央
平滑宽度（Smoothing Width）	此属性将设置镜面平面任意一侧的顶点数量，平滑镜面，减少相比之下的锐角

（11）选择。按下鼠标左键绘制即可选中绘制区域，按住 Shift 键 + 鼠标左键可消除选中区域，如图 11.21 所示。

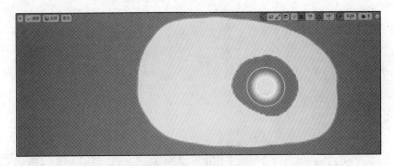

图 11.21　选择工具

选择工具的参数如表 11.3 所示。

表 11.3　选择工具参数

参　　数	描　　述
清除区域选择（Clear Region Selection）	清除当前选中的区域

续表

参 数	描 述
工具强度（Tool Strength）	设定笔刷笔画效果的量
使用区域作为蒙版（Use Region as Mask）	勾选后，区域选择将成为活动区域（由所选区域构成）的遮罩

（12）复制。配合之前的选择工具，选中需要复制的地形后，使用复制工具。在复制工具选项中单击，使小工具与选中区域相匹配，即可快速选中需要复制的区域，如图 11.22 所示。

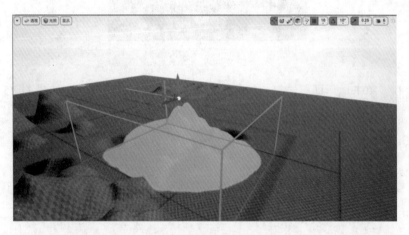

图 11.22　使小工具与选中区域相匹配

选中后单击复制数据到小工具，被选中区域的地形数据就会记录到小工具中，拖动小工具的位置再按 Ctrl+V 组合键即可快速粘贴地形。也可以将小工具选中的区域导出为高度图，或者将高度图导入小工具内，如图 11.23 所示。

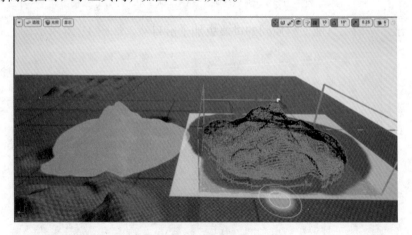

图 11.23　复制数据到小工具

3. 地形的纹理添加及参数设置

进入绘制模式，使用地形图层文件可以快速绘制地形纹理，如图 11.24 所示。

虚拟现实游戏开发（Unreal Engine）

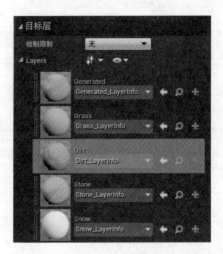

图 11.24　图层

（1）绘制。单击地形即可绘制，按住 Shift 键 + 鼠标左键可擦除，如图 11.25 所示。

图 11.25　绘制工具

（2）平滑。平滑工具能使材质间的过渡更加平滑自然，如图 11.26 所示。

图 11.26　平滑工具

（3）平整。平整工具直接将选定图层的权重设置为工具强度的值，达到使材质视觉效果平整、规律的效果，如图 11.27 所示。

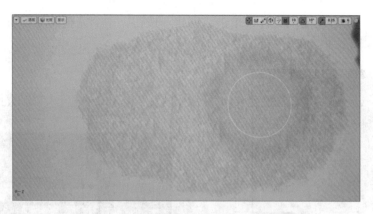

图 11.27　平整工具

（4）噪点。在绘制区域内材质添加随机效果，如图 11.28 所示。

图 11.28　噪点工具

噪点工具的参数如表 11.4 所示。

表 11.4　噪点工具参数

参　　数	描　　述
使用目标值	如果选中，混合应用于目标值的噪点值
噪点模式	决定是应用所有噪点效果、仅应用导致图层应用增加的噪点效果，还是仅应用导致图层应用减少的噪点效果
噪点比例	使用的 Perlin 噪点滤波器的大小。噪点滤波器与位置和比例有关，也就是说，如果没有更改噪点比例，则同一滤波器将多次应用于同一位置

4. 高度图的使用

1）预处理高度图

从互联网下载的高度图通常不能直接导入 UE 使用，需要先使用 Photoshop 进行预处理。

将下载好的图片用 Photoshop 打开，将"图像"→"模式"更改为"灰度、16 位 / 通道"，另存为 PNG 格式，如图 11.29 所示。

2）导入高度图

在 Photoshop 内处理好高度图以后就可以导入 UE 内使用了。在"新建地形"中选择

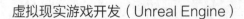
"从文件导入"，选择高度图文件，单击"创建"按钮，一个完整的地形就生成好了，如图 11.30~ 图 11.32 所示。

图 11.29　使用 Photoshop 处理高度图

图 11.30　导入高度图文件

注：UE 只支持 PNG 格式和 RAW 格式。

图 11.31　利用高度图创建地形

图 11.32　创建好的地形

11.2 托痕渲染器——Trail Renderer

拖痕渲
染器

1. 拖痕渲染器的基础知识

1）设计理念

UE 的用户群体在不断扩大，UE 广泛应用于游戏开发领域以外的众多行业。例如，建筑视觉表现、工业设计（如汽车设计）、虚拟影视制作等。用户更加多样化，包括设计专业的学生、独立开发者、大型专业工作室团队，以及非游戏领域的个人和公司。随着不断发展，Epic Games 公司的开发人员无法全面了解 UE 面向的所有行业。因此希望创建适用于各行业所有用户的视觉效果（VFX）系统。

2）目标

要创建新系统，取 Cascade 之精华，去其糟粕。因此，新 VFX 系统的目标如下。

美术设计师可全权掌控效果，各轴均可编程，可自定义并提供更好的调试、显示和性能工具，支持来自 UE 其他部分或外部源的数据和不妨碍用户操作。

3）Niagara 混合结构的层级

（1）模块。模块可用于图表范式：可使用可视节点图表在脚本编辑器中创建带 HLSL 的模块。模块相当于 Cascade 的行为。模块与公共数据通信、封装行为，并堆叠在一起。

（2）发射器。发射器用于堆栈范式：作为模块容器，可堆叠在一起创建各种效果。发射器用途单一，但可重复使用。参数可从模块传输到发射器级别，但用户可在发射器中修改模块和参数。

（3）系统。发射器、系统用于堆栈范式，也与 Sequencer 时间轴配合用于控制发射器在系统中的行为。系统是发射器的容器。系统将此类发射器组合成一种效果。在 Niagara 编辑器中编辑系统时，可以修改和覆盖系统中的参数、模块或发射器。

4）发射器属性

发射器属性如表 11.5 所示。

表 11.5 发射器属性

属　性	描　述
本地空间（Local Space）	此设置用于切换发射器中粒子采用的相对坐标系，是相对于此发射器的本地空间还是全局空间
确定性（Determinstic）	此设置可将随机数生成器（RNG）切换为全局确定性或非确定性。任何采用发射其默认值的随机计算都将继承此设置。你仍可以将随机数单独设置成确定性或非确定性。在本例中，"确定性"（Deterministic）表示只要时间增量为非变量，RNG 将返回相同发射器配置的结果。该发射器的单个脚本将调整结果

续表

属　　　性	描　　　述
随机种子（Random Seed）	若已启用确定性设置，则此项为确定性随机数生成器基于发射器的种子

5）Niagara 渲染器

Niagara 渲染器说明 UE 应该如何显示每个生成的粒子。注意，这不一定是可视的。与模块不同，渲染器在堆栈中的位置不一定与绘制顺序相关。目前支持以下 5 种渲染器类型。

- 组件渲染器（Component Renderer）
- 光源渲染器（Light Renderer）
- 网格体渲染器（Mesh Renderer）
- 条带渲染器（Ribbon Renderer）
- Sprite 渲染器（Sprite Renderer）

2. 案例制作

1）创建材质

（1）创建材质并将其命名为 M_DustPoof。选中主要材质节点后，在细节面板中找到"材质"（Material）模块，将"混合模式"（Blend Mode）更改为"半透明"（Translucent），选中"双面"（Two Sided）复选框，其他设置为默认值，如图 11.33 所示。

（2）右击图表，然后在搜索栏中输入 particle。选择"粒子颜色"（Particle Color），添加 Particle Color 节点。将 Particle Color 节点的顶部输出插入主材质节点上的"底色"（Base Color）输入，如图 11.34 所示。

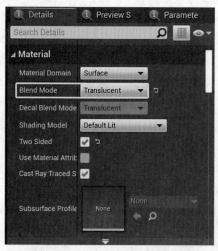

图 11.33　改变 Blend Mode

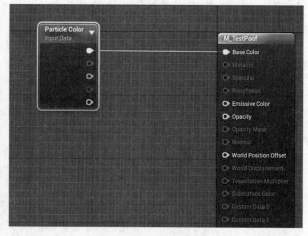

图 11.34　编辑 particle

（3）创建 Texture Sample 节点。按住 T 并在节点图表内进行单击即可完成此操作。

（4）选中 Texture Sample 节点后，在细节面板中找到"材质表达式纹理基础"（Material Expression Texture Base）模块。单击下拉列表，然后在黄色框 Texture 的搜索栏中输入噪点（Noise）。选择 T_Perlin_Noise_M 纹理，如图 11.35 所示。

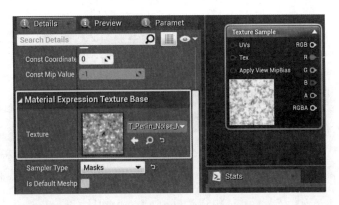

图 11.35　编辑"材质表达式纹理基础"

（5）右击图表，然后在搜索栏中输入 dynamic。选择 DynamicParameter 以添加该节点，如图 11.36 所示。

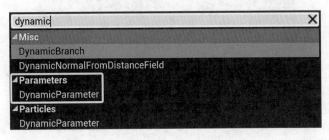

图 11.36　选择 DynamicParameter 节点

（6）选中 DynamicParameter 节点后，在细节面板中找到"材质表达式动态参数"（Material Expression Dynamic Parameter）分段。在数组 0 中，将名称更改为 Erode，如图 11.37 所示。

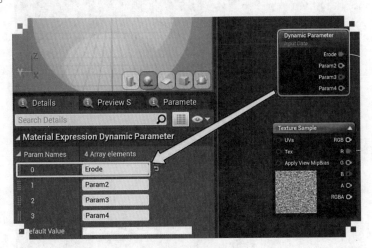

图 11.37　编辑"材质表达式动态参数"

（7）右击图表，然后在搜索栏中输入 step。选择 ValueStep 添加该节点，如图 11.38 所示。

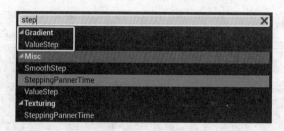

图 11.38　添加 ValueStep 节点

（8）从 Texture Sample 节点的 R 输出插入 ValueStep 节点的梯度（Gradient）输入，如图 11.39 所示。

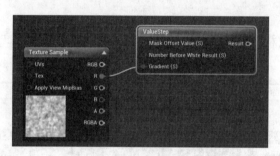

图 11.39　ValueStep 连接图示

（9）从 Dynamic Parameter 节点的 Erode 输出插入 ValueStep 节点的遮罩偏移值（Mask Offset Value）输入，如图 11.40 所示。

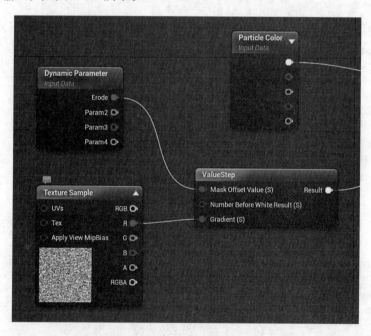

图 11.40　ValueStep 遮罩偏移值节点连接

（10）从 ValueStep 节点的结果（Results）输出插入主材质节点的"不透明度"（Opacity）输入，如图 11.41 所示。

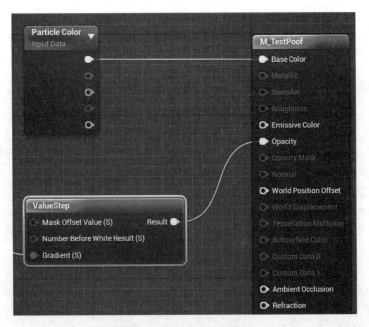

图 11.41　ValueStep 连接图示

（11）单击应用（Apply）和保存（Save）按钮，然后关闭"材质编辑器"（Material Editor）。

2）创建效果

创建系统和发射器。接下来将创建 Niagara 系统。

（1）在"内容浏览器"（Content Browser）中右击，创建"Niagara 系统"（Niagara System），并在显示的选项中选择 FX →"Niagara 系统"（Niagara System）。这样会显示"Niagara 发射器"（Niagara Emitter）向导，如图 11.42 所示。

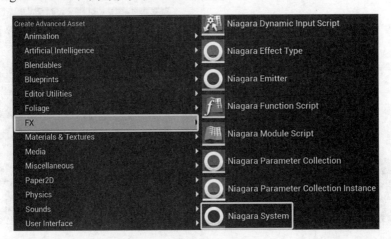

图 11.42　创建 Niagara 系统

（2）选择"来自选定发射器的新系统 [New system from selected emitter(s)]。然后单击 "下一步"（Next）按钮，如图 11.43 所示。

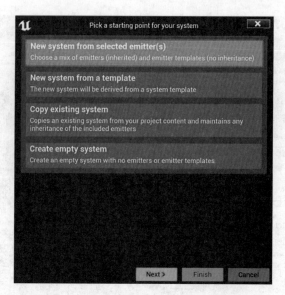

图 11.43　选择"来自选定发射器的新系统"

（3）在模板（Template）中，选择"简单 Sprite 喷发"（Simple Sprite Burst）。单击加号图标（＋），将发射器添加到要添加到系统的发射器列表中。然后单击"完成"（Finish）按钮，如图 11.44 所示。

（4）将系统命名为 FX_FootstepDustPoof。双击在"Niagara 编辑器"（Niagara Editor）中打开它。

（5）新系统中发射器实例的默认名称为 SimpleSpriteBurst。新系统中发射器实例的默认名称为 SimpleSpriteBurst。但它可以重命名。在系统总览中单击发射器实例的名称，其将变为可编辑。将发射器命名为 FX_DustPoof，如图 11.45 所示。

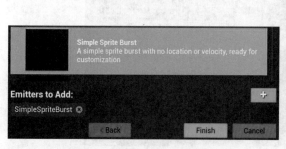

图 11.44　添加"简单 Sprite 喷发"

图 11.45　重命名发射器

（6）除非在渲染器中设置网格体和材质，否则在预览中看不到任何内容。因此，在"系统总览"（System Overview）中，选择"渲染器"（Render），在"选择"（Selection）面板中将其打开，如图 11.46 所示。

图 11.46　选择"渲染器"

（7）单击删除图标，删除"Sprite 渲染器"（Sprite Renderer），如图 11.47 所示。

图 11.47　删除"Sprite 渲染器"

（8）单击加号（＋）图标，然后从列表中选择"网格体渲染器"（Mesh Renderer），如图 11.48 所示。

图 11.48　添加"网格体渲染器"

（9）单击"粒子网格体"（Particle Mesh）旁边的下拉列表，然后选择在"项目设置"（Project Setup）中创建的网格体，如图 11.49 所示。

图 11.49　创建粒子网格体

（10）单击启用"覆盖材质"（Override Materials），它的默认值为 0 数组元素。单击加号（+）图标添加数组元素。单击"显示材质"（Explicit Material）旁边的下拉列表，然后选择在"项目设置"（Project Setup）中创建的材质，如图 11.50 所示。

图 11.50　添加材质

（11）对于"面向模式"（Facing Mode），请单击下拉列表，然后选择"速度"（Velocity）。

（12）在"内容浏览器"（Content Browser）中，将 Niagara 系统拖入关卡，放置在玩家角色的脚部附近，检查角色相关效果的大小和形状。

3）编辑模块设置

（1）在"系统总览"（System Overview）中，单击"发射器更新"（Emitter Update）组，在"选择"（Selection）面板中将其展开，如图 11.51 所示。

图 11.51　选择面板中打开更新组

（2）展开"发射器状态"（Emitter State）模块。默认情况下，"生命周期模式"（Life Cycle Mode）设置为"自身"（Self）。

（3）将"发射器状态"（Emitter State）设置为以下值。这样就能让尘云只产生一次然后就消散，如图 11.52 所示。

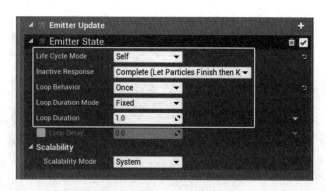

图 11.52　编辑发射器状态

（4）展开 Spawn Burst Instantaneous 模块。将"生成数量"（Spawn Count）设置为 10。生成数量为 10 将生成大小合适、足够可见的尘云，如图 11.53 所示。

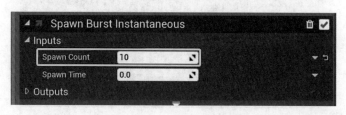

图 11.53　编辑生成数量

4）粒子生成设置

在"粒子生成"（Particle Spawn）组中编辑模块。这是首次生成粒子时应用于粒子的行为。

（1）在"系统总览"（System Overview）中，单击"粒子生成"（Particle Spawn）组，在"选择"（Selection）面板中将其展开，如图 11.54 所示。

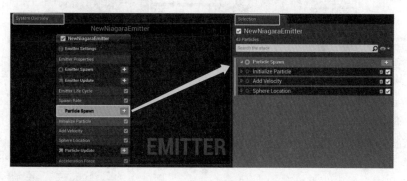

图 11.54　在选择面板中展开更新组

（2）展开"初始化粒子"（Initialize Particle）模块。在"点属性"（Point Attributes）中，找到"生命周期模式"（Lifetime Mode）设置。在下拉列表中选择"随机"（Random）。此操作将最小值（Minimum）域和最大值（Maximum）域添加到生命周期（Lifetime）值。这会让每个粒子的显示时间产生一些随机变化。将最小值域和最大值域设置为如下值，如图 11.55 所示。

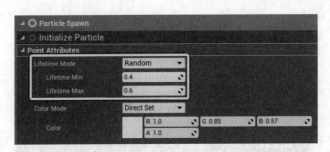

图 11.55　编辑粒子的生命周期模式

（3）找到颜色（Color）设置。在范例中，颜色看起来类似于灰尘的浅棕色。将 R、G 和 B 值按照图 11.56 所示进行设置。

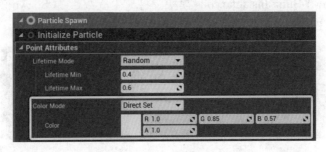

图 11.56　颜色设置

（4）在"网格体属性"（Mesh Attributes），找到"网格体缩放模式"（Mesh Scale Mode）下拉列表。在下拉列表中选择"随机均匀"（Random Uniform）。将 Mesh Uniform Scale Min 和 Mesh Uniform Scale Max 设置为图 11.57 中的值。

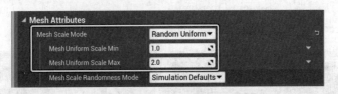

图 11.57　网格体缩放模式设置

（5）单击已生成粒子的加号（+），然后选择"朝向"（Orientation）→"初始网格体朝向"（Initial Mesh Orientation），如图 11.58 所示。其中包含粒子网格体的旋转设置。需要给形状添加一些旋转效果，避免它们过于雷同。这样使尘云看起来会更自然。

（6）因为不需要此效果，在"朝向"（Orientation）中单击禁用"朝向向量"（Orientation Vector）。在"旋转"（Rotation）中勾选 Rotation 复选框，启用旋转。单击 Rotation 旁边的向下箭头，然后选择"动态输入"（Dynamic Inputs）→"统一范围向量"（Uniform Ranged Vector）。这样能获得少许的随机旋转效果。Minimum 和 Maximum 的值保留为默认值即可，如图 11.59 所示。

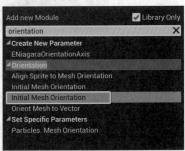

图 11.58　添加初始网格体朝向

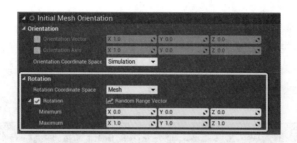

图 11.59 编辑旋转值

（7）单击已生成粒子的加号（+），然后选择"位置"（Location）→"圆柱体位置"（Cylinder Location），如图 11.60 所示。圆柱体位置将粒子生成限制为圆柱体形状。

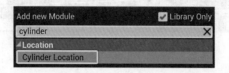

图 11.60 设置粒子生成形状

（8）要使尘云靠近地面，请将圆柱体高度（Cylinder Height）更改为 1。若不希望尘云比脚大太多，请将"圆柱体半径"（Cylinder Radius）更改为 10，如图 11.61 所示。

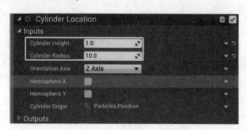

图 11.61 设置粒子属性

（9）单击 Particle Spawn 的加号（+），选择"速度"（Velocity）→ Add Velocity from Point，如图 11.62 所示。Velocity from Point 方法会让粒子从指定位置以指定速度移动。可以用它让烟尘特效从脚步位置开始移动。

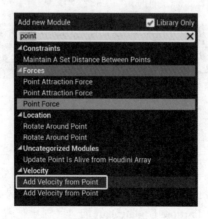

图 11.62 Add Velocity from Point

> **注意**
>
> 在添加速度或力模块后，会显示一个错误，因为添加的模块总是位于组的堆栈的底部。这样会导致这些模块位于 Solve Forces 和 Velocity 模块的后面。单击"修复问题"（Fix Issue）来解决该错误，如图 11.63 所示。
>
>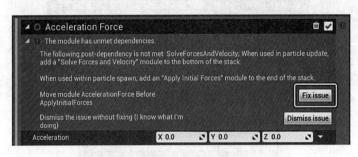
>
> 图 11.63　点击修复问题

（10）在 Add Velocity from Point 模块中，将"速度强度"（Velocity Strength）设置为 2.5。不要把粒子散布得太远，能够模拟扬起的尘埃就足够了。这就是要将数字设置得相对较小的原因，如图 11.64 所示。

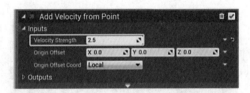

图 11.64　设置速度强度

（11）单击"粒子生成"（Particle Spawn）的加号（+），选择"力"（Forces）→"加速度"（Acceleration Force）。它可以为尘埃赋予一定的向前冲量。这样尘埃就能从脚步位置散开。

（12）在"加速力"（Acceleration Force）模块中，将加速度设置为 X：0.0，Y：0.0，Z：200.0。现在尘埃云会向外和向上扩散，但是向上的动力有点太大了。"粒子更新"（Particle Update）这一步骤将在每一帧上添加阻力，以减慢尘埃粒子的上升动量，如图 11.65 所示。

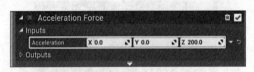

图 11.65　编辑加速度的值

5）粒子更新设置

最后，在"粒子更新"（Particle Update）组中编辑设置。这些行为会应用到粒子上并且逐帧更新。

（1）单击删除图标，删除"缩放色阶"（Scale Color）模块。此效果不需要该模块。

（2）单击"粒子更新"（Particle Update）的加号（+），然后选择"材质"（Materials）→"动态材质参数"（Dynamic Material Parameters）。这是连接到材质中的"Erode 动态参数"（Erode

Dynamic Parameter）的方式，如图 11.66 所示。

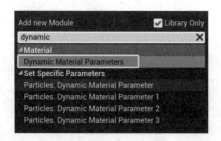

图 11.66　添加 Dynamic Material Parameters 节点

注意

　　可以通过拖动来重新排列"系统总览"（System Overview）中发射器节点内的模块。但无法在选择（Selection）面板中重新排列模块。

　　（3）在"动态材质参数"（Dynamic Material Parameters）模块中，读者应该会看到在材质中设置的 Erode 参数。单击 Erode 的向下箭头，然后选择"动态输入"（Dynamic Inputs）→"来自曲线的浮点"（Float from Curve），如图 11.67 所示。

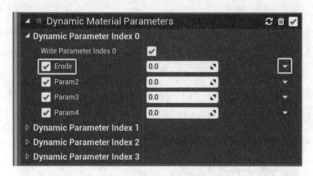

图 11.67　设置动态材质参数

　　（4）在曲线中，右击直线中间位置，然后选择"将键添加到曲线"（Add Key to Curve）。现在曲线上应该有三个关键帧。可以设置关键帧，使尘云在生命周期初期为不透明，然后慢慢变稀薄最终散开，如图 11.68 所示。

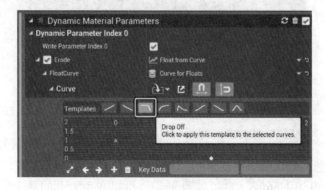

图 11.68　添加关键帧

（5）单击"粒子更新"（Particle Update）的加号（+）图标，然后选择"力"（Forces）→"阻力"（Drag）。

> **注意**
>
> 因为添加的模块始终位于组堆栈底部，添加速度或力模块后会显示错误。该位置设定使该模块位于"解算力"（Solve Forces）和"速度"（Velocity）模块之后。单击"修复问题"（Fix Issue）可消除此错误，如图 11.69 所示。

（6）在"阻力"（Drag）模块中，将"阻力"（Drag）设为 12。该设置会与加速力相互作用，防止尘云的向上运动看起来不够真实，如图 11.70 所示。

图 11.69　添加 Drag 节点

图 11.70　编辑 Drag 节点

6）将 Niagara 效果附加到角色

现在要将此效果添加到角色的奔跑动画中。在此示例中，将把效果添加到第三人称模板中的通用型假人模型上。不过，也可以通过这些步骤将 Niagara 效果添加到 UE 中的任意角色身上。

（1）在内容浏览器中，导航到"人体模型"（Mannequin）→"动画"（Animations）。双击 ThirdPersonRun 动画，将其在动画编辑器中打开，如图 11.71 所示。

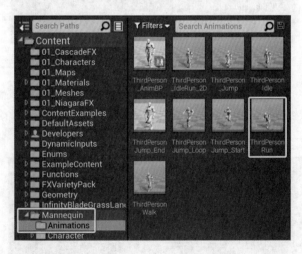

图 11.71　打开 ThirdPersonRun

（2）在动画时间轴（Animation timeline）中单击"暂停"（Pause）可暂停循环动画。使用滑动指针找到角色右脚接触地面的瞬间。需要在该位置添加尘土效果，如图 11.72 所示。

（3）找到"通知"（Notifies）栏。借助通知，可以在动画上的某个位置进行标记，以

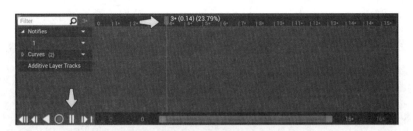

图 11.72 编辑动画时间轴

便播放粒子效果。读者会看到一条位于时间轴拖动条下方的直线。右击该直线,然后选择"添加通知"(Add Notify)→"播放 Niagara 粒子效果"(Play Niagara Particle Effect)。这样就能在动画中的该点位置上放置一个标记,并且自动带上了默认标签 Play Niagara Effect,如图 11.73 所示。

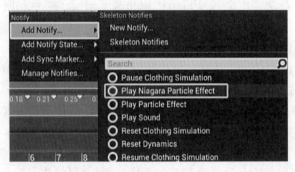

图 11.73 添加播放粒子效果节点

(4)选中 Play Niagara Effect 通知后,在细节面板中找到"动画通知"(Anim Notify)模块。在此处选择要添加到动画中的 Niagara System,如图 11.74 所示。

(5)单击"Niagara 系统"(Niagara System)旁边的下拉列表框,然后选择在 Niagara 中创建的 FX_FootstepDustPoof 系统。通知上的标签更改为 FX_FootstepDustPoof,如图 11.75 所示。

图 11.74 添加动画通知

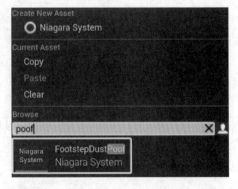

图 11.75 添加 FX_FootstepDustPoof 系统

(6)对左脚重复上述步骤。

11.3 寻 路 系 统

自动寻路
技术基础
知识案例

1. 概述

UE 的"寻路系统"（Navigation System）可以借助"寻路网格体"（Navigation Mesh）让"代理"（Agent）在关卡中实现寻路。

寻路机制可以在静态对象周围生成路径，而避障算法主要用于处理移动障碍物。AI 代理有两种方法来绕过移动障碍物，或在彼此间避障，分别是"相对速度障碍物"（Reciprocal Velocity Obstacles，RVO）算法和"群组绕行管理器"（Detour Crowd Manager）。

相对速度障碍物算法系统会计算每个代理的速度向量，避免和附近的其他代理碰撞。该系统会查看附近的代理，并假定它们在计算的每一步内都以恒定的速度移动。根据代理向目标移动的速度，会选择最佳的速度向量进行匹配。

UE 的 RVO 算法系统进行了优化，减少所需的帧率要求。其他的优化项还有避免重复计算恒定路径，并提供优先级系统来解决可能的碰撞。RVO 算法不使用寻路网格体进行避障，因此它无须寻路系统即可用于代理。该系统包含在角色类的"角色移动"（Character Movement）组件中。

"群组绕行管理器"（Detour Crowd Manager）系统通过自适应 RVO 算法采样计算来解决代理之间的规避问题。它会计算一个粗略的速度采样，并且将重点放在代理的移动方向上，相较于传统的 RVO 算法规避方式，能显著提升规避性能。该系统还使用可见度和拓扑路径优化项，进一步提升碰撞规避性能。

群组绕行管理器系统可以高度配置特定示例模式选项、最大代理数和代理半径。该系统包含在"群组绕行 AI 控制器"（Detour Crowd AI Controller）类中，可以和任意 Pawn 类一起使用。

RVO 算法和群组绕行管理器各自独立工作，在项目中只能使用其中一种。避障方式的描述如表 11.6 所示。

表 11.6　避障方式

名　称	描　述	局　限　性
相对速度障碍物算法	1. 代理通过使用指定半径内的速度向量来避开障碍物 2. 包含在角色类的角色移动组件中	1. 与群组绕行管理器相比，配置更少 2. 仅用于角色类 3. 不使用导航网格进行回避，因此代理可能会"越界"
群组绕行管理器	1. 代理通过使用路径优化以及指定半径内的速度向量来避开障碍 2. 包含在群组绕行 AI 控制器类中	具有在项目设置中定义的固定最大代理数

2. 实战练习

1）所需设置

（1）在"新项目类型"（New Project Categories）栏中选择"游戏"（Games）并单击"下

一步"（Next）按钮，如图 11.76 所示。

图 11.76　新建项目

（2）选择"第三人称游戏"（Third Person）并单击"下一步"（Next）按钮，如图 11.77 所示。

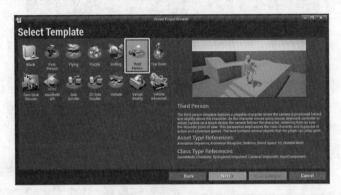

图 11.77　选择第三人称游戏

（3）选择"蓝图"（Blueprint）和"不带初学者内容包"（No Starter Content）并单击"创建项目"（Create Project）按钮，如图 11.78 所示。

图 11.78　创建项目

2）创建测试关卡

（1）单击菜单栏的"文件"（File）→"新建关卡"（New Level）。

（2）选择"默认"（Default）关卡，如图 11.79 所示。

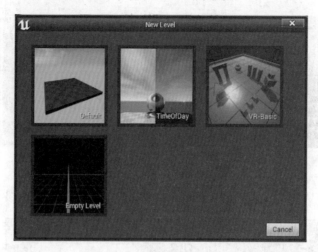

图 11.79　选择默认关卡

（3）在"世界大纲视图"（World Outliner）中选择"Floor 静态网格体 Actor"（Floor StaticMeshActor），如图 11.80 所示。在下方的细节面板中，将"缩放"（Scale）设置为 X = 10，Y = 10，Z = 1，如图 11.81 所示。

图 11.80　选择 floor

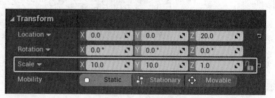

图 11.81　设置缩放

（4）在"放置 Actor"（Place Actors）面板中，找到"导航网格体边界体积"（Nav Mesh Bounds Volume）。将它拖动到关卡中并放置在"地面网格体"（floor mesh）上，如图 11.82 所示。将"导航网格体边界体积"的缩放调整至 X = 7，Y=10，Z = 1，如图 11.83 所示。

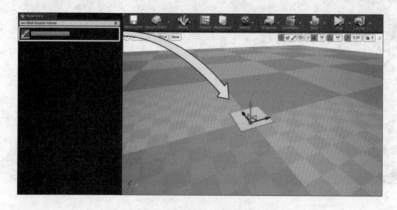

图 11.82　拖入导航网格体边界体积

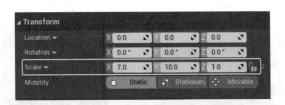

图 11.83　设置缩放

（5）在"放置 Actor"（Place Actors）面板中，从"基础"（Basic）分类中拖动两个球体（Sphere）Actor 到关卡中，如图 11.84 所示。

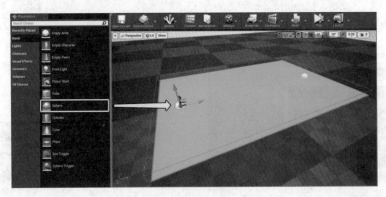

图 11.84　拖入球体

3）创建代理

（1）在"内容浏览器"（Content Browser）中，右击选择"新建文件夹"（New Folder）来创建一个新的文件夹，并将它命名为"寻路系统"（NavigationSystem）。

（2）在内容浏览器中，找到 ThirdPersonBP → Blueprints 并选择"第三人称角色"（ThirdPersonCharacter）蓝图。将其拖动到寻路系统（NavigationSystem）文件夹中并选择"复制到这里"（Copy Here），如图 11.85 所示。

图 11.85　拖入第三人称角色蓝图

（3）打开"寻路系统"（NavigationSystem）文件夹，将蓝图重命名为 BP_NPC_NoAvoidance。双击打开蓝图并找到"事件图表"（Event Graph）。选择并删除所有输入节点。

（4）右击事件图表，找到并选择"添加自定义事件"（Add Custom Event）。将该事件命名为"移动 NPC"（MoveNPC），如图 11.86 所示。

（5）在"我的蓝图"（My Blueprint）面板中，单击"变量"（Variables）旁边的 + 按钮，创建一个新的变量。将该变量命名为 Target，如图 11.87 所示。

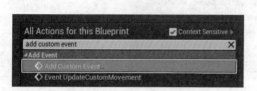

图 11.86　添加自定义事件

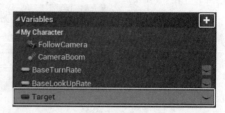

图 11.87　添加变量

（6）在细节面板中，单击"变量类型"（Variable Type）出现下拉列表。搜索 Actor 并选择"对象引用"（Object Reference），如图 11.88 所示。勾选"可编辑示例"（Instance Editable）复选框，如图 11.89 所示。

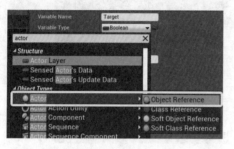

图 11.88　设置 Actor 对象引用

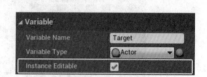

图 11.89　勾选可编辑示例复选框

（7）将 Target 变量拖动到"事件图表"（Event Graph）中并选择"获取目标"（Get Target）。拖动目标节点，然后搜索并选择是否有效（Is Valid）指令，如图 11.90 所示。

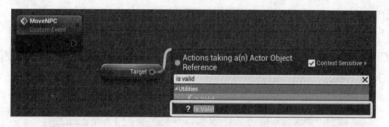

图 11.90　添加 Is Valid

（8）右击"事件图表"（Event Graph），搜索并选择"获得一个对自身的引用"（Get reference to self），如图 11.91 所示。

图 11.91　获得一个对自身的引用

（9）右击"事件图表"（Event Graph），搜索并选择"AI 移动至"（AI Move To），如图 11.92 所示。

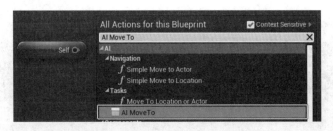

图 11.92 添加 AI Move To 节点

（10）将"是否有效"（Is Valid）节点的是否有效引脚和"AI 移动至"（AI Move To）节点连接起来。接着将"自身"（Self）节点和"AI 移动至"节点的 Pawn 引脚连接起来。拖动 Target 变量并将它与"AI 移动至"节点的"目标 Actor"（Target Actor）引脚相连接，如图 11.93 所示。

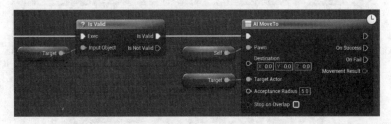

图 11.93 连接示例

（11）右击"事件图表"（Event Graph），搜索并选择"事件开始运行"（Event Begin Play）。从事件开始运行节点拖动，搜索并选择"移动 NPC"（Move NPC），如图 11.94 所示。

图 11.94 连接两个节点

（12）"编译"（Compile）并"保存"（Save）蓝图。最终的蓝图效果如图 11.95 所示。

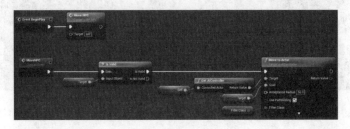

图 11.95 蓝图展示

（13）将 BP_NPC_NoAvoidance 蓝图拖动到关卡中，如图 11.96 所示。在细节面板中，单击目标旁边的下拉列表，搜索并选择代理前方的那个球体（Sphere）Actor，如图 11.97 所示。

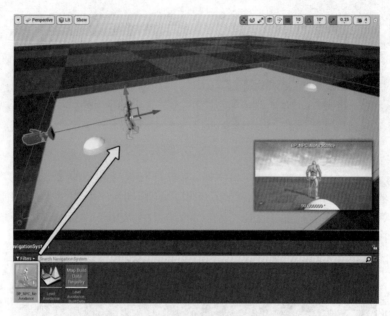

图 11.96　拖入蓝图

图 11.97　选择 Sphere

（14）复制 BP_NPC_NoAvoidance 蓝图，如图 11.98 所示。

图 11.98　复制蓝图

（15）重复最后两个步骤，在关卡另一边创建一组代理，并将放置在它们前面的球体（Sphere）作为目标。

（16）单击"模拟"（Simulate）查看代理如何寻路至目标。注意观察没有避障系统时，我们是如何在关卡中心创建碰撞的。

4）向代理添加"相对速度障碍物算法"

（1）在内容浏览器中，右击 BP_NPC_NoAvoidance 蓝图并选择复制（Duplicate）。将新蓝图命名为 BP_NPC_RVO，如图 11.99 所示。

（2）双击 BP_NPC_RVO 蓝图，将它在蓝图编辑器中打开。选择"角色移动"（Character Movement）组件，如图 11.100 所示。在细节面板中，找到"角色移动：避障"（Character Movement: Avoidance）栏，如图 11.101 所示。

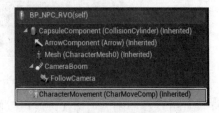

图 11.99　复制创建新蓝图　　　　　　　　　　图 11.100　角色移动

（3）勾选"使用 RVO 避障"（Use RVOAvoidance）复选框，将"避障考虑半径"（Avoidance Consideration Radius）调整为 100，如图 11.102 所示。

图 11.101　避障栏　　　　　　　　　　　　　图 11.102　编辑避障属性

（4）编译（Compile）并保存该蓝图。这样代理就可以使用"相对速度障碍物算法"避障了。

（5）将多个 BP_NPC_RVO 蓝图拖动到关卡中，并按照之前的步骤进行相同的配置。单击模拟（Simulate）查看结果。

5）向代理应用群组绕行避障

（1）在"内容浏览器"（Content Browser）中，右击 BP_NPC_NoAvoidance 蓝图并选择复制（Duplicate）。将新蓝图命名为 BP_NPC_DetourCrowd，如图 11.103 所示。

（2）双击打开 BP_NPC_DetourCrowd。在细节面板中搜索"AI 控制器"（AI Controller），如图 11.104 所示。

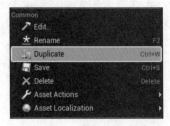

图 11.103　复制创建新蓝图　　　　　　　　　图 11.104　搜索 AI 控制器

（3）打开 AI 控制器类（AI Controller Class）旁边的下拉列表，选择"群组绕行 AI

控制器"（DetourCrowdAIController），如图 11.105 所示。

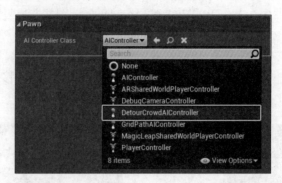

图 11.105　选择"群组绕行 AI 控制器"

（4）编译并保存蓝图。这样代理就可以使用群组绕行避障了。

（5）将几个 BP_NPC_DetourCrowd 蓝图拖动到关卡中，并按照之前的步骤进行相同的配置。单击模拟（Simulate）查看结果。

（6）在"设置"（Settings）→"项目设置"（Project Settings）中找到"群组管理器"（Crowd Manager），调整"群组绕行管理器"（Detour Crowd Manager）设置，如图 11.106所示。

（7）在这一部分中，调整"群组绕行管理器"（Detour Crowd Manager）系统中的一些设置，例如，系统使用的"最大代理数"（Max Agents）以及用于避障计算的"最大代理半径"（Max Agent Radius），如图 11.107 所示。

图 11.106　打开"群组绕行管理器"设置

图 11.107　调整"群组绕行管理器"设置

3. 自动寻路技术

UE 的自动寻路系统允许 AI 代理通过寻路功能控制 Actor 在关卡中走动。这套系统会根据关卡中的几何体自动生成寻路网格，可以使用 AI 控制器来控制 Actor 在网格范围内的自动寻路。

寻路系统的可编辑性很高，可以自主修改 Actor 在关卡中的寻路方式。寻路网格中不连续的区域可以使用链接工具连接起来，构成平台和桥梁。

寻路系统中的三种生成模式（静态、动态和仅限动态修改器）控制了项目中生成寻路网格的方式，并提供了各种可编辑选项。

寻路系统还为代理提供了两种规避方法：相对速度障碍物算法和群组绕行管理器。这两种方法允许代理在游戏过程中绕行，避让动态障碍物和其他代理。

4. 自动寻路技术基础知识

UE 寻路系统用于为 AI 代理提供寻路功能。

为了帮助 AI 确定起点和终点之间的路径，UE 会根据场景中的碰撞体生成寻路网格体。这种简化的多边形网格体代表了关卡中的可寻路空间。默认情况下，寻路网格体会细分为多个区块，允许重新构建寻路网格体的局部区域。寻路系统包含多种功能，可以使用这些功能，根据需求自定义代理的寻路行为。下面我们通过一个案例来了解具体的操作。

先创建一个第三人称模板的项目，如图 11.108 所示。

图 11.108 创建 NPC 关卡

在 *.Build.cs 里加入 AIModule 模块。

```
PublicDependencyModuleNames.AddRange(new string[] { "Core",
"CoreUObject", "Engine", "InputCore", "HeadMountedDisplay", "AIModule" });
```

编译，生成解决方案。

新建 NavCharacter，使它继承自 Character 类，如图 11.109 所示。

图 11.109 创建 NavCharacter 类

在头文件中声明 AI 控制器、移动目标 Actor、MoveToTarget 函数。

```
class AAIController* AIController;
UPROPERTY(EditAnywhere, BlueprintReadWrite)
class AActor* Target;
UFUNCTION(BlueprintCallable)
void MoveToTarget();
```

在源文件中添加 AI Controller 的头文件

```
#include "AIController.h"
```

在源文件中定义 MoveToTarget 函数。

```
void ANavCharacter::MoveToTarget(){
    if(Target){
        if(AIController){
            FAIMoveRequest MoveRequest;
            MoveRequest.SetGoalActor(Target);
            MoveRequest.SetAcceptanceRadius(10);
            FNavPathSharedPtr NavPath;
            AIController->MoveTo(MoveRequest, &NavPath);
        }
    }
}
```

在 BeginPlay 函数里调用 AI Controller 和 MoveToTarget 函数。

```
void ANavCharacter::BeginPlay(){
        Super::BeginPlay();
        AIController = Cast<AAIController>(GetController());
        MoveToTarget();
}
```

编译并保存，将该类蓝图化，如图 11.110 所示。

图 11.110　蓝图化

进入该蓝图，为了让该 Actor 在关卡中便于观察，给它添加一个静态网格体组件，并在细节面板中赋予该组件静态网格体资源和材质，如图 11.111 和图 11.112 所示。

图 11.111　添加静态网格体组件　　　　　图 11.112　静态网格体资源和材质

在放置 actor 面板中将"导航网格体边界体积"拖入关卡中，如图 11.113 所示。

将缩放设置为 X：7.0，Y：10.0，Z：1.0。单击构建后，再按下键盘上的 P 键可显示导航范围，如图 11.114 所示。

图 11.113　添加导航网格体边界体积　　　　图 11.114　设置导航网格体边界

将一个球体和刚刚创建的蓝图拖入导航体内，如图 11.115 所示。

图 11.115　放入 Actor

以模拟模式运行该关卡，即可看到该 Actor 向小球移动，如图 11.116 所示。

图 11.116　模拟运行

5. 小球寻路案例

现在我们已经学会了基本的自动寻路操作，现在进一步研究一下自动寻路系统。

以上一个案例为背景，将 NavCharacter 蓝图和小球各复制一份。使左边 NavCharacter 的 Target 为右边的小球，右边的 NavCharacter 为左边的小球，并使这 4 个 Actor 的 X 坐标为 0，从而让它们在一条线上对齐，如图 11.117 所示。

图 11.117　增加 Actor

现在以模拟模式运行，两个 NavCharacter 相向而行并互相阻挡，无法继续运动，如图 11.118 所示。

这显然不够智能。于是进一步设置，使其在移动过程中能够绕过彼此。

进入 NavCharacter 蓝图，找到角色移动组件，在"角色移动：回避"中勾选使用 RVO 回避，将回避考虑半径设为 500。编译并保存，如图 11.119 所示。

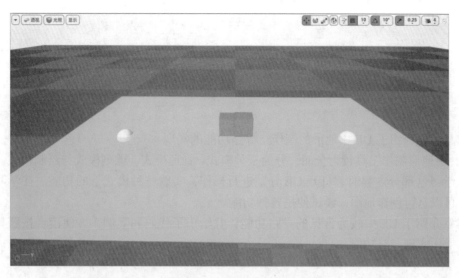

图 11.118　模拟运行

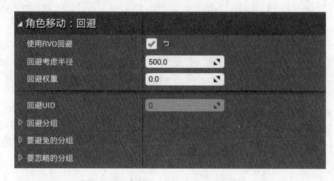

图 11.119　设置 RVO 回避

运行关卡，两个 NavCharacter 在相遇时会相互回避，如图 11.120 所示。

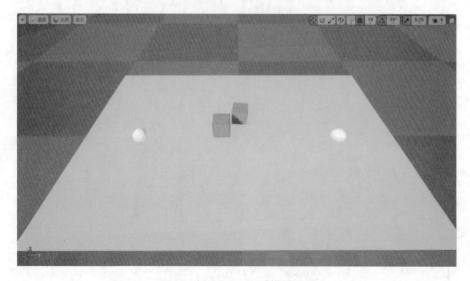

图 11.120　RVO 回避模拟运行

到这里，一个较为完整的自动寻路流程就结束了。

11.4 本章小结

本章主要介绍了 UE 中地形的制作与寻路功能的实现。

UE 中地形制作工具较为全面，分为三种模式：管理模式、雕刻模式与绘制模式。建议读者在学习这部分内容时，打开 UE 分别进行操作，实践三种模式下的功能。在学习一遍之后，可以自行创作地图，尝试使用各种功能。

本章介绍了 UE 中较为常见的寻路功能，并给出了代码和案例，方便读者按照具体的步骤去操作实现寻路功能。

第 12 章

网络开发基础

学习目标

- 掌握运用 Unreal Engine5 进行网络开发。
- 掌握 Unreal Engine5 实现多人联机。

12.1 网 络 概 述

在多人联机游戏中，玩家之间会共享信息，这些信息会通过网络共享，而不是像单机游戏一样只在本地操作。而这个信息共享的步骤较为复杂，所以多人游戏的编程难度也比较高。但是 UE 提供了非常强大的网络框架，可简化此流程。下面将对多人联网游戏的概念和工具进行概述。

1. 客户端—服务器模式

在单人游戏中，玩家将输入连接到一台主机，玩家的操作将直接控制游戏内的所有内容，这些内容也随玩家操作而相应改变。这种直接简洁的交互方式对游戏开发流程也更友好。

在网络多人游戏中，UE 使用客户端—服务器模式。指定网络中的一台计算机作为服务器，而所有其他计算机作为客户端连接该服务器。服务器将游戏状态信息分享到连接的客户端，并提供客户端之间的通信渠道，如图 12.1 所示。

图 12.1　客户端—服务器模式

在如图 12.1 所示这个模式下，游戏实际发生的场景是服务器，客户端相当于在远程控制服务器上其各自的 Pawn，然后服务器将游戏状态信息发送到各个服务端，客户端使用这些信息对服务器上正在发生的行为进行高度模拟。

2. Actor 复制

复制是指在网络会话中的不同机器间同步游戏状态信息，从开发角度看可分为 Actor 复制（Actor Replication）、变量复制（Property Replication）和组件复制（Component Replication）三大类。可通过设置正确的复制来实现不同机器游戏实例的同步。多数 Actor

默认不会启用复制，所有功能将在本地执行。启用复制也非常简单，在 Actor 类中将 bReplicates 变量设置为 true，或将 Actor 蓝图的 Replicates 变量设置为 true，可启用给定类的 Actor 复制，表 12.1 给出了常见复制功能。

表 12.1　常见复制功能

复 制 功 能	说　　明
创建和销毁	服务器上在复制 Actor 的授权版本时，会在所有连接客户端上自动生成远程代理，之后会将信息复制到这些远程代理。若销毁授权 Actor，则将自动销毁所有连接客户端上的远程代理
移动复制	若授权 Actor 启用了复制移动，或将 C++ 中的 bReplicateMovement 设为 true，授权 Actor 将自动复制位置、旋转和速度
变量复制	在指定为复制变量的值变更时，该值将自动从授权 Actor 被复制到其远程代理
组件复制	Actor 组件复制为其所属 Actor 的一部分。组件内指定为复制变量将复制，而组件内调用的 RPC 将与 Actor 类中调用的 RPC 保持一致
远程过程调用（Remote Procedure Call，RPC）	RPC 是传输到网络游戏中特定机器的特殊函数。无论初始调用 RPC 的是哪台机器，其实现仅在目标机器上运行。此类 RPC 可指定为服务器（仅在服务器上运行）、客户端（仅在 Actor 拥有的客户端上运行）或 NetMulticast（在连接会话的所有机器上运行，包括服务器）

Actor 不会自动启用复制，也并非所有 Actor 都能复制。需要根据游戏内的需求指定要复制的函数和变量。

Actor、Pawn 和 Character 的部分常用功能不会复制：骨架网格体组件、静态网格体组件、材质、动画蓝图、粒子系统、音效发射器、物理对象。

这些项目均在各自客户端上独立运行。但是可以通过复制驱动这些视觉元素的变量，从而确保所有客户端的信息相同，然后就可以大致相同的方式在各个客户端上进行模拟。

12.2　Unreal Engine 网络开发案例

网络开发案例

通过上述对 UE 网络运行方式的介绍，对 UE 网络开发有了初步的了解。下面将通过一个实例来实现网络基础场景搭建。

1. 场景搭建

首先创建一个新 C++ 项目，选择第三人称模板，将其命名为 UnrealNetwork 如图 12.2 所示。

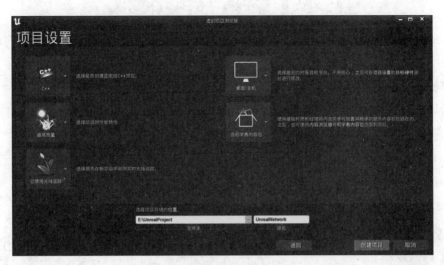

图 12.2　新建项目设置

项目创建好后就得到了一个包含第三人称模板的关卡，接下来对多人网络游戏模式进行一些设置。在顶部工具栏的运行选项中，打开子菜单，将多玩家选项中玩家数量改为 "2"，网络模式选择 "以聆听服务器运行"。同时选择新建编辑窗口（在编辑器中运行），如图 12.3 所示。

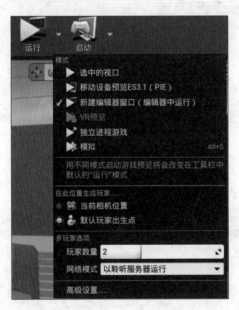

图 12.3　多玩家设置

在运行子菜单的底部，单击高级设置选项，可更详细地对 "多玩家选项" 进行设置。这里将 Server 的多人游戏视口改大一点（1136×640），方便观看，如图 12.4 所示。

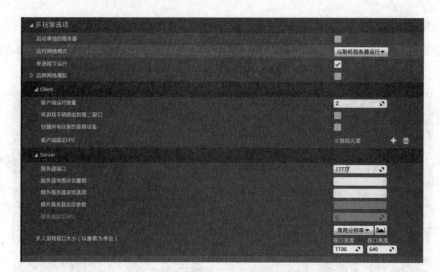

图 12.4　多玩家高级设置

最后在场景中删除默认 Character，并复制玩家的出生点，如图 12.5 所示。到这里多人游戏关卡就搭建好了。

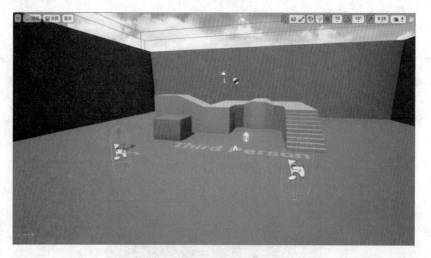

图 12.5　多人游戏关卡的搭建

单击运行即可看到图 12.6 所示效果。（提示：按 Shift＋F1 组合键弹出鼠标控制。）

图 12.6　多人运行效果

2. 脚本开发——实现 Actor Replication

Actor Replication 有两层含义：①在服务端生成一个 Replicate 对象，客户端跟着服务端生成。②当前 Actor 的所有属性复制、组件复制、RPC 的总开关。

搭建完多人网络游戏环节后，写一些脚本来实现一些多人游戏功能，更好地理解 UE 网络。先来了解一下 Actor Replication。

（1）新建 C++ 类，使其继承 Actor 类，并将其命名为 NetActor，如图 12.7 所示。

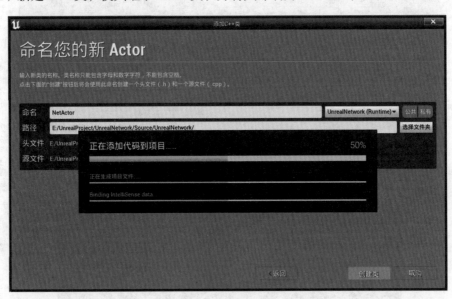

图 12.7 NetActor 的创建

（2）编写脚本代码。

在头文件中声明一个静态网格体。

```
UPROPERTY(VisibleAnywhere, BlueprintReadWrite, Category =
"ActorMeshComponents")
UStaticMeshComponent* StaticMesh;
```

在源文件中添加必要的头文件并定义。

```
#include "Components/StaticMeshComponent.h"

ANetActor::ANetActor(){
    PrimaryActorTick.bCanEverTick = true;
    StaticMesh = CreateDefaultSubobject<UStaticMeshComponent>(TEXT("Cus
tomStaticMesh"));
}
```

在构造函数中将 bReplicates 设置为 true。

```
bReplicates = true;
```

编译上述代码，生成解决方案。

（3）在蓝图中调用上述脚本代码。

首先将刚才的 C++ 类蓝图化，如图 12.8 所示。

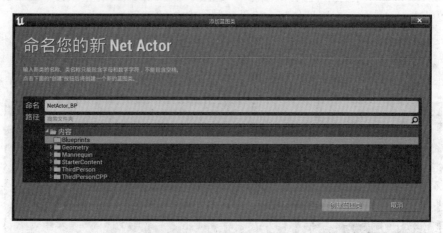

图 12.8　Net Actor 蓝图化

给其添加静态网格体和材质，如图 12.9 所示。

图 12.9　添加静态网格体和材质

打开关卡蓝图，写入从类生成 Actor 的逻辑，并在服务器上生成。生成位置设置为（−480，0，130），如图 12.10 所示。

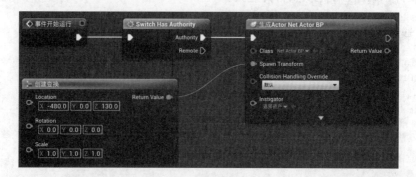

图 12.10　关卡蓝图逻辑

单击运行，运行效果如图 12.11 所示。服务端和客户端都生成了该 Actor。实现逻辑为：

该 Actor 在服务端生成，由于启用了复制，所以由服务端复制到了客户端。

图 12.11 启用 Actor 复制的运行结果

为了验证上述逻辑，回到 Actor 蓝图中。在类默认值设置中，取消勾选"复制"复选框，如图 12.12 所示。

图 12.12 关闭 Actor 复制

再次运行该项目。会发现在客户端中该 Actor 不见了，如图 12.13 所示。说明关闭复制后，该 Actor 没有被复制到客户端。上述逻辑成立。

图 12.13 关闭 Actor 复制的运行结果

3. 脚本代码开发——实现 Property Replication

刚才介绍了启用 Actor 复制及其工作原理，现在介绍属性复制及其工作原理。继续使用刚才创建的 Actor 进行操作。（提示：在 Actor 蓝图中将"复制"设置为 true。）

先在头文件中声明一个浮点变量，在 UPROPERTY 宏中加入 Replicated，其他设置照常。

```
    UPROPERTY(Replicated, VisibleAnywhere, BlueprintReadWrite, Category =
"ActorPropertyReplication")
    float Health = 100.0f;
```

在源文件中加入头文件 UnrealNetwork.h。

```
    #include "Net/UnrealNetwork.h"
```

定义函数 GetLifetimeReplicatedProps，这是一个默认的函数，写法统一。只需要在 DOREPLIFETIME 中写入参数即可，参数为类名和变量名。

```
    void ANetActor::GetLifetimeReplicatedProps(TArray< FLifetimeProperty >&
OutLifetimeProps) const
    {
        Super::GetLifetimeReplicatedProps(OutLifetimeProps);
        DOREPLIFETIME(ANetActor, Health);
    }
```

在 BeginPlay 函数中更改服务端中 Health 的值。

```
    void ANetActor::BeginPlay(){
        Super::BeginPlay();
        if(HasAuthority()){
            Health = 200.0f;
        }
    }
```

在 Tick 函数中对服务端和客户端分别进行打印输出。

```
    void ANetActor::Tick(float DeltaTime)
    {
        Super::Tick(DeltaTime);
        if(HasAuthority()){
            UE_LOG(LogTemp, Warning, TEXT("Serve Health:%f"), Health);
        }
        else{
            UE_LOG(LogTemp, Warning, TEXT("Client Health:%f"), Health);
        }
    }
```

编译上述代码生成解决方案，运行该项目。（提示：在 Actor 蓝图中将"复制"设置为 true。）

在输出日志中查看输出结果，如图 12.14 所示，服务端和客户端中的值都为 200。其运行逻辑 Health 初始值为 100，服务端将其更改为 200 并复制到客户端上，客户端同步将 Health 的值更改为 200。

为验证上述逻辑，回到代码中，注释掉 Health 的 UPROPERTY 宏和 GetLifetime ReplicatedProps 函数。再次编译并运行该项目，输出日志结果发生改变，如图 12.15 所示。其中服务端值为 200，客户端值为 100。说明关闭属性复制后，客户端的 Health 值并没有被同步修改为服务端的值，上述逻辑成立。

图 12.14　启用属性复制的输出结果

图 12.15　关闭属性复制的输出结果

12.3　本章小结

　　本章介绍了网络开发基础的概念与案例制作。网络开发的概念并不难理解，在单机游戏的基础上，为游戏增加了服务器，让一些游戏部分在服务器上运行。读者在此先对网络游戏模式有一个初步了解即可，暂时不必深入研究。

　　然后提供了一个网络开发案例。读者可以打开 UE 跟随书中的步骤一起操作并完成该案例。网络游戏开发的主要操作都在案例中有所介绍，读者在跟随着完成之后可以再仔细地去学习本书中每一步的作用，并可以自行修改，尝试制作不同的功能。

第13章

ARPG 游戏项目实战

学习目标

- 掌握 UE 示意图形界面设计器（UMG）以及用户常用空间，回顾第 2 章的控件蓝图部分。
- 掌握 Unreal Engine 5 UMG 和 C++ 之间的交互。

13.1 游戏菜单、账号注册、登录等页面的制作

1. 游戏菜单页面

（1）创建继承 UUserWidget 的 C++ 类 UStartWidget，如图 13.1 所示。

图 13.1　设置基类

（2）创建蓝图控件 BP_StartWidget，编辑好界面，如图 13.2 所示，并把它的基类设置为 UStartWidget。

（3）创建蓝图关卡，设置它的 GameMode。创建蓝图关卡 StartLevel，如图 13.3 所示。

图 13.2　RPG 游戏开始界面展示

图 13.3　创建蓝图关卡

创建继承 AGameModeBase 的 C++ 类 AStartGameMode，代码如下，并将世界场景设置（WorldSetting）的游戏模式（GameMode）设置为 AStartGameMode，如图 13.4 所示。

```
UCLASS()
class GAMERPG_API AStartGameMode : public AGameModeBase{
    GENERATED_BODY()
};
```

图 13.4　设置 GameMode

重载 AStartGameMode 的 BeginPlay 函数，在 BeginPlay 函数中创建 StartWidget 并添加到视口。

```
class UStartWidget;
UCLASS()
class GAMERPG_API AStartGameMode : public AGameModeBase{
    GENERATED_BODY()
public:
    virtual void BeginPlay() override ;
public:
    UPROPERTY()
    UStartWidget * StartWidget;
};
```

在 StartGameMode.cpp 中添加以下代码。

```
void AStartGameMode::BeginPlay(){
    Super::BeginPlay();
    CreateStartWidget();
}

void AStartGameMode :: CreateStartWidget(){
    //加载 BP_StartWidget
    UClass * BP_StartWidgetClass = LoadClass<UStartWidget>(this,
    TEXT("WidgetBlueprint'/Game/UI/BP_StartWidget.BP_StartWidget_C'"));
    if(!BP_StartWidgetClass){
        return;
    }
    //创建 UStartWidget
    StartWidget = CreateWidget<UStartWidget>(GetWorld(),BP_
StartWidgetClass);
    if(!StartWidget){
        return;
    }
    StartWidget->AddToViewport();
}
```

2. 账号注册页面

使用与游戏菜单页面一样的方法添加账号注册页面。

（1）创建继承 UUserWidget 的 C++ 类 URegisterWidget。

（2）创建蓝图控件 BP_RegisterWidget，编辑注册页面，并设置它的基类为 URegister Widget。

（3）创建 RegisterWidget。

```
void AStartGameMode :: CreateRegisterWidget(){
    //加载 BP_RegisterWidget
    UClass * BP_RegisterWidgetClass = LoadClass<URegisterWidget>(this,
    TEXT("WidgetBlueprint'/Game/UI/BP_RegisterWidget.BP_RegisterWidget_
C'"));
        if(!BP_RegisterWidgetClass){
            return;
```

```
    }
    //创建 RegisterWidget
    RegisterWidget = CreateWidget<URegisterWidget>(Getworld(),BP_
RegisterWidgetClass);
        if(!RegisterWidget){
            return;
        }
    }
```

3. 账号登录页面

使用跟游戏菜单页面一样的方法添加账号登录页面。

（1）创建继承 UUserWidget 的 C++ 类 ULoginWidget。

（2）创建蓝图控件 BP_LoginWidget，编辑注册页面，并设置它的基类为 ULogin Widget。

（3）创建 LoginWidget。

4. 按钮事件添加

（1）在 StartWidget 页面获取按钮指针。

```
bool UStartWidget :: Initialize(){
     if(!Super:: Initialize()){
         return false;
     }
     //获取按钮指针
     BtnStart = Cast<UButton>(GetWidgetFromName(TEXT("BtnStart")));
     BtnRegister = Cast<UButton>(GetWidgetFromName(TEXT("BtnRegister")));
     BtnExit = Cast<UButton>(GetWidgetFromName(TEXT("BtnExit")));
     //给按钮添加事件
     if(BtnStart){
         BtnStart->OnClicked.AddDynamic(this,&UStartWidget::OnBtnStart);
     }
     if(BtnRegister){
         BtnRegister->OnClicked.AddDynamic(this,&UStartWidget::OnBtnRegister);
     }
     if(BtnExit){
         BtnExit->OnClicked.AddDynamic(this,&UStartWidget::OnBtnExit);
     }
     return true;
}
```

（2）在响应函数中调用 StartGameMode 方法实现界面跳转，下面是获取 GameMode 的两种方法。

```
void UStartwidget::OnBtnStart(){
//获取 GameMode 的两种方法
//1.AStartGamelMode * StarGameMode = Cast<AStartGameMode>(UGameplayStat
ics::GetGameMode(GetWorld()));
```

```
    //2.AStartGameMode * GameMode = GetWorld()->GetAuthGameMode<AStartGameM
ode>():
    AStartGameMode * StartGameMode = GetWorld()->GetAuthGameMode<AStartG
ameMode>();
    if(StartGameMode){
        StartGameMode->GoToLogin();
    }
}
void UStartWidget::OnBtnRegister(){
    //GEngine->AddOnScreenDebugMessage(0,1.0f,FColor::Red,TEXT
("OnBtnRegister"));
    AStartGameMode GameMode = GetWorld()->GetAuthGameMode<AStartGameMo
de>();
    GameMode->GoToRegister();
}
void UStartWidget::OnBtnQuit(){
    //退出游戏
    UKismetSystemLibrary::QuitGame(GetWorld(),nullptr,EQuitPreference::
Quit,false);
}
```

StartGameMode 中的几个界面跳转方法如下。

```
void AStartGameMode::GoToLogin(){
    StartWidget->RemoveFromViewport();
    LoginWidget->AddToViewport();
}
void AStartGameMode::GoToRegister(){
    StartWidget->RemoveFromViewport();
    RegisterWidget->AddToViewport();
}
void AStartGameMode::GotoStartWidget(){
    RegisterWidget->RemoveFromViewport();
    StartWidget->RemoveFromViewport();
    StartWidget->AddToViewport();
}
```

（3）RegisterWidget 中的事件。

```
bool URegisterWidget::Initialize(){
    if(!Super::Initialize()){
      return false;
    }
    BtnBack = Cast<UButton>(GetWidgetFromName(TEXT("BtnBack")));
    if(BtnBack){
      BtnBack->OnClicked.AddDynamic(this,&URegisterWidget::OnBtnBack);
    }
    return true;
}
void URegisterWidget::OnBtnBack(){
```

```
        AStartGameMode* StartGameMode = GetWorld()->GetAuthGameMode<AStart
GameMode>();
        if(StartGameMode){
            StartGameMode->GotoStartWidget();
        }
    }
```

（4）LoginWidget 中的事件。

```
bool ULoginWidget::Initialize(){
        if(!Super::Initialize()){
            return false;
        }
        BtnBack = Cast<UButton>(GetWidgetFromName(TEXT("BtnBack")));
        if(BtnBack){
            BtnBack->OnClicked.AddDynamic(this,&ULoginWidget::OnBtnBack);
        }
        return true;
    }
    void ULoginWidget::OnBtnBack(){
        AStartGameMode* StarGameMode = Cast<AStartGameMode>(UGameplayStati
cs:: GetGameMode(GetWorld()));
        if(StarGameMode){
            StarGameMode->GotoStartWidget();
        }
    }
```

13.2　账号注册和登录

1. Json 数据的读取和保存

1）使用到的函数

```
    //将Json 文件加载到字符串中
    static bool FFileHelper::LoadFileToString(FString& Result, const TCHAR*
Filename, EHashOptions VerifyFlags = EHashOptions::None, uint32 ReadFlags =
0 );
    //创建 JsonReader:JsonReader 用于读取 Json 数据
    static TJsonReaderFactory::TSharedRef<TJsonReader<TCHAR>> Create(const
FString& JsonString)
    //将JsonReader 数据序列化到 JsonValue 的数组中
    static bool FJsonSerializer::Deserialize(const TSharedRef<TJsonReader
<CharType>>& Reader, TArray<TSharedPtr<FJsonValue>>& OutArray, EFlags
InOptions = EFlags::None)
    //获取 JsonObject 中 FieldName 对应的值
    FString FJsonObject::GetStringField(const FString& FieldName) const;
```

2）添加 Json 模块

在 GameRpg.Build.cs 文件中添加 Json 模块（"Json"，"JsonUtilities"）。

```
class GameRpg : ModuleRules
blic GameRpg(ReadOnlyTargetRules Target) : base(Target)
PCHUsage = PCHUsageMode.UseExplicitOrSharedPCHs;
PublicDependencyModuleNames.AddRange(new string[]{"Core","CoretObject",
"Engine","InputCore","Json","Jsonltilities"});
    PrivateDependencyModuleNames.AddRange(new string[]{ });
```

3）Json 数据操作

（1）创建用于存放角色数据的结构体 FRoleData。

```
//用于存储角色数据的结构体
USTRUCT()
struct FRoleData{
    GENERATED_BODYOFRoleData();
    FRoleData(FString InName,FString InPassWord, int32 InScore);
    UPROPERTY()
    FString Name;
    UPROPERTY()
      FString Password;
    UPROPERTY()
    int32 Score;
};
FRoleData::FRoleData():Score(0){}
FRoleData::FRoleData(FString InName,FString InPassWord,int32 InScore)
:Name(InName),Password(InPassWord),Score(InScore){}
```

（2）创建角色数据解析器 RoleDataJsonHandle，并创建保存数据，加载数据，更新分数的接口。

```
//用于处理角色数据的 Json 读写
class GAMERPG_API RoleDataJsonHandle{
public:
    RoleDataJsonHandle();
    ~RoleDataJsonHandle();
    //保存数据
  static bool SaveData(const FString& FilePath,const FRoleData& Role);
    //加载数据
    static bool LoadData(const FString& FilePath,TArray<FRoleData>& Roles);
    //更新分数
     static bool UpdateScore(const FString& FilePath, const FString&
Name,const int32 Score);
    private:
    //将一组 lRoleData 数据写入 Json 文件中
     static void WriteToFile(const FString& FilePath,const
TArray<FRoleData>& Roles);
    }
```

（3）加载数据，判断文件 RoleData.json 是否存在，不存在则创建该文件。

```
bool RoleDataJsonHandle::LoadData(const FString& FilePath,TArray<FRoleData>
& Roles){
    if(!FPaths::FileExists(FilePath)){
      //如果文件不存在则创建文件
      FFileHelper::SaveStringToFile(TEXT(""),*FilePath,
      FFileHelper::EEncodingOptions::AutoDetect,
      &IFileManager::Get(),EFileWrite::FILEWRITE_Append);
      return false;
    }
}
```

如果文件存在则将文件字符串加载到 FString 变量中。

```
FString StrRoleInfo:
//将文件读取到 StrRoleInfo 中
FFileHelper::LoadFileToString(StrRoleInfo,*FilePath);
```

创建 JsonReader，并解析到容器中。

```
//创建 JsonReader
TSharedRef<TJsonReader<>>JsonReader = TJsonReaderFactory<>::Create(StrR
oleInfo);
//用于存放 Json 数组中的对象
TArray<TSharedPtr<FJsonValue>> ArrJsonValue;
if(FJsonSerializer::Deserialize(JsonReader,ArrJsonValue)){
    for(TsharedPtrFJsonValue> Item: ArrJsonValue){
      //读取 Json 对象对应属性的值
      const FString Name = Item->AsObject()->GetStringField(TEXT
("Name"));
      const FString Password = Item->AsObject()->GetStringField(TEXT("
Password"));
      const int32 Score = Item->AsOObject()->GetIntegerField(TEXT
("Score"));
      FRoleData RoleData(Name,Password,Score);
      Roles.Add(RoleData);
    }
}
return true;
```

4）保存角色数据

判断文件是否存在，如果不存在则创建该文件，如果存在则将文件中的数据读取并解析到数组中，同时添加新的角色数据到该数组中。

```
bool RoleDataJsonHandle::SaveData(const FString& FilePath, const
FRoleData& Role){
    TArray<FRoleData> Roles;
    //判断文件是否存在
    if(!FPaths::FileExists(FilePath)){
```

```
            //创建文件
            FFileHelper::SaveStringToFile(TEXT(""),*FilePath,
            FFileHelper::EEncodingOptions::AutoDetect,
            &IFileManager::Get(),EFileWrite::FILEWRITE_Append);
        }
    else{
        //加载配置表中的数据到 Roles 中
        if(!LoadData(FilePath,Roles)){
          return false;
        }
        //判断是否存在 Role，该用户如果已经存在则不需要再处理
        for(FRoleData& Item: Roles){
            if(Item.Name== Role.Name){
                return false;
            }
        }
    }
    //如果不存在该 Role，则将它添加到数组中
    Roles.Add (Role);
```

将数组内容写入 RoleData.json 文件中。

```
    void RoleDataJsonHandle::WriteToFile(const FString& FilePath,const
TArray<FRoleData>& Roles)
    {
        FString StrToWrite;
        //创建 JsonWriter
        const TSharedRef<TJsonWriter<>> JsonWriter= TJsonWriterFactory<>::C
reate(&StrToWrite);
        //开始数组写入
        JsonWriter->WriteArrayStart();
        for (const FRoleData& Item : Roles){
            //开始写入 Json 对象
            JsonWriter->WriteObjectStart();       //填充 Json 对象数据
            JsonWriter->WriteValue(L"Name", Item.Name);
            JsonWriter->WriteValue(L"Password",Item.Password) ;
            JsonWriter->WriteValue(L"Score",Item.Score);
            //结束写入对象
            JsonWriter->WriteObjectEnd() ;
        }
        //结束数组写入
        JsonWriter->WriteArrayEnd();
        JsonWriter->Close() ;
        //将StrToWrite 写入文件中
        FFileHelper :: SaveStringToFile(StrToWrite,FilePath);
    }
```

在 SaveData 中调用 WriteToFile 写入文件中。

```
    //写入文件
```

```
WriteToFile(FilePath,Roles);
return true;
```

2. 注册账号页面

1）获取界面中的其他控件

在 URegisterWidget 中添加控件指针。

```
private:
    class UButton* BtnBack;
    class UButton* BtnLogin;
    class UEditableTextBox* NameInput;
    class UEditableTextBox* PassWordInput;
    class UTextBlock* TextMsg;
    class UTextBlock* TextNameMsg;
    class UTextBlock* TextPassWordMsg;
```

获取控件指针。

```
bool ULoginWidget::Initialize(){
    if (!Super::Initialize()){
        return false;
    }
    BtnBack = Cast<UButton>(GetWidgetFromName(TEXT("BtnBack")));
    BtnLogin = Cast<UButton>(GetWidgetFromName(TEXT("BtnLogin")));
    NameInput=Cast<UEditableTextBox>(GetWidgetFromName(TEXT("EditBoxName")));
    PassWordInput=Cast<UEditableTextBox>(GetWidgetFromName(TEXT("EditBoxPassWord")));
    TextMsg = Cast<UTextBlock>(GetWidgetFromName(TEXT("TextMsg")));
    TextNameMsg = Cast<UTextBlock>(GetWidgetFromName(TEXT("TextNameMsg")));
    TextPassWordMsg = Cast<UTextBlock>(GetWidgetFromName(TEXT("TextPassWordMsg")));
    if (BtnBack){
        BtnBack->OnClicked.AddDynamic(this,&ULoginWidget::OnBtnBack);
    }
    if (BtnLogin){
        BtnLogin->OnClicked.AddDynamic(this,&ULoginWidget::OnBtnLogin);
    }
    return true;
}
```

2）登录按钮逻辑

```
void URegisterWidget::OnBtnRegister(){
    //获取账号和密码
    const FString Name = NameInput->GetText().ToString();
    const FString PassWord = PasswordInput->GetText().ToString();
    //账号和密码不能为空
```

```
        if(Name.IsEmpty()){
            TextNameMsg->SetText(FText::FromString("Name is empty!"));
             return;
        }
        if (PassWord. IsEmpty()){
            TextPasswordMsg->SetText(FText::FromString("Password is empty!"));
             return;
        }
        //将数据保存到 Json 中
        const FRoleData Role(Name, PassWord, 0);
        FString FilePath = FPaths::ProjectDir() +"SaveFile/RolesData.json";
        if(RoleDataJsonHandle::SaveData(FilePath, Role)){
            //保存成功，返回菜单页面
            TextMsg->SetText(FText: : FromString("Register Successfully"));
            BtnRegister->SetIsEnabled(false);
            AStartGameMode* StartGameMode=GetWorld(o->GetAuthGameMode<AStar
tGameMode>();
            if(StartGameMode){
                StartGameMode->GotoStartWidget();
            }
        }
        else{
            TextMsg->SetText(FText::FromString("Role Already Exists"));
        }
    }
```

3. 登录页面

（1）获取界面中的其他控件，在 ULoginWidget 中添加控件指针，获取控件指针。

（2）登录按钮逻辑，此处由读者自行完成。

13.3 角色显示

1. 创建角色

（1）创建 C++ 类，AMainPlayer 继承 ACharacter。创建基于 AMainPlayer 的蓝图类 BP_
MainPlayer，如图 13.5 所示。

图 13.5　世界场景设置

（2）创建 MainGameMode 继承 AGameMode，创建基于 MainGameMode 的蓝图类 BP_MainGameMode 类，如图 13.5 所示。

（3）创建蓝图关卡 Main_Map，并在"世界场景设置"中将"游戏模式重载"设置为 BP-MainGameMode，将"选中的游戏模式 - 默认 pawn 类"设置为 BP_MainPlayer，如图 13.5 所示。

运行游戏会看到如图 13.6 所示的界面。

图 13.6　运行展示

2. 创建角色 UI：血条及分数

（1）创建 C++ 类 UHUDWidet，继承 UUserWidget。

（2）创建控件蓝图 BP_HUD，编辑 BP_HUD 界面，并将 BP_HUD 的父类改为 UHUDWidget。

（3）在角色控制器中，实例化 BP_HUD，并将其显示出来。

① 创建角色控制器 MainPlayerController，并创建基于 MainPlayerController 的蓝图 BP_MainPlayerController。

② 在"世界场景设置"中，将玩家控制类设置为 BP_MainPlayerController。

③ AMainPlayer 中添加 HUDAsset 属性，并在蓝图中将该属性设置成 BP_HUB。

```
UCLASS()
class ARPCGAME_API AMainPlayer : public ABaseCharacter{
    GENERATED_BODY()
public:
    UPROPERTY(EditAnywhere, BlueprintReadWrite)
    TSubclassOf<UUserWidget>HUDAsset;
```

④ 重写 AMainPlayerController 的 OnPossess 函数，并在该函数中实例化 HUDAsset。

```
void AMainPlayerController::OnPossess(APawn* InPawn){
    Super::OnPossess(InPawn);
    MainPlayer=Cast<AMainPlayer>(InPawn);
    //创建 HUD
    HUD=CreateWidget<UHUDWidget>(this, MainPlayer->HUDAsset);
    if(HUD){
        HUD->AddToViewport();
    }
}
```

⑤ 获取 HUDWidget 中的控件。

```cpp
bool UHUDWidget::Initialize()
    if (!Super::Initialize()){
        return false;
    }
    HealthBar = Cast<UProgressBar>(GetWidgetFromName(TEXT("ProgressBar_
Health")));
    StaminaBar = Cast<UProgressBar>(GetWidgetFromName(TEXT("ProgressBar_
Stamina")));
    BossHealthBar = Cast<UProgressBar>(GetWidgetFromName(TEXT("Progress
Bar_BossHealth")));
    BossText = Cast<UTextBlock>(GetWidgetFromName(TEXT("TextBlock_
Boss")));
    BossHealthBar->SetVisibility(ESlateVisibility::Hidden);
    BossText->SetVisibility(ESlateVisibility::Hidden);
}
```

⑥ 编辑设置玩家属性。

```cpp
//最大血量
UPROPERTY(VisibleAnywhere,BlueprintReadOnly,Category = State)
float MaxHealth;
//最大体力
UPROPERTY(VisibleAnywhere,BlueprintReadOnly,Category = State)
float MaxStamina;
//最大经验
UPROPERTY(VisibleAnywhere,BlueprintReadOnly,Category = State)
float MaxExperience;
//当前血量
UPROPERTY(VisibleAnywhere,BlueprintReadOnly,Category = State)
float CurrentHealth;
//当前体力
UPROPERTY(VisibleAnywhere,BlueprintReadOnly,Category = State)
float CurrentStamina;
void AMainPlayer::BeginPlay(){
    Super::BeginPlay();
    MainPlayerState = Cast<AMainPlayerState>(GetPlayerState());
    MaxHealth=500.0f;
    MaxStamina=100.0f;
    MaxExperience=100.0f;
    CurrentHealth=500.0f;
    CurrentStamina=100.0f;
}
void UHUDWidget::NativeTick(const FGeometry& MyGeometry, float InDeltaTime){
    Super::NativeTick(MyGeometry,InDeltaTime);
    HealthBar->SetPercent(MainPlayer->CurrentHealth/MainPlayer-
>MaxHealth);
    StaminaBar->SetPercent(MainPlayer->CurrentStamina/MainPlayer-
>MaxStamina);
    }
```

运行游戏，界面如图 13.7 所示。

图 13.7　HUD 效果展示

3. 创建玩家摄像机及弹簧臂

（1）在 MainPlayer 中创建摄像机和弹簧臂。

弹簧臂作用：在游戏运行中，特别是在第三人称视角时，如果转动摄像机时，当前摄像机的位置与地形发生了物理碰撞，如果希望此时摄像机不进入障碍物内部，那么就可以使用 SpringArmComponent。比如，仰视地面上的角色，且摄像机和角色距离很远时，不希望摄像机进入地下，而是自动缩小摄像机和角色之间的距离。

弹簧臂组件与其对象之间保持一个固定距离 TargetArmLength，即不存在碰撞时的弹簧臂自然长度。

如果发生碰撞，就会使子对象收回，如果没有碰撞，则发生回弹。

```
AMainPlayer::AMainPlayer(){
    PrimaryActorTick.bCanEverTick = true;
    //摄像机弹簧臂
    CameraBoom = CreateDefaultSubobject<USpringArmComponent>(TEXT("CameraBoom"));
    CameraBoom->SetupAttachment(RootComponent);
    //弹簧臂长度
    CameraBoom->TargetArmLength = 300.0f;
    //弹簧臂跟着 Pawn 旋转
    CameraBoom->bUsePawnControlRotation = true;
    //follow camera
    FollowCamera = CreateDefaultSubobject<UCameraComponent>(TEXT("FollowCamera"));
    FollowCamera->SetupAttachment(CameraBoom,USpringArmComponent::SocketName);
    //关闭相机跟着 Pawn 旋转
    FollowCamera->bUsePawnControlRotation = false;
}
```

（2）在 BP_MainPlayer 中将摄像机调整到合适位置，如图 13.8 所示。

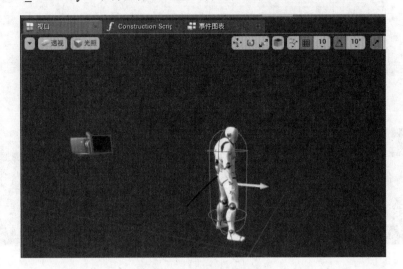

图 13.8　调整摄像机

13.4　角色动画制作

1. 创建没穿戴装备时角色的各种动画 BS_UnEquip

创建混合空间动画 BS_UnEquip，并编辑 BS_UnEquip，如图 13.9 所示。

图 13.9　BS_UnEquip

2. 创建穿戴装备时角色的各种动画 BS_Equip

用同样的方法创建混合空间动画 BS_Equip，并编辑 BS_Equip，如图 13.10 和图 13.11 所示。

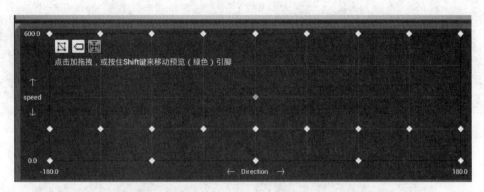

图 13.10　BS_Equip

图 13.11　编辑 BS_Equip

3. 创建防御的混合动画

（1）创建和编辑 BS_DefenseL，如图 13.12 和图 13.13 所示。

（2）创建和编辑 BS_DefenseR，如图 13.14 和图 13.15 所示。

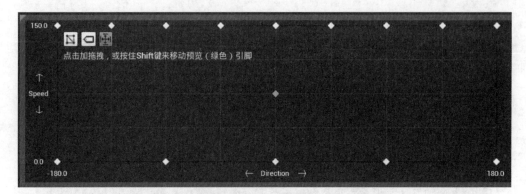

图 13.12　BS_DefenseL

图 13.13　编辑 BS_DefenseL

图 13.14　BS_DefenseR

图 13.15　编辑 BS_DefenseR

4. 基础动画控制

（1）创建 C++ 类 UMainPlayerAnimInstance，继承 UBaseAnimInstance。

（2）创建基于 UMainPlayerAnimInstance 的动画蓝图 BPA_MainPlayer，如图 13.16 所示。

（3）在动画图表中创建状态机，并编辑状态机，首先如图 13.17 所示添加武器格挡状态时的状态，左右格挡时人物状态。

图 13.16　UMainPlayerAnimInstance

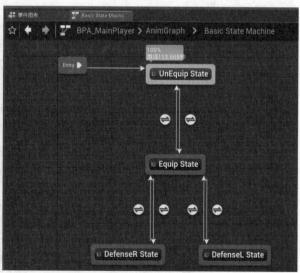

图 13.17　编辑格挡状态机

虚拟现实游戏开发（Unreal Engine）

编辑无武器时跳跃状态机，如图 13.18 所示。

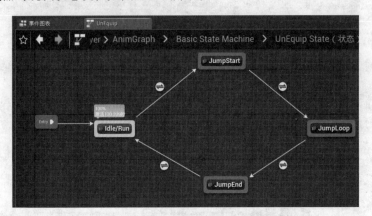

图 13.18　无武器状态

编辑携带武器时的状态机，如图 13.19 所示。

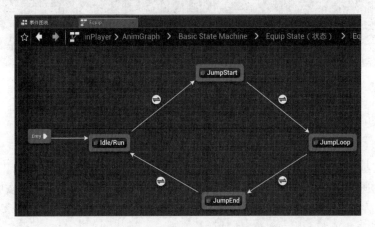

图 13.19　携带武器状态图表

左、右两侧格挡的方向与速度设置，如图 13.20 和图 13.21 所示。

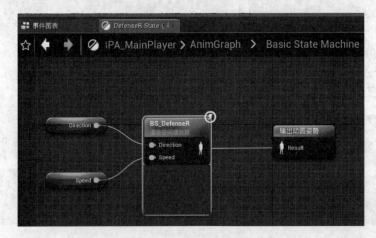

图 13.20　右侧格挡状态图表

图 13.21 左侧格挡状态图表

（4）在不同状态之间进行转换。

① UnEquip 到 Equip 之间的转换条件，如图 13.22 所示。

图 13.22 UnEquip 到 Equip 之间的转换条件

② Equip 到 UnEquip 之间的转换条件，如图 13.23 所示。

图 13.23 Equip 到 UnEquip 之间的转换条件

③ Equip 到 DefenseR 之间的转换，如图 13.24 所示。

图 13.24 Equip 到 DefenseR 之间的转换

④ DefenseR 到 Equip 之间的转换，如图 13.25 所示。

图 13.25 DefenseR 到 Equip 之间的转换

⑤ Equip 到 DefenseL 之间的转换，如图 13.26 所示。

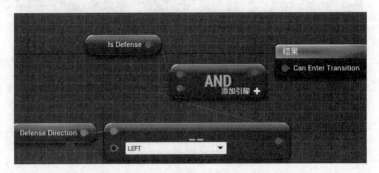

图 13.26　Equip 到 DefenseL 之间的转换

⑥ DefenseL 到 Equip 之间的转换，如图 13.27 所示。

图 13.27　DefenseL 到 Equip 之间的转换

5. 蒙太奇动画

（1）创建攻击蒙太奇，创建动画插槽。

（2）编辑攻击动画蒙太奇，如图 13.28 所示。

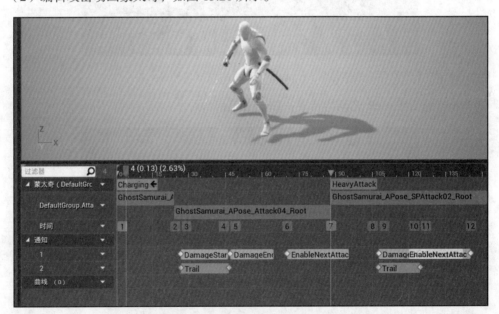

图 13.28　编辑攻击动画蒙太奇

（3）同理，编辑 Equip 和 UnEquip 动画蒙太奇，如图 13.29 所示。

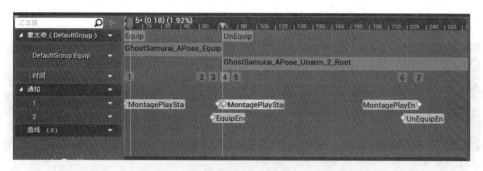

图 13.29　Equip 和 UnEquip 动画蒙太奇

（4）编辑受击动画 Hit 蒙太奇，如图 13.30 所示。

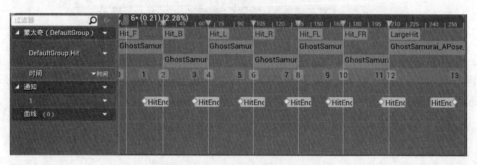

图 13.30　受击动画蒙太奇

（5）编辑躲避动画蒙太奇，如图 13.31 所示。

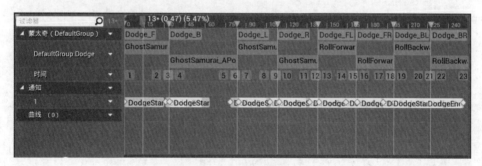

图 13.31　躲避动画蒙太奇

（6）死亡动画蒙太奇，如图 13.32 所示。

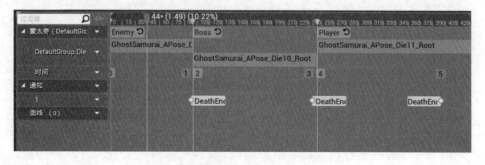

图 13.32　死亡动画蒙太奇

动画图表，如图 13.33 所示。

图 13.33　动画图表

13.5　动画事件处理

由于后续敌人角色和玩家角色有一些共同属性，因此需要创建一个动画基类 UBaseAnimInstance，将一些共同的方法和属性放到基类中。

1. 创建 C++ 类 UBaseAnimInstance，继承 UAnimInstance

（1）创建 UBaseAnimInstance，添加公共属性和方法。

```cpp
UCLASS()
class ARPGGAME_API UBaseAnimInstance : public UAnimInstance{
    GENERATEDBODY()
public:
    UPROPERTF(VisibleAnywhere, BlueprintReadOnly)
    APawn* Pawn;
    UPROPERTY(VisibleAnywhere, BlueprintReadOnly)
    ABaseCharacter* Character;
    //速度
    UPROPERTY(EditAnywhere, BlueprintReadOnly,Category=Movement)
    float Speed;
    //方向
    UPROPERTY(EditAnywhere,BlueprintReadOnly, Category=Movement)
    float Direction;
    //是否正在跳跃
    UPROPERTY(VisibleAnywhere,BlueprintReadOnly, Category=Movement)
    bool bIsJumping;
    //是否在空中
    UPROPERTY(VisibleAnywhere,BlueprintReadOnly, Category=Movement)
    bool bIsInAir;
    //是否能躲避
    IPROPERTY(VisibleAnywhere, BlueprintReadOnly, Category=AnimMontage)
    bool bIsEnableDodge;
    UPROPERTY(VisibleAnywhere, BlueprintReadOnly, Category=AnimMontage)
    bool bIsPlaying;
    //是否装备
    UPROPERTY(EditAnywhere,BlueprintReadOnly, Category=AnimMontage)
```

```
    bool bIsArmed;
    //是否处于防御状态
    UPROPERTY(VisibleAnywhere, BlueprintReadOnly, Category=AnimMontage)
    bool bIsDefense;
    //防御状态的方向
    UPROPERTY(VisibleAnywhere, BlueprintReadOnly, Category=AnimMontage)
    EHoldDirection DefenseDirection;
    //是否可以下一次攻击
    UPROPERTY(VisibleAnywhere, BlueprintReadOnly, Category=AnimMontage)
    bool bIsEnableNextAttack;
    //是否正在攻击
    UPROPERTY(VisibleAnywhere,BlueprintReadOnly, Category=AnimMontage)
    bool bIsAttacking;
    //是否处受击状态
    UPROPERTY(VisibleAnywhere,BlueprintReadOnly, Category=AnimMontage)
    bool bIsHitting;
    UPROPERTY(VisibleAnywhere, BlueprintReadOnly, Category=AnimMontage)
    bool bIsEnableUpdate;
    UPROPERTY(VisibleAnywhere, BlueprintReadOnly, Category=AnimMontage)
    bool bIsSpecialAttacking;
}
```

（2）初始化函数。

```
//生命周期函数重载：获取 Pawn 和 Character
virtual void NativeInitializeAnimation() override;
void UBaseAnimInstance::NativeInitializeAnimation(){
    Super::NativeInitializeAnimation();
    if (Pawn==nullptr){
        Pawn=TryGetPawnOwner() ;
    }
    if (Character==nullptr){
        Character=Cast<ABaseCharacter>(Pawn);
    }
}
```

（3）动画属性更新函数。

```
//更新动画属性
UFUNCTION(BlueprintCallable, Category=AnimationProperty)
void UpdateAnimationProperties();
void UBaseAnimInstance::UpdateAnimationProperties(){
    if (Pawn){
        const FVector TempSpeed=Pawn->GetVelocity);
        const FVector LateralSpeed=FVector(TempSpeed.X, TempSpeed.Y,0);
        Speed=LateralSpeed.Size();
        const FRotator Rotation=Pawn->GetActorRotation();
        Direction=CalculateDirection(LateralSpeed, Rotation) ;
        bIsInAir=Pawn->GetMovementComponent()->IsFalling();
    }
}
```

（4）动画通知事件处理。

```
UFUNCTION(BlueprintCallable, Category=AnimMontage)
void AnimNotify_MontagePlayStart(UAnimNotify* Notify);
UFUNCTION(BlueprintCallable, Category=AnimMontage)
void AnimNotify_MontagePlayEnd(UAnimNotify* Notify) ;
UFUNCTION(BlueprintCallable, Category=AnimMontage)
void AnimNotify_EnableNextAttack(UAnimNotify* Notify);
UFUNCTION(BlueprintCallable, Category=AnimMontage)
void AnimNotify_AttackStart(UAnimNotify* Notify) ;
UFUNCTION(BlueprintCallable, Category=AnimMontage)
void AnimNotify_AttackEnd(UAnimNotify* Notify);
UFUNCTION(BlueprintCallable, Category=AnimMontage)
void AnimNotify_DamageStart (UAnimNotify* Notify) ;
UFUNCTION(BlueprintCallable, Category=AnimMontage)
void AnimNotify_DamageEnd(UAnimNotify* Notify) ;
UFUNCTION(BlueprintCallable, Category=AnimMontage)
void AnimNotify_HitEnd(UAnimNotify* Notify);
UFUNCTION(BlueprintCallable, Category=AnimMontage)
void AnimNotify_JumpEnd(UAnimNotify* Notify);
UFUNCTION(BlueprintCallable, Category=AnimMontage)
void AnimNotify_SpecialAttackStart(UAnimNotify* Notify);
UFUNCTION(BlueprintCallable, Category=AnimMontage)
void AnimNotify_SpecialAttackEnd(UAnimNotify* Notify);
UFUNCTION(BlueprintCallable, Category=AnimMontage)
void AnimNotify_DeathEnd(UAnimNotify* Notify);
void UBaseAnimInstance::AnimNotify_DamageEnd(UAnimNotify* Notify){
    Character->DamageCheckComponent->TraceEnableChanged(false);
}
void UBaseAnimInstance::AnimNotify_HitEnd(UAnimNotify* Notify){
    bIsEnableNextAttack=true;
    bIsAttacking=false;
    bIsEnableDodge=true;
}
void UBaseAnimInstance::AnimNotify_JumpEnd(UAnimNotify* Notify){
    bIsJumping=false;
}
void UBaseAnimInstance::AnimNotify_SpecialAttackStart(UAnimNotify*
Notify)
{
    this->bIsEnableUpdate=false;
    this->bIsSpecialAttacking=true;
}
void UBaseAnimInstance::AnimNotify_SpecialAttackEnd(UAnimNotify*
Notify){
    const AEnemyController* EnemyController=Cast<AEnemyController>(Char
acter->CetController));
    UBlackboardComponent* BlackboardComponent=EnemyController-
>BlackboardComponent;
    BlackboardComponent->SetValueAsBool(TExT("ski11"), false);
    BlackboardComponent->SetValueAsBool(TEXT("strafe"), false);
```

```
        this->bIsEnableUpdate=true;
        this->bIsSpecialAttacking=false;
    }
    void UBaseAnimInstance::AnimNotify_DeathEnd(UAnimNotify* Notify){
        Montage_Pause();
        Character->GetMesh()->SetCollisionEnabled(ECollisionEnabled::NoColl
ision);
        Character->GetCapsuleComponent()->SetCollisionEnabled(ECollisionEna
bled::NoCollision);
        Character->Destroy();
        Character->bIsDead=true;
        if (Character->ActorHasTag("Player")){
            Character->bIsDead=true;
        }
        if (Character->ActorHasTag("NormalEnemy")){
            AEnemy* Enemy=Cast<AEnemy>(Character);
            Enemy->DeadDrop();
            ASpawnEnemy::SpawnEnemy["NormalEnemy"].Count--;
        }
        if (Character->ActorHasTag("Boss")){
            ASpawnEnemy::SpawnEnemy["BossEnemy"].Count--;
        }
    }
```

2. 让 UMainPlayerAnimInstance 继承 UBaseAnimInstance

（1）添加躲避的动画通知处理。

```
UCLASS()
class ARPCGAME_API UMainPlayerAnimInstance : public UBaseAnimInstance{
    GENERATED_BODY()
public:
    UPROPERTY(VisibleAnywhere, BlueprintReadOnly)
    class AMainPlayer* MainPlayer;
public:
    virtual void NativeInitializeAnimation() override;
    UFUNCTION(BlueprintCallable, Category=AnimMontage)
    void AnimNotify_DodgeStart(UAnimNotify* Notify) ;
    UFUNCTION(BlueprintCallable, Category=AnimMontage)
    void AnimNotify_DodgeEnd(UAnimNotify* Notify);
}
void UMainPlayerAnimInstance::NativeInitializeAnimation(){
    Super::NativeInitializeAnimation();
    if (MainPlayer==nullptr){
        MainPlayer=Cast<AMainPlayer>(Pawn);
    }
void UMainPlayerAnimInstance::AnimNotify_DodgeStart(UAnimNotify*
Notify){
    bIsEnableDodge=false;
    }
    void UMainPlayerAnimInstance::AnimNotify_DodgeEnd(UAnimNotify* Notify){
```

```
    bIsEnableDodge=true;
}
```

（2）在 BP_MainPlayerAnimInstance 中设置属性，如图 13.34 所示。

图 13.34　设置 BP_MainPlayerAnimInstance 属性

13.6　角色动作控制

1. 设置输入事件

1）设置输入映射

在项目设置中，设置输入映射如图 13.35 所示。

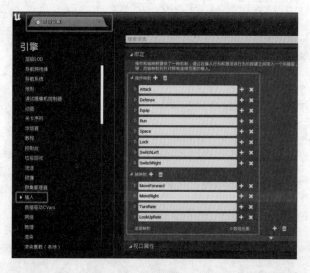

图 13.35　设置输入映射

2）绑定处理函数

（1）创建玩家控制类 AMainPlayerController，创建基于 AMainPlayerController 的蓝图类
BP_MainPlayerController，如图 13.36 所示。

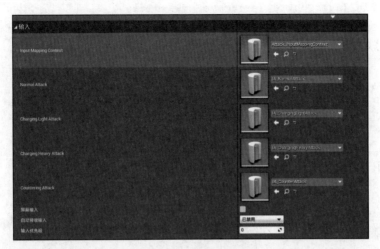

图 13.36　UE 中输入设置

```
UPROPERTY(EditAnywhere,BlueprintReadOnly,Category = Input)
UInputMappingContext* InputMappingContext;
UPROPERTY(EditAnywhere,BlueprintReadOnly,Category = Input)
UInputAction* NormalAttack;
UPROPERTY(EditAnywhere,BlueprintReadOnly,Category = Input)
UInputAction* ChargingLightAttack;
UPROPERTY(EditAnywhere,BlueprintReadOnly,Category = Input)
UInputAction* ChargingHeavyAttack;
UPROPERTY(EditAnywhere,BlueprintReadOnly,Category = Input)
UInputAction* CounteringAttack;
```

（2）在 SetupInputComponent 中绑定处理函数，此部分代码较为冗长，给出部分示例。

```
//绑定
InputComponent->BindAxis("MoveForward",this,&AMainPlayerController::Mov
eForward);
InputComponent->BindAxis("MoveRight", this,&AMainPlayerController::Move
Right);
if(UEnhancedInputComponent* PlayerEnhancedInputComponent = Cast UEnhanc
edInputComponent>(InputComponent)){
    if(NormalAttack){
        PlayerEnhancedInputComponent->Bindlction(NormalAttack,
ETriggerEvent::Triggered, this,&AMainPlayerController::Attack)
    }
    if(ChargingLightAttack){
    PlayerEnhancedInputComponent->Bindction(ChargingLightAttack,rigerE
vent::Triggered,this,&MainPlayerController::LightiAttack);
    }
}
```

2. 玩家各种操作处理

（1）前进。

```cpp
void AMainPlayerController::MoveForward(float Value){
    if(Value ==0.0f || MainPlayerAnimInstance->bIsPlaying ||
MainPlayerAnimInstance->bIsJumping){
        return;
    }
    if(MainPlayer){
        MainPlayer->MoveAxis.X=Value;
    }
}
```

（2）转向。

```cpp
void AMainPlayerController::MoveRight(float Value){
    if(Value ==0.0f || MainPlayerAnimInstance->bIsPlaying ||
MainPlayerAnimInstance->bIsJumping){
        return;
    }
    if(MainPlayer){
        MainPlayer->MoveAxis.Y=Value;
    }
}
```

（3）旋转。

```cpp
void AMainPlayerController::TurnAtRate(float Rate){
    if(LockComponent->bIsLock){
        return;
    }
    if(MainPlayer){
        MainPlayer->AddControllerYawInput(Rate * BaseTurnRate * Main
Player->GetWorld()->GetDeltaSeconds());
    }
}
```

（4）仰角。

```cpp
void AMainPlayerController::LookUpAtRate(float Rate){
    if(LockComponent->bIsLock){
        return;
    }
    if(MainPlayer){
        MainPlayer->AddControllerPitchInput(Rate * BaseLookUpRate * Main
Player->GetWorld()->GetDeltaSeconds(0);
    }
}
```

（5）跑步。

```cpp
void AMainPlayerController::RunStart(){
    if(MainPlayerAnimInstance->bIsDefense||MainPlayer->Current
Stamina<20.0f){
        return;
    }
    StartSpeed=WalkingSpeed;
    EndSpeed=RunningSpeed;
    SpeedTimeLine.PlayFromStart();
    PlayerStatus=ECharacterStatus::Running;
}
void AMainPlayerController::RunEnd(){
    if(!MainPlayerAnimInstance->bIsDefense){
        StartSpeed=WalkingSpeed;
        EndSpeed=RunningSpeed;
        SpeedTimeLine.ReverseFromEnd() ;
    }
    PlayerStatus=ECharacterStatus::Walking;
}
```

（6）穿脱装备。

```cpp
void AMainPlayerController : :EquipO
if(MainPlayerAnimInstance->bIsPlaying |l PlayerStatus=-ECharacter
Status : : Running){
return;
FNamc SectionName ;
if( !MainPlayerAnimInstance->bIsArmed){
SectionName = "Equip":
MainPlayerAnimInstance->bIsArmed = true;
else
SectionName ="UnEquip";
MainPlayerAnimlnstance->bisArmed = false;
if(MainPlayer->EquiplMontage & MainPlayerAnimInstance &&!MainPlayer
AnimInstance-Montage_IsPlaying(MainPlayer->EouilMontag)){
//播放蒙太奇动画片段
MainPlayerAnimInstance->Montage_Play(MainPlayer->EquipMontage);
MainPlayerAnimInstance->Montage_JumpToSection(ScctionName,MainPlayer->
EquipMontage);
```

（7）防御。

```cpp
void AMainPlayerController::DefenseStart(){
    //没有穿戴装备，并且体力<20，则不响应
    if(!MainPlayerAnimInstance->bIsArmed || MainPlayer->Current
Stamina<20.0f){
        return;
    }
    if(PlayerStatus==ECharacterStatus::Running){
        StartSpeed=DefendingSpeed;
```

```
        EndSpeed=RunningSpeed;
    }
    else if(PlayerStatus==ECharacterStatus::Walking){
      StartSpeed=DefendingSpeed;
      EndSpeed=WalkingSpeed;
      }
    SpeedTimeLine.ReverseFromEnd();
    MainPlayerAnimInstance->bIsDefense=true;
}

void AMainPlayerController::DefenseEnd(){
    if(!MainPlayerAnimInstance->bIsArmed){
     return;
    }
    if(PlayerStatus==ECharacterStatus::Running){
      StartSpeed=DefendingSpeed;
      EndSpeed=RunningSpeed;
    }
    else if(PlayerStatus==ECharacterStatus::Walking){
      StartSpeed=DefendingSpeed;
      EndSpeed=WalkingSpeed;
    }
    SpeedTimeLine.PlayFromStart();
    MainPlayerAnimInstance->bIsDefense=false;
    MainPlayerAnimInstance->DefenseDirection=EHoldDirection::Right;
}
```

13.7 玩家攻击逻辑处理

1. 伤害数据表

（1）创建 DataTable, 并编辑数据，如图 13.37 所示。

图 13.37 编辑伤害数据表

（2）ABaseCharacter 中添加属性

```
// 伤害数据表
UPROPERTY(EditAnywhere,BlueprintReadOnly,Category = Animtion)
UDataTable* DamageDataTable;
```

（3）蓝图 BP_MainPlayer 中加载，如图 13.38 所示。

图 13.38　设置蓝图 BP_MainPlayer 的伤害数据表

2. 攻击逻辑

1）NormalAttack

```
void AMainPlayerController::Attack(){
    //基本条件判断
    if(!MainPlayerAnimInstance->bIsArmed|| !MainPlayerAnimInstance->
bIsEnableDodge|| !MainPlayerAnimInstance->bIsEnableNextAttack||MainPlayerAn
inInstance->bIsPlaying){
        return;
    }
    //获取数据配置表中 NormalAttack 数据
    const FDamageData*DanageData = MainPlayer->DanmageDataTable->FindRow
<FPDamageData>(FName("Player_MormalAttack").TexT("NMormalAtack"));
    MainPlayer->Damage=DamageData->Damage;
    //获取攻击蒙太奇
    UAninMontage* AttackMontage=MainPlayer->AttackMontages[AttackMontag
eId];
    if(AttackMontage && MainPlayerAnimInstance && !MainPlayer AnimInstance->
Montage_IsPlaying(AttackMontage)){
    //播放蒙太奇动画片段
        MainPlayerAnimInstance->Montage_Play (AttackMontage) ;
        MainPlayerAnimInstance->bIsEnableNextAttack=false;
        AttackMontageIdt++;
    }
    if(AttackMontageId>=MainPlayer->AttackMontages.Num()){
        AttackMontageId=0;
    }
    //摄像机震动
    ClientStartCamcraShake(CamcraShake) ;
    UWorld* World=GetWorld();
    if(World){
        World->GetTimerManager().ClearTimer(AttackTiner);
        //1 秒后将 AttackMontageId 重置为 0
    World->GetTimerManager().SetTimer(AttackTimer,this,&AMainPlayerCont
roller::AttackTimoout,1.0f);
    }
```

1 秒后将 AttackId 重置为 0。

```
void AMainPlayerController::AttackTimeout (){ AttackMontageId=0; }
```

2）轻击

```
void AMainPlayerController::LightAttack(){
    if(!MainPlayerAnimInstance->bIsArmed|| !MainPlayerAnimInstance->
bIsEnableDodge || !MainPlayerAnimInstance->bIsEnableNextAttack ||MainPlayer
AnimInstance->bIsPlaying){
        return;
    }
    if(MainPlayer->ChargeAttackMontage && MainPlayerAnimInstance){
        MainPlayerAnimInstance->Montage_Play(MainPlayer->ChargeAttackMontage);
        const FDamageData DamageData = MainPlayer->DamageDataTable-
>FindRow <FDamageData>(FName("Player_ChargeLightAttack"),TEXT("ChargeLightA
ttack"));
        MainPlayer->Damage=DamageData->Damage ;
    }
}
```

3）重击

```
void AMainPlayerController::HeavyAttack(){
    if(!MainPlayerAnimInstance->bIsArmed|| !MainPlayerAnimInstance->
bIsEnableDodge|| !MainPlayerAnimInstance->bIsEnableNextAttack ||
MainPlayerAnimInstance->bIsPlaying){
        return;
    }
    if(MainPlayer->ChargeAttackMontage && MainPlayerAnimInstance){
        //播放蒙太奇动画
        MainPlayerAnimInstance->Montage_SetNextSection(FName("Chargi
ng"), FName("HeavyAttack"));
        //设置伤害数据
        const FDamageData* DamageData = MainPlayer->DamageDataTable->Fi
ndRow<FDamageData>(FName("Player_ChargeHeavyAttack"),TEXT("ChargeHeavyAtta
ck"));
        MainPlayer->Damage=DamageData->Damage;
    }
}
```

4）反击

```
void AMainPlayerController::CounterAttack(){
    if(MainPlayer->CounterAttackMontage && MainPlayerAnimInstance
    && !MainPlayerAnimInstance->Montage_IsPlaying(MainPlayer->Counter
AttackMontage)){
        MainPlayerAnimInstance->Montage_Play(MainPlayer->Counter
AttackMontage);
    }
}
```

13.8　敌人及敌人创建

1. 敌人类

（1）创建敌人类 AEnemy，继承 ABaseCharacter，创建基于 AEnemy 的蓝图类 BP_Enemy。

（2）给敌人添加锁定标记，搜索范围碰撞器、血条、掉落物品引用，如图 13.39 所示。

```cpp
class ARPGGAME_ API AEnemy : public ABaseCharacter{
    GENERATED_BODY()
public:
    UPROPERTY(EditAnywhere, Category=AI)
    UBehaviorTree* BehaviorTree;
    //锁定标记
    UPROPERTY(EditAnywhere,BlueprintReadOnly)
    UStaticMeshComponent* SignCone;
    //搜索范围
    PROPERTY(EditAnywhere, BlueprintReadOnly)
    USphereComponent* DetectSphere;
    //血条
    UPROPERTY(EditAnywhere, BlueprintReadOnly)
    UWidgetComponent* EnemyHealthWidget;
    UPROPERTY(VisibleAnywhere,BlueprintReadOnly)
    UProgressBar* EnemyHealthBar;
    //掉落物品
    UPROPERTY(EditAnywhere, BlueprintReadOnly, Category=DeadDrop)
    TSubclassOf<AHealthPickUp>HealthPickUp;
}
```

图 13.39　血条 Widget

（3）敌人初始化。

```cpp
void AEnemy::BeginPlay(){
    Super::BeginPlay();
    //设置最大血量和当前血量
    MaxHealth=200.0f;
    CurrentHealth=200.0f;
    //设置检测范围的碰撞回调
    DetectSphere->OnComponentBeginOverlap.AddDynamic(this,&AEnemy ::
OnDetectSphereOverlapBegin);
    DetectSphere->OnComponentEndOverlap.AddDynamic(this,&AEnemy::OnDet
ectSphereOverlapEnd);
    //隐藏血条
    EnemyHealthWidget->GetUserWidgetObject()->SetVisibility(ESlateVisi
bility::Hidden);
    EnemyHealthBar=Cast <UProgressBar>(EnemyHealthWidget->GetUiser
WidgetObject()->GetWidgetFromName("ProgressBar_EnemyHealth"));
    }
```

（4）血条相关函数，设置血条可见性。

```cpp
void AEnemy::SetEnemyHealthBarVisibility(bool Visibility){
    if(EnemyHealthBar){
        if(Visibility){
            EnemyHealthWidget->GetUserWidgetObject()->SetVisibility(ESlat
eVisibility::Visible);
        }
        else{
            EnemyHealthWidget->GetUserWidgetObject()->SetVisibility(ESlat
eVisibility::Hidden);
        }
    }
}
```

（5）更新血条百分比。

```cpp
void AEnemy::Tick(float DeltaSeconds){
    Super::Tick(DeltaSeconds);
    EnemyHealthBar->SetPercent(CurrentHealth/MaxHealth);
```

2. 敌人动画

（1）创建敌人动画 UEnemyAnimInstance，继承 UBaseAnimInstance。

```cpp
UCLASS()
class ARPGGAME_API UEnemyAnimInstance : public UBaseAnimInstance{
    GENERATED_BODY()
public:
    UPROPERTY()
    AEnemy* Enemy;
    UPROPERTY()
```

```
        AMainPlayer* MainPlayer;
public:
        virtual void NativeInitializeAnimation() override;
        //穿装备完成回调
        UFUNCTION(BlueprintCallable, Category=AnimMontage)
        void AnimNotify_EquipEnd(UAnimNotify* Notify);
}
```

（2）创建敌人蓝图动画 BPA_AI，并编辑动画，方法和玩家动画一样。

3. Boss 类

（1）创建继承于 AEnemy 的类 ABossAI。

```
UCLASS()
class ARPGGAME_ API ABossAI : public AEnemy{
        GENERATED_BODY()
public:
        UPROPERTY()
        AMainPlayerController* MainPlayerController;
        ABossAI();
        virtual void BeginPlay() override;
        virtual void Tick(float DeltaSeconds) override;
        //蓝图中调用
        UFUNCTION(BlueprintCallable)
        void SetStrafe();
        //蓝图中调用
        UFUNCTION(BlueprintCallable)
        void SetSkill();
        virtual void Die(const AController*EventInstigator);
}
void ABossAI::BeginPlay (){
        Super::BeginPlay();
        //设置最大血量和当前血量
        MaxHealth=1000.0f;
        CurrentHealth=1000.0f;
        //获取玩家指针和玩家控制类
        AMainPlayer* MainPlayer=Cast<AMainPlayer>(UGameplayStatics::GetPla
yerPawn(GetWorld(),0));
        MainPlayerController=Cast<AMainPlayerController>(MainPlayer->
GetController());
    }
    void ABossAI::Tick(float DeltaSeconds){
        Super::Tick(DeltaSeconds);
        //更新Boss血条
        MainPlayerControllxer->HUD->BossHealthBar->SetPercent(CurrentHealth/
MaxHealth);
    }
    void ABossAI::SetStrafe(){
      const AEnemyController* EnemyController=Cast<AEnemyController(GetContr
oller());
```

```
        UEnemyAnimInstance* EnemyAnimInstance=
        Cast<UEnemyAnimInstance>(GetMesh()->GetAnimInstance());
        if(EnemyAnimInstance->bIsAttacking || EnemyAnimInstance->bIsHitting){
            return;
        }
        if(EnemyController){
          EnemyController->BlackboardComponent->SetValueAsBool(TEXT("Strafe"),
true);
        }
    }
    void ABossAI::SetSkill(){
        const AEnemyController* EnemyController=Cast<AEnemyController>(GetCon
troller();
        if(EnemyController){
          EnemyController->BlackboardComponent->SetValueAsBool(TEXT("Skill"),
true);
        }
    }
    void ABossAI::Die(const AController* EventInstigator){
        Super::Die(EventInstigator);
        if(!bIsDead){
          AMainPlayerState*MainPlayerState=Cast<AMainPlayerState>(MainPlay
erController->PlayerState);
          //加分
          int32 Score=MainPlayerState->GetScore()+5;
          MainPlayerState->SetScore(Score);
          bIsDead=true;
        }
        //隐藏跟 Boss 相关的界面
        MainPlayerController->HUD->BossText->SetVisibility(ESlateVisibilit
y::Hidden);
        MainPlayerController->HUD->BossHealthBar->SetVisibility(ESlateVisi
bility:: Hidden);
    }
```

（2）创建基于 ABossAI 的蓝图类 BP_BossAI，在蓝图事件表中编写逻辑，如图 13.40 所示。

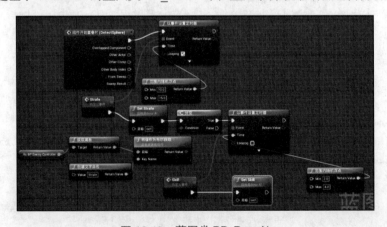

图 13.40　蓝图类 BP_BossAI

4. 敌人生成

（1）创建 C++ 类 AspawnEnemy，继承 AActor。

```cpp
//用于存储一种敌人的信息
USTRUCT()
struct FEnemySpawn{
    GENERATED_BODY()
    FEnemySpawn();
    FEnemySpawn(TSubclassOf<AActor>EnemyTemp, int32 CountTemp);
    //敌人数组
    TSubclassOf<AActor>Enemy;
    int32 Count;
}
UCLASS()
class ARPGGAME_API ASpawnEnemy : public AActor{
    GENERATED_BODY()
public:
    //普通敌人
    UPROPERTY(EditAnywhere,BlueprintReadOnly,Category = "Spawning")
    TSubclassOf<AActor> NormalEnemy;
    //Boss
    uPROPERTY(EditAnywhere, BlueprintReadOnly, Category = "Spawning")
    TSubclassOf<AActor> BossEnemy;
    //用于存放生成的不同类型的敌人
    static TMap<FName, FEnemySpawn>SpawnEnemy;public:
    //Sets default values for this actor's properties
    ASpawnEnemy();
    //获取随机生成点
    UFUNCTION(Category = "Spawning")
    FVector GetSpawnPoint() const;
    //在Location 坐标，生成 PawnClass 的敌人
    UFUNCTION(Category = "Spawning")
    void SpawnMyPawn(UClass* PawnClass,FVector const& Location)const;
    //Called when the game starts or when spawned
    virtual void BeginPlay() override;
public:
    //Called every frame
    virtual void Tick(float DeltaTime) override;
}
//Called when the game starts or when spawned
void ASpawnEnemy::BeginPlay(){
    Super::BeginPlay();
    //添加两种敌人信息，初始个数为 0
    SpawnEnemy.Add("NormalEnemy" , FEnemySpawn(NormalEnemy, 0));
    SpawnEnemy.Add("BossEnemy" , FEnemySpawn(BossEnemy, 0));
}
//每帧调用
void ASpawnEnemy::Tick(float DeltaTime){
    Super::Tick(DeltaTime) ;
    //每帧生成敌人，普通敌人不超过 3 个，Boss 不超过一个
```

```
    if(SpawnEnemy["NormalEnemy"].Count< 3){
      SpawnEnemy["NormalEnemy"].Count++;
      SpawnMyPawn(SpawnEnemy["NormalEnemy"].Enemy, GetSpawnPoint());
    }
    if(SpawnEnemy["BossEnemy"].Count< 1){
      SpawnEnemy["BossEnemy"].Count++;
      SpawnMyPawn(SpawnEnemy["BossEnemy"].Enemy,GetSpawnPoint());
    }
  }
  //获取范围内随机坐标
  FVector ASpawnEnemy::GetSpawnPoint() const{
      const UNavigationSystemV1* NavigationSystem = UNavigationSystemV1::
GetCurrent(GetWorld());
      FNavLocation RoamLocation;
      if(NavigationSystem->GetRandomPointInNavigableRadius(
       UGameplayStatics::GetPlayerPawn(this,0)->GetActorLocation(),4000.0f,
RoamLocation)){
          return RoamLocation.Location;
      }
      return UGameplayStatics::GetPlayerPawn(this,0)->GetActorLocation();
  }
  //在指定点生成指定类型的敌人
  void ASpawnEnemy :: SpawnMyPawn(UClass* PawnClass,FVector const&
Location) const{
      if(PawnClass){
        UWorld*World=GetWorld();
        if(World){
          World->SpawnActor<AActor>(PawnClass, Location, FRotator(0.0f));
        }
      }
  }
```

（2）创建基于 ASpawnEnemy 的蓝图类 BP_SpawnEnemy，如图 13.41 所示，将 BP_SpawnEnemy 拖放到地图中。

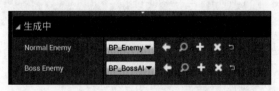

图 13.41　BP_SpawnEnemy

13.9　敌人 AI 及 Boss 的 AI

1. 敌人控制类

（1）创建 AenemyController，继承 AAIController。

```
UCLASS()
class ARPGGAME_API AEnemyController : public AAIController{
    GENERATED_BODY()
public:
    UPROPERTY()
    AEnemy* Enemy;
    //敌人动画
    UPROPERTY()
    UEnemyAnimInstance* EnemyAnimInstance;
    UPROPERTY(EditAnywhere, BlueprintReadOnly, Category=Movement)
    //当前位置
    FVector SelfLocation;
    //目标位置
    FVector TargetLocation;
    //行为树
    UPROPERTY(EditAnywhere, Category=AI)
    UBehaviorTreeComponent* BehaviorTreeComponent;
    //黑板
    UPROPERTY(EditAnywhere,Category=AI)
    UBlackboardComponent* BlackboardComponent;
public:
    AEnemyController();
    virtual void BeginPlay() override;
    virtual void OnPossess (APawn* InPawn) override;
    virtual void Tick(float DeltaSeconds) override;
    void SpecialAttack();
    void Displacement();
    //设置敌人位置
    UFUNCTION()
    void SetEnemyLocation(float Value) ;
    //AI 感知更新函数
    UFUNCTION()
    void PerceptionUpdate(const TArray<AActor*>& SourceActors);
}
```

（2）在 AEnemy 中添加行为树和 AI 感知脚本，如图 13.42 所示。

图 13.42　添加行为树和 AI 感知脚本

```
UCLASS()
class ARPGGAME_API AEnemy : public ABaseCharacter{
    GENERATED_BODY()
public:
    //行为树
    UPROPERTY(EditAnywhere, Category=AI)
    UBehaviorTree* BehaviorTree;
    //AI 感知脚本
    UPROPERTY(EditAnywhere, Category=AI)
    UAIPerceptionComponent* AIPerception;
}
```

（3）创建基于 AEnemyController 的蓝图类 BP_EnemyController。

2. 行为树

（1）AI 黑板，如图 13.43 所示。

图 13.43　AI 黑板

（2）叶节点。

① Skill 节点，获取到敌人控制器，然后执行 SpecialAttack 函数，释放技能。

```
EBTNodeResult::Type UBTTask_Skill::ExecuteTask(UBehaviorTreeComponent&
OwnerComp,uint8*NodeMemory){
    AEnemyController* EnemyController=Cast<AEnemyController>(OwnerCo
mp. GetAIOwner());
    if (!EnemyController){
    return EBTNodeResult::Failed;
    }
    EnemyController->SpecialAttack();
    return EBTNodeResult::Succeeded;
}
```

② Movement 节点，获取敌人控制器与敌人动画接口，判断如果不是敌人或者不在攻

击状态，执行移动函数。

```
EBTNodeResult::Type UBTTask_SetMovement::ExecuteTask(UBehaviorTreeCompo
nent& OwnerComp,uint8W NodeMemory){
    const AEnemyController* EnemyController=Cast<AEnemyController>(Own
erComp.GetAIOwnerO);
    AEnemy* Enemy=Cast<AEnemy>(EnemyController->GetPawn());
    const UEnemyAnimInstance* EnemyAnimInstance=
    Cast<UEnemyAnimInstance>(Enemy->GetMesh()->GetAnimInstance());
    if(!Enemy || EnemyAnimInstance->bIsAttacking){
      return EBTNodeResult::Failed;
    }
    Enemy->GetCharacterMovement()->MaxWalkSpeed=Speed;
    Enemy->MoveAxis.X=X;
    Enemy->MoveAxis.Y=Y;
    return EBTNodeResult Succeeded;
}
```

③ ReadyToFight 节点。获取敌人控制器与动画接口，初始化黑板，判断准备好后，设置蓝图接口为 Ready To Fight。

```
EBTNodeResult::Type UBTTask_ReadyToFight::ExecuteTask(UBehaviorTreeComp
onent&OwnerComp,uint8*NodeMemory){
    const AEnemyController* EnemyController=Cast<AEnemyController>(Own
erComp.GetAIOwner());
    AEnemy* Enemy=Cast<AEnemy>(EnemyController->GetPawn());
    UEnemyAnimInstance* EnemyAnimInstance=
    Cast<UEnemyAnimInstance>(Enemy->GetMesh()->GetAnimInstance());
    UBlackboardComponent* BlackboardComponent=
    EnemyController->BlackboardComponent;
    if(!Enemy){
      return EBTNodeResult::Failed;
    }
    if(Enemy->EquipMontage && EnemyAnimInstance
    && !EnemyAnimInstance->Montage_IsPlaying(Enemy->EquipMontage)
    && !EnemyAnimInstance->bIsPlaying){
      EnemyAnimInstance->Montage_Play(Enemy->EquipMontage);
      EnemyAnimInstance->Montage_JumpToSection("Equip",Enemy-
>EquipMontage);
      BlackboardComponent->SetValueAsBool(TEXT("ReadyToFight"), true);
    }
    return EBTNodeResult::Succeeded;
}
```

④ 攻击节点。获取敌人控制器，判断当前敌人是否为 Boss，若不是就只有普通攻击动作与动画，并产生普通攻击伤害；若是 Boss，设置有重击的动作与动画，产生伤害后，血量 Widge 将更新。

```
EBTNodeResult::Type UBTTask_Attack:: ExecuteTask(UBehaviorTreeCompone
nt& OwnerComp, uint8*NodeMemory){
```

```
        const AEnemyController* EnemyController=Cast<AEnemyController>(Owne
rComp.GetAIOwner());
      AEnemy* Enemy-Cast<AEnemy>(EnemyController->GetPawn());
      UEnemyAnimInstance* EnemyAnimInstance=
      Cast<UEnemyAnimInstance>(Enemy->GetMesh()->GetAnimInstance());
      if(!Enemy || !EnemyAnimInstance->bIsArmed){
          return EBTNodeResult::Failed;
      }
        const float Probability=UKismetMathLibrary::RandomFloatInRange
(0.0f,10. 0f);
       if(Probability<6){
      //普通攻击
      const int32 AttackMontageId=FMath::Rand ()%Enemy->AttackMontages.
Num();
      UAnimMontage* AttackMontage=Enemy->AttackMontages[AttackMontageId];
      if(AttackMontage && EnemyAnimInstance && !EnemyAnimInstance->
Montage_IsPlaying(AttackMontage)){
            EnemyAnimInstance->Montage_Play(AttackMontage);
      }
          FDamageData* DamageData;
      if(Enemy->ActorHasTag(FPName("Boss"))){
          DamageData =
          Enemy->DamageDataTable->FindRow<FDamageData>(FName("Boss_Normal
Attack"),TEXT("NormalAttack"));
      }
      else{
          DamageData =
          Enemy->DamageDataTable->FindRow<FDamageData>(FName("Enemy_
NormalAttack"), TEXT("NormalAttack"));
      }
      Enemy->Damage=DamageData->Damage;
    }
    else{
      //重击
      if(Enemy->ActorHasTag(PVame("Boss"))){
            if (Enemy->DangerAttackMontage && EnemyAnimInstance &&
              !EnemyAnimInstance->Montage_IsPlaying(Enemy->
DangerAttackMontage)){
              EnemyAnimInstance->Montage_Play(Enemy->
DangerAttackMontage);
            EnemyAnimInstance->Montage_JumpToSection
(FName("DangerAttack1"), Enemy->DangerAttackMontage);
            const FDamageData* DamageData = Enemy->DamageDataTable->
FindRow<FDamageData>(FName("Boss_DangerLightAttack"),TEXT("DangerLightAttack"));
          Enemy->Damage=DamageData->Damage;
            UDangerWidgeth DangerWidget=CreateWidget<UDangerWidget>(GetWor
ld(),
        LoadClass<UDangerWidget>(this,TEXT("WidgetBlueprint'/Game/UI/BP_
DangerWidget.BP_DangerWidget_C'")));
          DangerWidget->ShowImage();
```

```
        }
      }
    }
    return EBTNodeResult::Succeeded;
  }
```

（3）敌人行为树设置，如图 13.44~ 图 13.46 所示，分别设置两侧标签，一侧有 Read To Fight，Set Movement 等标签；另一侧设置随机移动的标签。

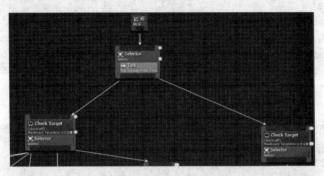

图 13.44 敌人行为树 -1

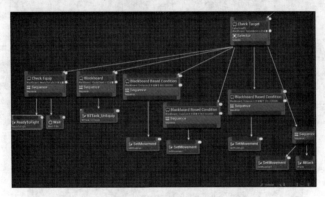

图 13.45 敌人行为树 -2

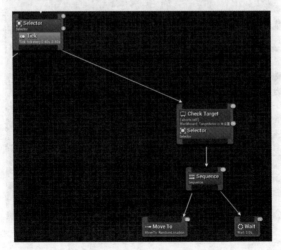

图 13.46 敌人行为树 -3

虚拟现实游戏开发（Unreal Engine）

（4）Boss 行为树设置，如图 13.47 ~ 图 13.49 所示，与普通敌人类似，左侧添加重击等标签。

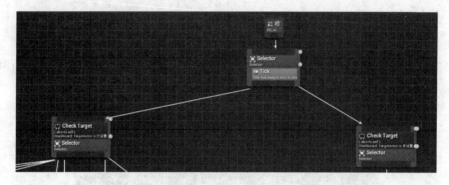

图 13.47　Boss 行为树 -1

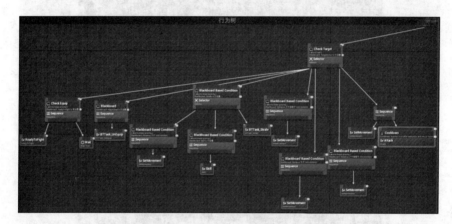

图 13.48　Boss 行为树 -2

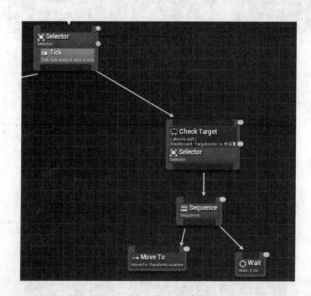

图 13.49　Boss 行为树 -3

13.10 本 章 小 结

　　本章提供了一个 ARPG 游戏项目的实战介绍。带领读者使用学过的知识，制作出一个较为完整的游戏。从用户界面的制作，游戏角色的动画和动作控制，到游戏内的逻辑处理。读者可以清晰地按着顺序一步步地跟随制作。

　　书中大部分代码已给出，读者在跟随制作完成后，可以仔细阅读代码，并且尝试修改实现不同的效果。这样有利于读者加深对代码的理解，更好地掌握游戏制作的过程与逻辑。

参 考 文 献

[1] Unreal Engine 官网 . Unreal Engine 5.0 Documentation[J/OL]. https://docs.unrealengine.com/5.0/zh-CN. [2021-11-
    05].

[2] Ulibarri Stephen Seth. Unreal Engine C++ the Ultimate Developer's Handbook [M]. London:Independently
    Published, 2020.

[3] Sufyan bin Uzayr. Mastering Unreal Engine[M]. Florida:CRC Press, 2021.

[4] Jessica Plowman. Unreal Engine Virtual Reality Quick Start Guide[M]. Birmingham: Packt Publishing, 2019.